CAD/CAM/CAE 工程应用丛书

UG NX 入门 进阶 精通
第 3 版

钟日铭 编著

机械工业出版社

UG NX（即 Siemens NX）是一款具有优良性能且集成度高的 CAX 综合应用软件，其功能涵盖了产品从外观造型设计到建模、装配、模拟分析、工程制图、制造加工等一系列开发和制造过程。本书从实用角度出发，循序渐进地介绍了 NX 入门概述、二维草图设计、3D 曲线设计、基准特征与实体建模基础、细节特征与其他设计特征、模型进阶处理与特征编辑、曲面建模、装配设计、NX 工程制图、同步建模技术与 GC 工具箱应用等。本书结构严谨、内容丰富、条理清晰、实例典型、易学易用，注重实用性和技巧性，是一本实用的从入门到精通类的学习教程。

本书还配备了包含操作教学视频在内的学习资料包供读者下载，便于读者学习使用。

本书适合广大初中级用户、设计人员使用，也适合作为各职业培训机构、大中专院校相关专业的 CAX 课程的辅助教材。

图书在版编目（CIP）数据

UG NX 入门 进阶 精通 / 钟日铭编著. —3 版. —北京：机械工业出版社，2019.10

（CAD/CAM/CAE 工程应用丛书）

ISBN 978-7-111-64005-9

Ⅰ．①U… Ⅱ．①钟… Ⅲ．①计算机辅助设计-应用软件 Ⅳ．①TP391.72

中国版本图书馆 CIP 数据核字（2019）第 221136 号

机械工业出版社（北京市百万庄大街 22 号　邮政编码 100037）

策划编辑：李晓波　　责任编辑：李晓波

责任校对：张艳霞　　责任印制：孙　炜

保定市中画美凯印刷有限公司印刷

2019 年 11 月第 3 版·第 1 次印刷

184mm×260mm·27.5 印张·680 千字

0001-3000 册

标准书号：ISBN 978-7-111-64005-9

定价：119.00 元

电话服务　　　　　　　　　　　　网络服务

客服电话：010-88361066　　　　　机　工　官　网：www.cmpbook.com

　　　　　010-88379833　　　　　机　工　官　博：weibo.com/cmp1952

　　　　　010-68326294　　　　　金　书　网：www.golden-book.com

封底无防伪标均为盗版　　　　　机工教育服务网：www.cmpedu.com

前　言

UG NX（也称 Siemens NX，简称 NX）是一款具有优良性能且集成度高的 CAD/CAM/CAE 综合应用软件，功能涵盖了产品的整个开发和制造等过程，包括外观造型设计、建模、装配、工程制图、模拟分析、制造加工等。NX 系列软件在汽车、机械、航天航空、电器、玩具、模具加工等工业领域应用广泛。

本书是在《UG NX 11.0 入门 进阶 精通 第 2 版》这本畅销书的基础上进行精心改编的。本书综合考虑了初学者或院校学生的一般学习规律和知识接受能力，并考虑了相关职业的技能要求，对 NX 相关内容进行了合理、严谨的编排，从易到难，循序渐进，学以致用，能使读者达到"从入门到进阶再到精通"的学习效果。本书适合应用 NX 进行零件、产品、模具设计的读者，可以作为 UG NX 基础培训班学员、大中专院校相关专业师生的参考用书，也可供从事机械设计及相关行业的人员学习和参考使用。本书尤其适用于 NX 1847 和 NX 1851 等多个创新版本。

1. 本书内容及知识结构

本书共 10 章，每一章都结合典型范例来辅助介绍，注重介绍各知识点的应用基础、技巧与实战操作，并将相关的设计思路和应用技巧融入练习范例或应用范例中来讲解。各章的主要内容说明如下。

第 1 章　主要介绍 NX 软件概述、NX 基本工作环境、NX 基本操作（包括文件管理基本操作、视图基本操作、模型显示操作和对象选择基本操作）、图层应用基础、NX 系统配置、视图布局、NX 常用工具（含坐标系、点构造器、矢量构造器和类选择器）、对象编辑操作基础和 NX 基础入门范例等。

第 2 章　主要介绍草图概念、设置草图平面、重新附着草图（重定位草图）、绘制基本二维草图曲线、绘制草图曲线进阶技术、编辑草图曲线、草图约束基础知识、草图约束进阶知识和定向视图到草图与草图着重等。

第 3 章　重点介绍如何在 NX 三维空间中创建 3D 曲线及编辑 3D 曲线。

第 4 章　介绍实体建模的应用概念、基准特征、体素特征、拉伸特征、旋转特征、扫掠特征和布尔操作等。

第 5 章　重点介绍一些常见的细节特征和其他设计特征。

第 6 章　主要介绍模型进阶处理和特征编辑的相关实用知识。

第 7 章　介绍的内容包括曲面基础概述、依据点创建曲面、由曲线构造曲面、由曲面构造曲面、编辑曲面、曲面加厚、曲面分割与缝合等。

第 8 章　介绍装配设计基础、装配方式方法、装配约束、组件应用、爆炸图等相关知识。

第 9 章　重点介绍 NX 工程制图，内容包括 NX 工程制图入门知识、制图标准与相关首选项设置、图纸页的基本管理操作、插入视图、编辑视图、修改剖面线、图样标注和零件工程图综合设计范例等实用知识。

第10章　主要介绍同步建模技术和GC工具箱应用两个方面的实用知识。

2．本书特点及阅读注意事项

本书结构严谨，实例丰富，重点突出，步骤详尽，应用性强，兼顾设计思路和设计技巧，是一本实用的NX从入门到精通的专业培训教程和自学教材。

在阅读本书时，配合书中实例进行上机操作，学习效果更佳。

本书提供了内容丰富的配套资料包，内含各章的一些参考模型文件和精选的操作视频文件（MP4视频格式），以辅助读者进行学习。

3．配套素材使用说明

书中涉及的范例练习文件、应用范例参考模型文件均放在指定网盘相应目录下的"CH#"文件夹（"#"代表着各章号）中。注意图书封底提供的配套下载地址二维码。

提供的操作视频文件位于配套资料根目录下的"操作视频"文件夹里。操作视频文件采用MP4格式，可以在如Windows Media Player、暴风影音等播放器中播放。

建议读者将本书配套资料的内容下载到计算机硬盘中以方便读取使用。

随书配套资料仅供学习之用，请勿擅自将其用于其他商业活动。

4．技术支持及答疑等

如果读者在阅读本书时遇到什么问题，可以通过E-mail方式与我们联系，作者的电子邮箱为sunsheep79@163.com。欢迎读者关注作者的微信公众号（"桦意设计"）以及今日头条号"CAD钟日铭"，可以获阅更多的学习资料和观看相关的操作演示视频。

本书由深圳桦意智创科技有限公司组织策划，由国内CAD领域知名专家钟日铭编著。

书中如有疏漏之处，请广大读者不吝赐教。

天道酬勤，熟能生巧，以此与读者共勉。

钟日铭

目　录

第1章 NX入门概述

本章导读：

　　UG NX（即 Siemens NX，简称 NX）是集成产品设计、工程与制造于一体的解决方案，它能帮助用户改善产品质量，提高产品交付速度和效率。NX 系列软件被广泛应用于机械设计与制造、模具、家电、玩具、电子、汽车、造船和工业造型等行业。

　　本章主要介绍 NX 软件概述、NX 基本工作环境、NX 基本操作（包括文件管理基本操作、视图基本操作、模型显示基本操作和对象选择基本操作）、图层应用基础、NX 系统配置、视图布局、NX 常用工具（含坐标系、点构造器、矢量构造器和类选择器）、对象编辑操作基础和 NX 基础入门范例等。

1.1 NX 软件概述

　　NX 是 Siemens PLM Software 成功推出的功能强大的产品开发解决方案，它支持产品开发中从概念设计到工程和制造的各个方面，为用户提供了一套集成的工具集，用于协调不同学科、保持数据完整性和设计意图以及简化整个流程。也就是说，NX 软件使用户能够在一个集成的产品开发环境中做出更明智的决策，从而设计、仿真并制造出更好的产品。

　　NX 是业内最完整、灵活且有效的产品设计、工程和制造解决方案之一，它的优势主要体现在以下这些方面。

　　1）NX 具有无与伦比的功能。例如，NX 提供了面向概念设计、三维建模和文档的高级解决方案，提供了面向结构、运动、热学、流体、多物理场和优化等应用领域的多学科仿真，还提供了面向工装、加工和质量检测的完整零件制造解决方案。

　　2）NX 将面向各种开发任务的工具无缝地集成到一个统一解决方案中，所有技术领域均可同步使用相同的产品模型数据；NX 利用 Teamcenter 软件（Siemens PLM Software 推出的一款协同产品开发管理解决方案 cPDM）来建立单一的产品和流程知识源，以协调开发工作的各个阶段，实现流程标准化，并使决策过程大为加快。

　　3）NX 具有卓越的工作效率。NX 使用高性能工具和尖端技术来解决极其复杂的问题。例如，NX 设计工具可以轻松处理复杂几何图形和大型装配体；NX 中的高级仿真功能可以处理要求苛刻的 CAE 难题，大幅减少制作实物原型的数量；在 NX 中还可以充分利用最先进的工装与加工技术来改进制造工作。

4）NX 为用户提供了可应用同步建模技术的开放式环境。借助 NX 中的开放式体系架构，用户可以在数字化产品开发过程中通过快速整合与其他供应商的解决方案来保护现有 IT 投资。

5）大量的实践成果表明 NX 帮助用户推出了更多新产品，缩短了传统意义上的开发时间，减少计算机数控（CNC）编程时间。概括地说，NX 能够帮助用户实现产品开发过程转型，更快制定更明智的决策，在"第一时间"开发产品，与合作伙伴和供应商有效地协同，支持从概念到制造的整个流程。

当前，NX 在工业设计、产品结构设计、NC 数控加工、模具设计和开发解决方案等方面应用广泛，涉及很多具体的行业。NX 在军工领域和其他高端工程领域具有强大实力和优势，在中端和高端领域与 CATIA、Creo 等设计软件并驾齐驱。

Siemens 公司在 2019 年 1 月发布了新版本的 NX（1847），2 月发布了 NX（1851），后续还会继续发布更新，既可以采用在线升级的方式，也可以使用离线升级包。这将使用户更容易与最新版本的 NX 保持同步，可以方便地访问新功能和了解性能改进信息，允许用户控制 NX 是否检查更新，控制是否以及何时部署这些更改。新的 NX 软件带来了重要的新功能和增强功能，使用户能够在协作管理环境中工作时提高产品开发和制造的效率。这是一次重要的改变，从 NX 1847 开始，NX 尝试低版本可以打开高版本的文件，但高版本的新功能数据只能读取不能被编辑，而高版本打开低版本文件时数据和功能都能正常使用，数据兼容性更好。

在设计方面，相比 NX 12.0 版本，NX 新版本的建模功能得到了增强。例如，使用比较 PMI 的新功能可以令用户更容易跟踪定义模型的注释的更改，而新的技术数据包（TDP）解决方案，使用户可以更轻松地与客户、供应商共享信息，从而改善协作和与供应商的数据交换。在设计中，嵌入式虚拟现实（VR）应用程序的应用提升了设计交流互动。

在制造方面，NX 中新的减法和增材制造功能为用户提供了加工零件的灵活制造方法。CNC 编程自动化得到进一步增强，而新的高速加工方法和先进的自动化生产机器人技术，可以帮助用户更快地交付更高质量的零件。此外，NX 对增材制造的改进，也帮助用户更轻松地设置构建托盘和设计关键支撑结构，并提供比以往更多的控制。

此外，NX 还提供了统一的、可扩展、开放的 3D 模拟环境，引入了更多尖端仿真功能。

本书以 NX 1851 版本为基础进行编写，NX 1851 保存的文件可以在 NX 1847 或更高版本中打开。

1.2 NX 基本工作环境

本节介绍 NX 基本工作环境的实用基础知识，包括启动与退出 NX、熟悉 NX 主操作界面、定制界面和切换应用模块。

1.2.1 启动与退出 NX

正常安装 NX 1851 简体中文版软件后，如果在计算机视窗桌面上放置"NX 快捷方式"图标，则可以通过双击该图标来快速启动 NX。以 Windows 10 操作系统为例，用户还可

以在计算机视窗左下角处单击"开始"按钮，选择"所有应用"|"Siemens NX"|"NX"命令启动 NX。启动 NX 时，系统会弹出如图 1-1 所示的 NX 启动界面，该启动界面显示片刻后将消失，接着系统弹出如图 1-2 所示的 NX 初始操作界面（也称初始运行界面）。

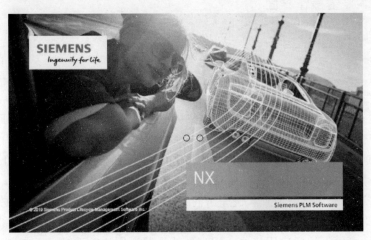

图 1-1　NX 启动界面

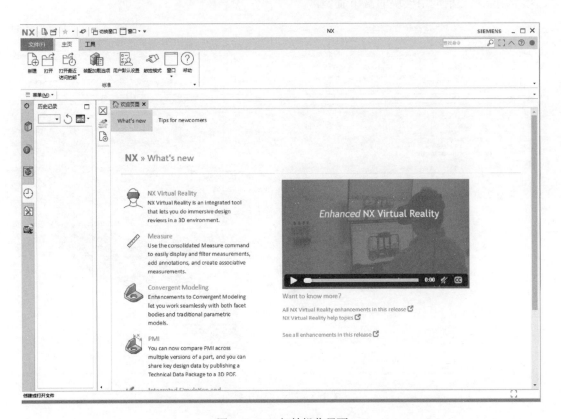

图 1-2　NX 初始操作界面

在 NX 初始操作界面中，提供了一个欢迎页面，内容包括"What's new"和"Tips for newcomers"。初学者认真地查看这些信息，对 NX 入门是很有帮助的。

要退出，则在 NX 标题栏的右侧单击"关闭"按钮✖️，或者在功能区中打开"文件"选项卡并选择"退出"命令。

1.2.2 熟悉 NX 主操作界面

在 NX 初始操作界面中单击"新建"按钮🗋新建文件，或者单击"打开"按钮📂打开模型文件，便可以进入到 NX 的主操作界面进行设计工作。图 1-3 所示为设计某钣金件模型时的主操作界面，该主操作界面包括标题栏、"快速访问"工具栏、功能区（带状工具条，特点是将命令分组到相应选项卡）、资源板、绘图区域、状态栏和上边框条（包含 "菜单"按钮、选择条、"视图"工具栏等）等部分。其中，初始默认时"快速访问"工具栏是嵌入到标题栏中的，它显示和收集了一些常用工具以便用户快速访问相应的命令。用户可以根据实际需要为"快速访问"工具栏添加或移除相关的工具按钮，其方法是在该工具栏右端单击"工具条选项"按钮▾，从打开的工具条选项列表中单击相应的工具名称即可，名称前标识有"✔"符号的工具表示其已添加到"快速访问"工具栏。在这里，初学者有必要先大概了解一下功能区的"文件"选项卡和"主页"选项卡。"文件"选项卡显示打开和打印等常用命令，该选项卡还可用于访问应用模块、用户默认设置、用户首选项以及定制选项；"主页"选项卡则显示当前应用模块的常用命令。

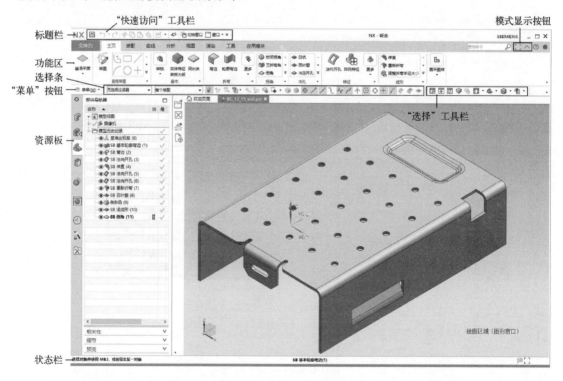

图 1-3　NX 主操作界面

另外，有些资料将资源条和导航器窗口一起称为资源板，即资源板包括一个资源条和导航器窗口或相应的显示列表框。在资源条上提供了若干选项图标，如🗂️（装配导航器）、🔗（约束导航器）、🔩（部件导航器）、📦（重用库）、ⓘ（HD3D 工具）、🌐（Web 浏览器）、

⏱（历史记录）、 ⚙（Process Studio）和 ✖（角色）等。在资源条上选择所需的选项图标，则可在导航器窗口或相应的显示列表框中显示相应的资源信息。例如，在资源条上选择 ⏱（历史记录），可以快速地从其显示列表框中浏览到近期打开过的文件模型。

1.2.3 定制界面

在使用 NX 工作时，有时需要足够大的绘图空间（图形窗口），有时需要在操作界面上添加或移除某些工具命令等，这便涉及 NX 界面定制的问题。本节介绍与定制界面相关的几个实用知识，包括启用功能区选项卡、显示或隐藏某一组（面板）中的命令、巧用显示模式工具、使用"定制"命令和加载"角色"。

1. 启用功能区选项卡

进入某应用模块后，功能区默认时只提供与任务相关的常用的选项卡而不是启用所有的选项卡。如果需要，用户可以启用其他的某个选项卡以便于实际工作。例如，在功能区中启用"曲面"选项卡，其方法是在功能区（带状工具条）的空白区域中单击鼠标右键，如图 1-4 所示，在弹出的快捷菜单中选择要启用的选项卡选项即可，如选择"曲面"选项。

2. 显示或隐藏某一组（面板）中的命令

功能区包含若干个选项卡，每个选项卡中包含若干个组（每个组形成一个面板）。要显示或隐藏某一组（面板）中的命令，可以单击该组右下角的"工具条选项"箭头按钮▾，从弹出的该组命令列表中选择要显示或隐藏的命令选项即可。该命令列表中带有勾选符号" ✔ "的命令选项表示此命令已添加显示在当前组中，如图 1-5 所示。

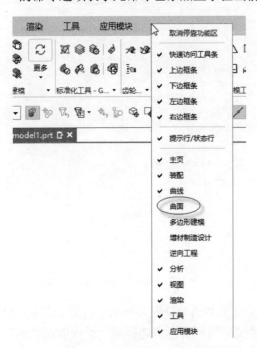

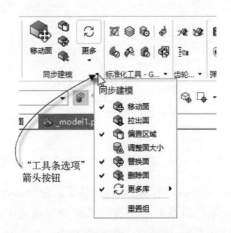

图 1-4　通过右键快捷菜单启用某功能区选项卡　　图 1-5　显示或隐藏某一组中的工具命令

3. 巧用显示模式工具

为了获得较大的图形窗口来显示图形，可以用显示模式工具命令在标准模式和全屏模式之间切换。"全屏显示"按钮 $\boxed{\ }$ 用于进入或退出全屏模式。在全屏模式下，NX 将折叠（收藏）标题栏、功能区（带状工具条）、上边框条和资源条以最大化图形窗口。要在全屏模式下展开功能区（带状工具条），可以使用屏幕顶部的手柄条 ▪▪▪▪▪▪▪▪▪▪▪▪▪▪▪▪▪ 。

在标准模式下单击功能区右上部位的"最小化功能区"按钮 ∧，可折叠功能区（带状工具条）。折叠功能区后，要访问工具命令，可以单击某一选项卡或按〈Alt〉键以显示当前的活动选项卡，而使用鼠标滚轮可以在功能区各选项卡之间滚动。此时单击"展开功能区"按钮 ∨，可展开功能区（带状工具条）以显示选项卡内容。

4．使用"定制"命令

单击"菜单"按钮 三 菜单(M) ▾ 并选择"工具" | "定制"命令，或者按〈Ctrl+1〉快捷键，系统弹出"定制"对话框。利用此对话框可以定制菜单命令和工具命令，配置显示哪些工具栏和功能区选项卡，设置图标大小和工具提示，以及定制相关的快捷工具条或圆盘工具条等。例如，在"定制"对话框的"选项卡/条"选项卡中（图 1-6），除了可以定制"快速访问"工具条、上边框条、下边框条、左边框条、右边框条、提示行/状态行在软件界面上显示之外，还可以通过选中复选框或清除功能区选项卡名称前的复选框中勾选符号，以设置在功能区中启用或取消启用该功能区选项卡。此外，允许用户单击"新建"按钮来新建一个自定义的功能区选项卡。在"定制"对话框的"图标/工具提示"选项卡中，可以设置相关图标大小、工具提示等，如图 1-7 所示。

图 1-6 "定制"对话框的"选项卡/条"选项卡   图 1-7 "图标/工具提示"选项卡

在 NX 中，如果要将某工具命令添加到指定工具栏或功能区某选项卡的某个组中，可在"定制"对话框中切换至"命令"选项卡，从"类别"列表框中选择某一类别以在"项"列表框中显示该类别下的所有命令，并在"项"列表框中选择所需命令，如图 1-8 所示。接着将该命令从对话框中拖拽至指定工具栏或功能区某选项卡某组中放置，然后在"定制"对话框中单击"关闭"按钮。定制菜单选项的操作也与此类似。

5. 加载角色

在这里，读者需要弄清楚"角色"的概念。所谓的"角色"是指 NX 根据用户的经验水平、行业或公司标准而提供的一种先进的界面控制方式。使用角色可以简化 NX 的用户界面，即角色界面可以仅保留当前任务所需的命令。用户可以根据实际情况加载选用适合自己操作的用户界面，可以按作业功能定制用户界面并在指定的命名角色下保存用户界面设置。

NX 为用户提供了"演示"类别和"内容"类别的角色集。

其中，"演示"类别的角色集包括"默认"角色 、"高清"角色 4K、"触摸屏 1"角色 🖥 和"触摸屏 2"角色 🖵 等，如图 1-9 所示。"默认"角色 将用户界面显示优化以适合传统非触控式显示器，此角色不更改功能区、边框条或 QAT 的内容；"高清"角色 4K 可优化用户界面演示，以完美匹配 4K 分辨率

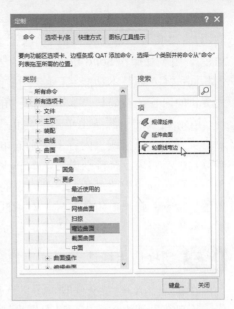

图 1-8 "定制"对话框的"命令"选项卡

显示器，可以显示更大的位图，此角色同样不会更改功能区、边框条或 QAT 的内容；"触摸屏"角色 🖥 将用户界面显示优化以适合触摸屏显示器，将显示更大的位图，并在底部有一个不停靠的功能区，此角色不更改功能区、边框条或 QAT 的内容；"触摸板"角色 🖵 将用户界面显示优化以适合小型触摸板，将显示更大的位图、无文本的窄功能区，并去掉了边框条和标题栏，此角色不更改功能区的内容。

"内容"类别的角色集包括"基本功能" 、"高级" 、"CAM 高级功能" 、"CAM 基本功能" 这些预定好的角色，如图 1-10 所示。"基本功能"角色 提供完成简

图 1-9 "演示"类别的角色集

图 1-10 "内容"类别的角色集

单任务所需要的全部工具，此角色推荐给大多数用户使用，尤其是新用户或不经常使用产品的用户；"高级"角色 提供一组更广泛的工具，支持简单和高级任务；"CAM 高级功能"角色 用于互操作 Solid Edge 文件，从所有其他方面而言，此角色提供的内容与"高级"角色相同；"CAM 基本功能"角色 用于互操作 Solid Edge 文件，从所有其他方面而言，此角色提供的内容和布局与"基本功能"角色相同。

在导航区的资源条上单击"角色"图标 ，从资源板上的"角色"列表框中展开"演示"类别的角色集或"内容"类别的角色集，然后从中单击选择所需命名的角色即可快速加载该角色。如果没有特别说明，本书涉及的 NX 软件采用"高级"角色 。如果要新建用户角色，可在资源板的"角色"列表框的空白区域右击，从弹出的快捷菜单中选择"新建用户角色"命令，弹出"角色属性"对话框，从中指定角色名称、位图、描述、角色类型和要启用的应用模块等，然后单击"确定"按钮即可。

1.2.4 切换应用模块

在新建 NX 模型文件时，可以选择文件的模型模板进入相应的应用模块中进行设计工作，用户在设计过程中也可以根据设计情况切换应用模块。要切换应用模块，可在当前文档工作界面中打开功能区的"文件"选项卡，在"启动"选项组中选择所需的一个应用模块选项即可（注意："启动"选项组的"所有应用模块"子菜单中提供了 NX 的所有应用模块选项）。如图 1-11 所示。

图 1-11 通过功能区"文件"选项卡切换应用模块

如果用户在功能区中设置启用"应用模块"选项卡，如图 1-12 所示，那么可以在功能区的"应用模块"选项卡中进行应用模块切换操作。

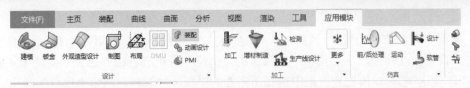

图 1-12　通过功能区"应用模块"选项卡切换

1.3　NX 基本操作

本节主要介绍 NX 的 4 个基本操作，包括文件管理基本操作、视图基本操作、模型显示基本操作和对象选择基本操作。

1.3.1　文件管理基本操作

NX 常用的文件管理基本操作主要包括新建文件、打开文件、保存文件、关闭文件、文件导入与导出等。

1. 新建文件

在 NX 中可以根据设计意图创建使用指定模板的新文件，其一般操作步骤如下。

按〈Ctrl+N〉快捷键，或者在功能区的"文件"选项卡中选择"新建"命令，或者在"快速访问"工具栏中单击"新建"按钮，系统弹出如图 1-13 所示的"新建"对话框。该对话框提供了 15 个选项卡，分别用于创建关于模型（部件）设计、DMU、图纸图样设计、布局、仿真、增材制造、加工生产线规划器、加工、多轴烧熔、检测、机电概念设计、船舶结构、生产线设计、冲压生产线和船舶整体布置等方面的文件。用户可以根据需要选择其中一个选项卡来设置新建的文件，下面以选用"模型"选项卡为例，说明如何创建一个模型部件文件。

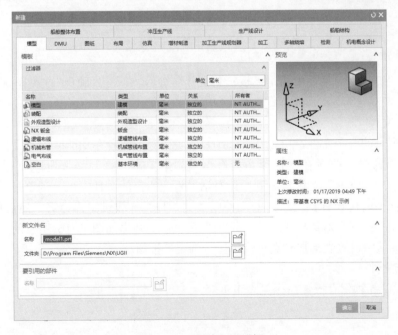

图 1-13　"新建"对话框

② 此时，状态栏出现"选择模板，并在必要时选择要引用的部件"的提示信息。确保切换至"模型"选项卡，从"模板"选项组的"单位"下拉列表框中选择单位选项（如选择"毫米"单位选项），在模板列表框中选择所需要的模板，如选择名称为"模型"的模板。

③ 在"新文件名"选项组的"名称"文本框中输入新文件的名称或接受默认名称。在"文件夹"列表框中指定新文件的存放目录。如果单击位于"文件夹"列表框右侧的按钮，则弹出如图 1-14 所示的"选择目录"对话框。通过"选择目录"对话框浏览并选择所需的目录，或者在选定目录的情况下单击"创建新文件夹"按钮 来创建所需的目标目录，指定目标目录后在"选择目录"对话框中单击"确定"按钮。

图 1-14 "选择目录"对话框

④ 在"新建"对话框中指定模板、新文件名等后，单击"确定"按钮，从而创建一个新文件。

2. 打开文件

要打开现有的一个文件，可以按〈Ctrl+O〉快捷键，或者在功能区的"文件"选项卡中选择"打开"命令，或者在"快速访问"工具栏中单击"打开"按钮，系统将弹出如图 1-15 所示的"打开"对话框。利用该对话框设定所需的文件类型，浏览目录并选择要打开的文件，需要时可设置预览选定的文件以及设置是否加载设定内容等，然后单击"OK"按钮。如果在"打开"对话框中单击"选项"按钮，则弹出如图 1-16 所示的"装配加载选项"对话框，从中设置装配加载选项，单击"确定"按钮。

3. 保存文件

NX 提供的 5 种保存操作命令见表 1-1。

图1-15　"打开"对话框

图1-16　"装配加载选项"对话框

表1-1　NX的5种保存操作命令

序　号	命　令	功　能　用　途
1	保存	保存工作部件和任何已修改的组件。该命令的快捷键为〈Ctrl+S〉
2	仅保存工作部件	仅将工作部件保存起来
3	另存为	使用其他名称在指定目录中保存当前工作部件
4	全部保存	保存所有已修改的部件和所有的顶层装配部件
5	保存书签	在书签文件中保存装配关联，包括组件可见性、加载选项和组件组

　　第一次保存部件文件时使用"保存"命令（其对应的工具按钮为"保存"按钮圖）。如果该部件文件在创建时使用了默认的文件名，那么在首次执行"保存"命令时将额外弹出如图1-17所示的"命名部件"对话框。用户可利用该对话框重新确定要保存的文件名称和目标文件夹保存路径，然后单击"确定"按钮。以后修改编辑该部件文件后，再执行"保存"命令时，NX不再弹出任何对话框，文件自动以同名形式覆盖保存在创建该文件时的目录下。要以其他名称保存工作部件时应使用"另存为"命令。

　　用户可以定义保存部件文件时要执行的操作，其方法是在功能区的"文件"选项卡中选择"保存"/"保存选项"命令，弹出如图1-18所示的"保存选项"对话框，在其中设置相关的内容，如设置保存图样数据的方式选项，指定部件族成员目录等。对于初学者，建议接受默认的保存选项即可。

4．关闭文件

　　在功能区的"文件"选项卡中包含一个"关闭"级联菜单，其中提供了用于不同方式关闭文件的命令，如图1-19所示。用户可以根据实际情况选用一种关闭命令，例如，从功能区的"文件"选项卡中选择"关闭"/"另存并关闭"命令，可以用其他名称保存工作部件并关闭工作部件。

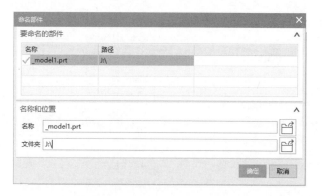

图1-17 "命名部件"对话框   图1-18 "保存选项"对话框

图1-19 功能区"文件"选项卡的"关闭"级联菜单

此外，单击当前图形窗口对应的"关闭"按钮 ，也可以关闭当前活动工作部件。

5. 文件导出与导入

为了与其他一些设计软件共享数据，充分发挥各自设计软件的优势，NX提供了强大的数据交换接口。用户可以将其自身的模型数据转换为多种数据格式文件以便被其他设计软件调用，也可以读取来自其他一些设计软件所生成的特定类型的数据文件。可以导出的数据类型有"部件""Parasolid""用户定义特征""PDF""CGM""STL""多边形文件""编创

HTML""JT""VRML""图像""IGES""STEP""AutoCAD DXF/DWG""2D Exchange"
"修复几何体""CATIA V4""CATIA V5"和"ACIS"等；可以导入的数据类型有"部件"
"Parasolid""CGM""VRML""AutoCAD DXF/DWG""AutoCAD 块""I-deas 符号""I-deas
ASC/DWG""文件中的点""STL""细分几何体""IGES""STEP203""STEP214"
"STEP242""Steinbichler""CATIA V4""CATIA V5""Pro/E"和"仿真"等。文件导出与导
入的数据类型选项分别位于功能区"文件"选项卡的"导出"子菜单和"导入"子菜单中。

1.3.2　视图基本操作

建模、装配等设计工作离不开视图操作。本小节将介绍视图基本操作的实用知识，包括
使用鼠标操控工作视图方位、使用预定义视图和使用快捷键调整视图方位等。

1. 使用鼠标操控工作视图方位

在实际工作中，可以巧妙地使用鼠标来快捷地进行一些视图操作，相关的操作说明
见表 1-2。

表 1-2　使用鼠标操控工作视图方位

序　号	视图操作	具体操作说明	备　注
1	旋转模型视图	在图形窗口中，按住鼠标中键（MB2）的同时拖动鼠标，可以旋转模型视图	如果要围绕模型上某一位置旋转，可先在该位置按住鼠标中键（MB2）一会儿，然后开始拖动鼠标
2	平移模型视图	在图形窗口中，按住鼠标中键和右键（MB2+MB3）的同时拖动鼠标，可以平移模型视图	也可以按住〈Shift〉键和鼠标中键（MB2）的同时拖动鼠标来实现
3	缩放模型视图	在图形窗口中，按住鼠标左键和中键（MB1+MB2）的同时拖动鼠标，可以缩放模型视图	也可以使用鼠标中键，或者按住〈Ctrl〉键和鼠标中键（MB2）的同时拖动鼠标

2. 使用预定义视图

NX 提供了多种预定义的命名视图。如果要恢复正交视图或其他预定义命名视图，可以
在功能区的"视图"选项卡的"操作"组中选择相应的定向视图图标选项（可供选择的定向
视图图标选项有"正三轴测图" 、"正等测图" 、"俯视图" 、"前视图" 、"右视
图" 、"后视图" 、"仰视图" 和"左视图" ），如图 1-20 所示。如果功能区
"视图"选项卡上没有显示"操作"组，那么需要用户在功能区最右侧单击"功能区选项"
按钮 ，在出现的"视图"命令列表中选中"操作组"，即可将"操作"组显示在功能区
"视图"选项卡中。用户也可以在上边框条的"视图"工具栏的定向视图下拉菜单中选择所
需的定向视图图标选项，如图 1-21 所示。

图 1-20　在"操作"组中选择定向视图选项　　　图 1-21　通过"视图"工具栏定向视图

3. 使用快捷键调整视图方位

用户应掌握一些使用快捷键调整视图方位的方法，调整视图方位的快捷键见表 1-3。

表 1-3　调整视图方位的快捷键

序　号	快 捷 键	对应功能或操作结果
1	〈Home〉	改变当前视图到正三轴测视图
2	〈End〉	改变当前视图到正等测视图
3	〈Ctrl+Alt+T〉	改变当前视图到俯视图，即定向工作视图以便与俯视图对齐
4	〈Ctrl+Alt+F〉	改变当前视图到前视图，即定向工作视图以便与前视图对齐
5	〈Ctrl+Alt+R〉	改变当前视图到右视图，即定向工作视图以便与右视图对齐
6	〈Ctrl+Alt+L〉	改变当前视图到左视图，即定向工作视图以便与左视图对齐
7	〈F8〉	改变当前视图到选择的平面、基准平面或与当前视图方位最接近的平面视图（俯视图、前视图、右视图、后视图、仰视图、左视图等）
8	〈F6〉	启用"缩放"命令（对应着"视图"工具栏中的"缩放"按钮🔍），接着在图形窗口中按下鼠标左键画一个矩形和松开左键，即可放大视图中的某一特定区域
9	〈F7〉	启用"旋转"命令（对应着"视图"工具栏中的"旋转"按钮🔄），通过按鼠标左键并拖动鼠标可以旋转视图；也可以使用鼠标中键直接执行此命令
10	〈Ctrl+F〉	以"适合窗口"的方式调整工作视图的中心和比例，从而显示所有对象
11	〈Ctrl+R〉	按此快捷键，弹出如图 1-22 所示的"旋转视图"对话框，可以使用鼠标围绕特定的轴旋转视图，或将其旋转至特定的视图方位
12	〈Ctrl+Shift+Z〉	按此快捷键，弹出如图 1-23 所示的"缩放视图"对话框以用于放大或缩小工作视图，用户可根据设计需要单击"缩小一半""双倍比例""缩小 10%"或"放大 10%"按钮，或者在"缩放"文本框中输入所需视图缩放比例

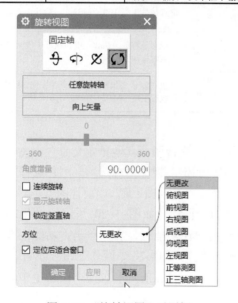

图 1-22　"旋转视图"对话框

图 1-23　"缩放视图"对话框

1.3.3　模型显示基本操作

　　查看模型部件或装配体的显示效果，会应用到渲染样式（即显示样式），用户可以在上边框条的"视图"工具栏的显示样式下拉列表中设置显示样式，如图 1-24a 所示；也可以在图形窗口的空白区域中右击，从弹出的快捷菜单中展开"渲染样式"级联菜单，如图 1-24b 所示，然后从该级联菜单选择一个渲染样式选项即可。可用的模型显示样式见表 1-4。

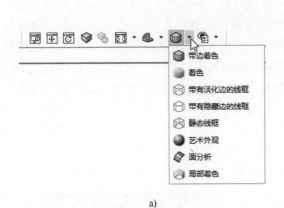

a)   b)

图1-24　设置模型显示样式（渲染样式）

a) 在"视图"工具栏中设置显示样式　b) 快捷菜单中的"渲染样式"级联菜单

表1-4　模型显示样式一览表

序　号	显示样式	图　标	说　明	图　例
1	带边着色		用光顺着色和打光渲染工作视图中的面并显示面的边	
2	着色		用光顺着色和打光渲染工作视图中的面（不显示面的边），有时在显示效果上与艺术外观接近	
3	带有淡化边的线框		对不可见的边缘线用淡化的浅色细实线来显示，其他可见的线（含轮廓线）则用相对粗的设定颜色的实线显示	
4	带有隐藏边的线框		对不可见的边缘线进行隐藏，而可见的轮廓边以线框形式显示	
5	静态线框		系统将显示当前图形对象的所有边缘线和轮廓线，而不管这些边线是否可见	
6	艺术外观		根据指派的基本材料、纹理和光源渲染工作视图中的面，使得模型显示效果更接近于真实	
7	面分析		用曲面分析数据渲染工作视图中的分析曲面，即用不同的颜色、线条、图案等方式显示指定表面上各处的变形、曲率半径等情况。可通过"编辑对象显示"对话框（选择"文件"|"编辑"|"对象显示"命令并选择对象后可打开"编辑对象显示"对话框）来设置着色面的颜色	
8	局部着色		用光顺着色和打光渲染工作视图中的局部着色面（可通过"编辑对象显示"对话框来设置局部着色面的颜色，并注意启用局部着色模式），而其他表面用线框形式显示	

1.3.4 对象选择基本操作

  在设计工作中，选择对象是一项重要的基础操作，也是较为频繁的一类操作。在设计中要选择一个对象，可以将鼠标指针移至该对象上并单击鼠标左键，即可选中该对象。重复此操作可以继续选择其他对象。要取消选择对象，按住〈Shift〉键并单击该对象或按〈Esc〉键。

当多个对象相距很近时，可以使用"快速选取"对话框选择所需的对象。其方法是将鼠标指针置于要选择的对象上保持不动，等到在鼠标指针旁出现 3 个点时，单击便可打开如图 1-25 所示的"快速拾取"对话框。其中列出了当前鼠标指针下的多个对象，从该列表中指定某个对象使其高亮显示，然后单击便可选择该对象。另外，用户也可以在对象上按住鼠标左键，等到在鼠标指针旁出现 3 个点时释放鼠标按钮，此时系统也弹出"快速选取"对话框，然后在"快速选取"对话框的列表中指定对象。在使用"快速选取"对话框时，可以巧用该对话框中的相关按钮，如"所有对象"按钮⊕、"构造对象"按钮、"特征"按钮、"体对象"按钮等，这些按钮可起到选择过滤器的作用。例如，单击"体对象"按钮时，则对象列表中便只列出相关的体对象以供用户快速选择，如图 1-26 所示。

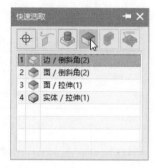

图 1-25 "快速选取"对话框   图 1-26 使用"快速拾取"对话框中的过滤按钮

使用位于上边框条中的"选择条"工具栏（图 1-27）来配合选择对象是很有用的，因为在"选择条"工具栏中可以指定选择过滤器，设定选择方式。例如，要选择多个对象，可以使用"选择条"工具栏中的"矩形"或"套索"工具命令。

"类型"下拉列表框   "范围"下拉列表框   选择选项   高亮显示隐藏边   捕捉点选项

图 1-27 "选择条"工具栏

用户也可以设置在图形窗口中单击鼠标右键时使用迷你选择条（也称"选择快捷工具条"），如图 1-28 所示，使用此迷你选择条可以快速设置选择过滤器等。

图 1-28 迷你选择条

1.4 图层应用基础

初学者应该了解 NX 图层应用概念与基础。图层的主要应用原则是为了便于模型对象的管理和组织。在 NX 中，图层状态有 4 种，即工作图层、可选层、仅可见层和不可见层。在一个 NX 部件的所有图层（默认时有 256 层）中，只能有一个图层作为当前工作图层。工作图层是对象创建在其中的层，它总是可见与可选的，在工作图层上绘制对象，就好比在一张指定的透明纸上绘制对象。用户可以根据设计情况来改变工作图层，并可以设置哪些图层为可见层，哪些图层为不可见层。当改变工作图层时，先前的工作图层自动成为可选层。

要进行图层设置，可以在功能区"视图"选项卡的"可见性"组中单击"图层设置"按钮 🝿，或者按〈Ctrl+L〉快捷键，系统弹出如图 1-29 所示的"图层设置"对话框，利用该对话框设置工作图层、可见层和不可见层，并可以定义图层的类别名称等。

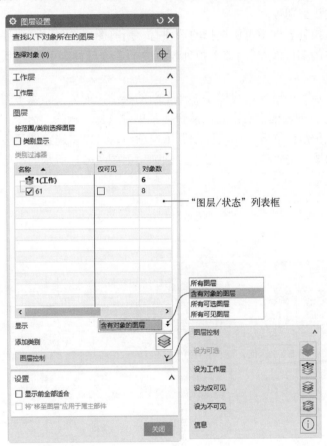

图 1-29　"图层设置"对话框

1. 查找来自对象的图层

利用"图层设置"对话框的"查找以下对象所在的图层"选项组，可以查找来自对象的图层，即选择对象后可显示该对象所在的图层。

2. 指定工作图层

在"图层设置"对话框的"工作层"文本框中输入一个所需要的图层号并按〈Enter〉键，该图层便被指定为工作图层。图层号必须介于 1～256（含 1 和 256）之间。

3. 指定图层范围

在"图层"选项组的"按范围/类别选择图层"文本框中，输入一个图层号或范围，可

以让 NX 软件系统快速查找用户指定的图层，但要注意"显示"下拉列表框指定显示选项的限制。例如，确保"显示"下拉列表框中的显示选项为"所有图层"，在"按范围/类别选择图层"文本框中输入"5～18"并按〈Enter〉键，则指定用户所需图层为 5 号图层至 18 号图层。

4. 设置过滤器方式、类别显示及图层可见性等

在"图层"选项组中选中"类别显示"复选框，此时在"类别过滤器"列表框中可以输入过滤器图层类别选项，其默认选项为"*"，表示接受所有的图层的类别，如图 1-30 所示。位于"类别过滤器"下拉列表框下方的"图层/状态"列表框用于显示设定类别下的图层名称及其相关属性描述（如可见性、对象数等）。在"图层/状态"列表框中可以设置选定图层对象的可见性和类别等。

在"显示"下拉列表框中可供选择的选项有"所有图层""所有可见图层""所有可选图层"和"含有对象的图层"，利用该下拉列表框中的选项可设定"图层/状态"列表框中显示的图层范围。

单击"添加类别"按钮，可以添加一个新的类别；如果要删除不需要的图层类别，则可以在"图层/状态"列表框中右击它，从快捷菜单中选择"删除"命令。

在"图层"选项组内展开"图层控制"子选项组，可以将选定图层设为工作图层、仅可见或不可见等；如果单击"信息"按钮，则弹出如图 1-31 所示的"信息"窗口，可从中查询相关图层的信息。

图 1-30　设置图层类别过滤器

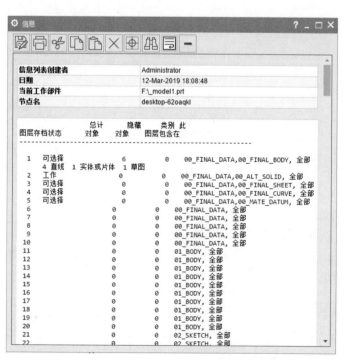

图 1-31　"信息"窗口

另外，在功能区的"视图"选项卡的"可见性"组中还可以使用其他图层工具，详见表 1-5。

表 1-5　其他图层工具的功能含义

序　号	工具名称	工　具	功能简要说明
1	"工作图层"下拉列表框	工作层 1 ▾	指定新工作图层，即定义创建对象时所在的图层
2	"图层类别"按钮	▧	创建命名的图层组
3	"移动至图层"按钮	▧	将对象从一个图层移动到另一个图层
4	"复制至图层"按钮	▧	将对象从一个图层复制到另一个图层

1.5　NX 系统配置

NX 允许用户对系统基本参数进行个性化定制。本节介绍 NX 首选项设置与用户默认设置，以便用户可以通过这些配置方法对 NX 软件系统的某些基本参数进行个性化定制，从而使绘图环境更适合自己和所在的设计团队。

1.5.1　NX 首选项设置

NX 首选项设置的选项涉及很多方面，不同应用模块的首选项设置选项还会稍有不同。在这里以使用"高级"内容角色的"建模"应用模块为例，在上边框条中单击"菜单"按钮 ☰ 菜单(M) ▾，选择"首选项"命令以展开其级联菜单，如图 1-32 所示。"首选项"级联菜单提供了"建模""草图""装配""PMI""用户界面""可视化""选择""资源板""HD3D工具""对象""测量""调色板""背景""栅格""视图剖切""JT""知识融合""数据互操作性""电子表格""3D 输入设备""中面"和"焊接"等命令，它们的含义与功能如下。注意：也可以从功能区的"文件"选项卡中展开相应的"首选项"级联菜单。

- "建模"：对建模命令设置参数和特性。
- "草图"：设置控制草图生成器任务环境的行为和草图对象显示的首选项。
- "装配"：设置装配行为，如是否以图形方式强调装配关联中的工作部件。
- "PMI"：设置注释、尺寸、符号和表设置，以及其他 PMI 工作流程和显示设置。
- "用户界面"：为用户界面布局、外观、角色和消息设置首选项，并提供操作记录录制工具、宏和用户工具。
- "可视化"：设置图形窗口特性，如部件渲染样式、选择和取消着重颜色以及直线反锯齿。
- "选择"：选择此命令，弹出如图 1-33 所示的"选择首选项"对话框，从中设置对象选择行为，如高亮显示、快速拾取延迟以及选择半径大小（即选择球）等。
- "资源板"：设置影响资源板操作和显示的首选项。
- "HD3D 工具"：设置可影响 HD3D 工具操作与显示方式的首选项。
- "对象"：设置新对象的首选项，如图层、颜色和线型。
- "测量"：为测量对象设置首选项，如常规设置，包括测量、精度和显示。

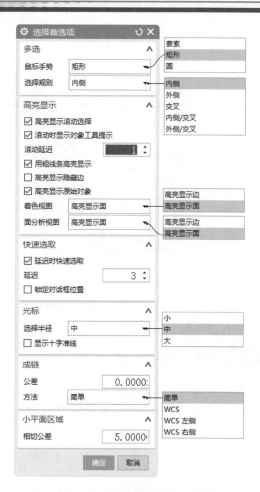

图 1-32　"建模"模块首选项（"高级"角色时）　　　　　图 1-33　"选择首选项"对话框

- "调色板"：设置部件颜色特性，如最喜欢的颜色和颜色定义文件（CDF）。
- "背景"：选择此命令时，系统弹出如图 1-34 所示的"编辑背景"对话框，从中设置图形窗口背景特性，如颜色和渐变效果。

图 1-34　"编辑背景"对话框

- "栅格"：设置图形窗口栅格颜色、间距和其他特性。
- "视图剖切"：为"视图剖切"命令设置相应的首选项，如设置锁定所有平面。
- "JT"：在打开"保存 JT 数据"选项的情况下，设置配置参数以在部件保存过程中创建 JT 数据。
- "知识融合"：定义搜索路径及其次序，以查找 DFA 文件。
- "数据互操作性"：设置从其他应用模块导入数据的首选项。
- "电子表格"：设置默认的电子表格应用程序。
- "3D 输入设备"：设置 3D 输入设备特性，如灵敏度、仅旋转、仅平移或旋转-平移-缩放。
- "中面"：为"中面"命令设置参数和特性。
- "焊接"：设置首选项来控制焊接、基准定位器和测量定位器的创建与显示。

1.5.2 用户默认设置

要更改用户默认设置，可在功能区"文件"选项卡中选择"实用工具"|"用户默认设置"命令，打开如图 1-35 所示的"用户默认设置"对话框。利用此对话框，可以在站点、组和用户级别控制众多命令和对话框的初始设置和参数。在"用户默认设置"对话框左侧的树形列表中选择要设置的参数类型，则在右侧区域显示相应的设置选项，从中进行相关的更改设置即可。

图 1-35 "用户默认设置"对话框

1.6 视图布局

在进行三维产品设计时，可能会同时应用到一个模型对象的多个视图，这样可以更直观地从多角度观察模型对象，如图 1-36 所示。NX 提供了实用的视图布局功能，包括新建视图布局、打开视图布局、保存视图布局布置、删除视图布局和替换布局中的视图等。用户在创建所需的视图布局后，可以将该视图布局布置保存起来，在以后需要时可以再次打开此视图布局布置，可以修改和删除视图布局等。

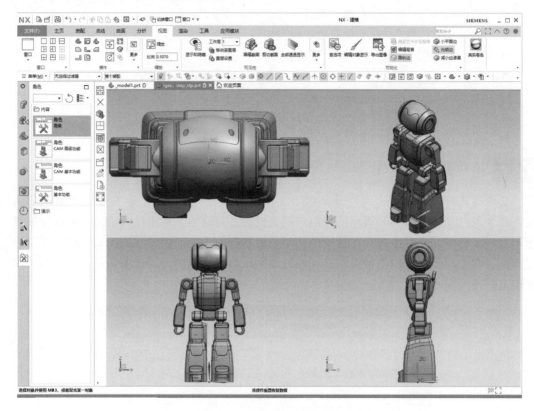

图 1-36　同时显示多个视图

1.6.1　新建视图布局

可以以 6 种布局模式之一创建包含至多 9 个视图的布局。

新建视图布局的方法步骤如下。

1 在功能区的"视图"选项卡中单击"操作"组中的"更多"按钮以打开该组中的"更多"库列表，单击"新建布局"按钮，弹出如图 1-37 所示的"新建布局"对话框。也可以在上边框条上单击"菜单"按钮 三 菜单(M) ▾，选择"视图"|"布局"|"新建"命令打开"新建布局"对话框。

2 指定视图布局名称。在"名称"文本框中输入新建视图布局的名称，或者接受默认的新视图布局名称。默认的新视图布局名称是以"LAY#"形式来命名的，"#"为从 1 开始的序号，后面的序号依次加 1 递增。

3 选择 NX 系统提供的视图布局模式。可在"布置"下拉列表框中选择所需要的一种布局模式。该下拉列表框中一共提供了 6 种布局模式，如图 1-38 所示，在这里以选择"L2"视图布局模式为例。

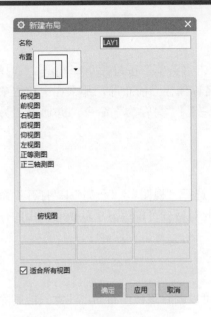

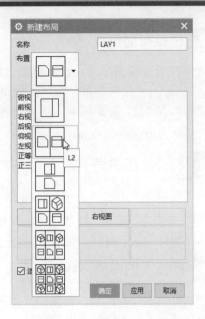

图 1-37 "新建布局"对话框   图 1-38 选择视图布局模式

修改当前视图布局的组成。当用户在"布置"下拉列表框中选择一个 NX 系统预定义的命名视图布局模式后，可以根据需要修改该视图布局。例如，选择"L2"  视图布局模式后，想把该视图布局中的右视图更改为正等测图，那么在"新建布局"对话框中单击"右视图"小方格按钮，接着在视图列表框中选择"正等测图"，此时"正等测图"字样显示在视图列表框下面的小方格按钮中，如图 1-39 所示，表明已经将右视图更改为正等测图了。

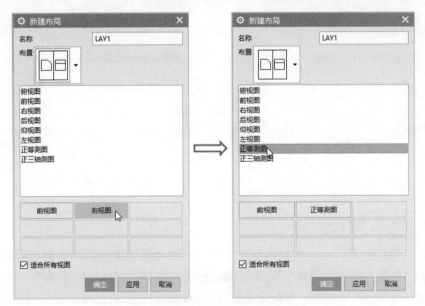

图 1-39 修改当前视图布局的组成

设置"适合所有视图"复选框的状态，默认时选中此复选框，然后单击"应用"按钮或"确定"按钮，从而生成新建的视图布局。

1.6.2 保存布局布置

要保存当前视图布局布置，可在上边框条上单击"菜单"按钮 ≡ 菜单(M) ▾，选择"视图"|"布局"|"保存"命令即可。如果要用其他名称保存当前布局，那么在上边框条上单击"菜单"按钮 ≡ 菜单(M) ▾，选择"视图"|"布局"|"另存为"命令，并通过"另存布局"对话框为要保存的布局指定新名称。

1.6.3 打开视图布局

在上边框条上单击"菜单"按钮 ≡ 菜单(M) ▾，选择"视图"|"布局"|"打开"命令，弹出如图 1-40 所示的"打开布局"对话框，利用此对话框可调用五个默认布局中的任何一个或先前创建的任何布局。

1.6.4 删除视图布局

创建好视图布局之后，如果用户不再使用它，可以删除该视图布局。注意只能删除用户定义的且处于不活动状态的视图布局。

要删除用户定义的非活动状态的某个视图布局，在上边框条上单击"菜单"按钮 ≡ 菜单(M) ▾，选择"视图"|"布局"|"删除"命令，弹出如图 1-41 所示的"删除布局"对话框。在该对话框的视图列表框中选择要删除的布局，然后单击"确定"按钮即可。如果要删除的视图布局正在使用，或者没有用户定义的视图布局可删除，可在上边框条上单击"菜单"按钮 ≡ 菜单(M) ▾，并选择"视图"|"布局"|"删除"命令，系统将弹出"警告"对话框提示用户："只有没有显示的用户定义布局可以被删除。"

图 1-40 "打开布局"对话框

图 1-41 "删除布局"对话框

1.6.5 替换布局中的视图

新建命名的视图布局后，如果不满意，还可以替换布局中的视图。要替换布局中的视图，可在上边框条上单击"菜单"按钮 ≡ 菜单(M) ▾，选择"视图"|"布局"|"替换视图"命令，弹出如图 1-42 所示的"要替换的视图"对话框。在该对话框的视图列表框中选择要替换的视图名称，单击"确定"按钮，系统弹出如图 1-43 所示的"视图替换为"对话框，从中选择要放在布局中的视图，单击"确定"按钮，即可替换布局中的选定视图。

<table>
<tr><td>图 1-42　"要替换的视图"对话框</td><td>图 1-43　"视图替换为"对话框</td></tr>
</table>

1.7　NX 常用工具

在 NX 中进行建模操作时会使用一些常用工具，如坐标系、点构造器、矢量构造器和类选择器等。

1.7.1　坐标系

在三维建模过程中，坐标系是确定模型对象位置的基本手段，是研究三维空间不可缺少的基础元素。在一个 NX 模型文件中可以使用多个坐标系，但与用户直接相关的有两个，一个是绝对坐标系，另一个则是工作坐标系（WCS）。绝对坐标系在模型文件建立时就存在，用于定义模型对象的坐标参数，在使用过程中不被更改。工作坐标系则是用户当前正在使用的坐标系，用户可以根据需要选择已经存在的坐标系作为工作坐标系，也可以创建新的坐标系作为工作坐标系，可以对工作坐标系进行重定向以便建模。

与 WCS 相关的实用工具位于功能区"工具"选项卡的"实用程序"组的"更多"库列表中，如图 1-44 所示。例如，要将工作坐标系（WCS）重定向到新的坐标系，可以在该"更多"库列表中单击"WCS 定向"按钮🏷，系统弹出如图 1-45 所示的"坐标系"对话框。从"类型"下拉列表框中选择所需的一个选项来设置构建新坐标系的类型方法，并进行相关的设置操作。下面介绍构建新坐标系的各类型方法。

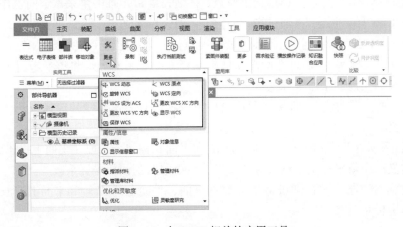

图 1-44　与 WCS 相关的实用工具

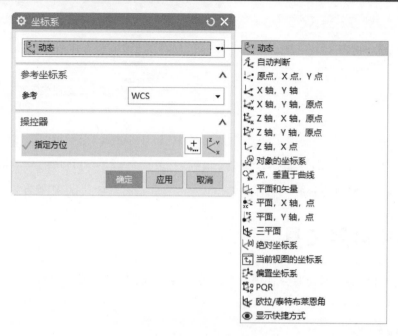

图 1-45 "坐标系"对话框

- "动态"：用于对现有的坐标系进行任意的移动和旋转。选择此类型选项时，当前坐标系处于活动状态，可在对话框中指定参考坐标系选项（如 WCS、绝对-显示部件、选定的坐标系），并根据要求通过操控器指定方位。

- "自动判断"：根据选择对象构造属性，系统智能地筛选可能的构造方式，当达到坐标系构造的唯一性要求时系统将自动产生一个新的工作坐标系。

- "原点，X 点，Y 点"：通过在图形窗口中选定 3 个点来重定向工作坐标系，第 1 点为原点，第 2 点为 X 轴点，第 3 点为 Y 轴点。其中第 1 点指向第 2 点的方向为 X 轴的正向，从第 2 点到第 3 点则按右手定则确定 Y 轴正方向。

- "X 轴，Y 轴"：通过指定 X 轴矢量和 Y 轴矢量来重定向工作坐标系。

- "X 轴，Y 轴，原点"：通过指定原点、X 轴矢量和 Y 轴矢量来重定向工作坐标系。

- "Z 轴，X 轴，原点"：通过指定原点、Z 轴矢量和 X 轴矢量来重定向工作坐标系。

- "Z 轴，Y 轴，原点"：通过指定原点、Z 轴矢量和 Y 轴矢量来重定向工作坐标系。

- "Z 轴，X 点"：通过指定 Z 轴矢量和 X 点位置来重定向工作坐标系。

- "对象的坐标系"：通过在图形窗口中选择一个参考对象，将该参考对象自身的坐标系定义为当前的工作坐标系。

- "点，垂直于曲线"：直接在图形窗口中选择现有参考曲线并选择或新建点进行坐标系定义。

- "平面和矢量"：选择一个平面作为 X 向平面和构建一个要在平面上投影为 Y 的矢量来定义一个新坐标系，然后将工作坐标系重定向到该新坐标系。

- "平面，X 轴，点"：通过定义 Z 轴的平面、平面上的 X 轴和平面上的原点来重定向工作坐标系。

- "平面，Y 轴，点"：通过定义 Z 轴的平面、平面上的 Y 轴和平面上的原点来重定向工作坐标系。
- "三平面"：通过指定 3 个平面来定义一个坐标系作为工作坐标系。
- "绝对坐标系"：使用此方法可以在绝对坐标（0,0,0）处定义一个新的工作坐标系。
- "当前视图的坐标系"：利用当前视图的方位定义一个新的工作坐标系。
- "偏置坐标系"：需要指定参考坐标系类型，并设置坐标系偏置参数来定义一个新坐标系，以此重定向工作坐标系。
- "PQR"：选择此选项，需要指定 P 点定义原点，以及需要在指定轴上指定一个轴点 Q，还需要在相应的平面上指定一个平面点 R。
- "欧拉/泰特布莱恩角"：需要设定参考坐标系的参考选项，以及指定原点和相应的角度值来定义一个坐标系。

用户可以根据设计需要设置是否在图形窗口中显示工作坐标系（WCS），其方法是在"实用工具"工具栏（可以在上边框条中预先设置显示此工具栏）中单击"WCS"下拉菜单的小三角箭头按钮▼，打开 WCS 下拉菜单，接着从中单击"显示 WCS"按钮 即可。"显示 WCS"按钮 处于被选中状态时，表示显示工作坐标系（WCS），它将定义 *XC-YC* 平面，而大部分几何体在该平面上创建。

1.7.2 点构造器

在定位某些特征时，或者在构建曲面所需的曲线框架的过程中，很多时候都可以通过单击特征创建工具操作界面提供的"点构造器（"点"对话框）"按钮 打开如图 1-46 所示的"点"对话框，并利用"点"对话框来确定点的位置。"点"对话框就是所谓的点构造器。

图 1-46 "点"对话框

在点构造器的"类型"下拉列表框中选择不同的构造类型选项，可以很方便地捕捉或定义不同类型的点。点的各种常用构造类型见表1-6。

表1-6　点的各种常用构造类型

序　号	图　标	名　　称	功　能　含　义
1		自动判断点	根据鼠标单击的位置，NX系统自动推断出选取点
2		光标位置	通过定位十字光标在屏幕上任意位置来指定一个点，该点位于工作平面上
3		现有点	选定一个现有点（已存在的点）
4		端点	在现有直线、圆弧及其他曲线的端点处定义一个位置点
5		控制点	在几何对象的控制点处定义一个点，控制点与几何对象类型有关
6		交点	在两段曲线的交点处，或在一条曲线和一个曲面/平面的交点处定义一个点；如果两者交点多于一个，那么NX系统默认在最靠近第二对象处选取一个点；若两段非平行曲线未实际相交但两者延长线将相交于某一点，则NX系统选取两者延长线上的相交点
7		圆弧中心/椭圆中心/球心	在圆弧、椭圆、球的中心指定一个点
8		圆弧/椭圆上的角度	与坐标系轴 XC 正向成一定角度且沿逆时针方向测量，以在圆弧或椭圆弧上指定一个点
9		象限点	在一个圆弧、椭圆弧的四分点处指定一个点
10		曲线/边上的点	在曲线或实体边缘上指定点
11		面上的点	在曲面上放置点
12		两点之间	在选定两点之间定义一个新点，该新点可由点之间的位置百分比设定
13		样条极点	选择样条获取其极点进行操作
14		样条定义点	选择样条获取其定义点进行操作
15		按表达式	通过选择表达式或创建表达式来定义一个点

1.7.3　矢量构造器

在 NX 建模过程中，经常需要指定矢量，所谓的矢量用于确定特征或对象的方位。例如，圆柱体的轴线生成方向、拉伸特征的拉伸方向、旋转特征的轴线等。可以使用矢量构造器来确定这些矢量。

在特征创建过程中，在需要指定特征的构造方向时，通常可以在相应的创建界面（如对话框）上单击"矢量构造器"按钮，弹出如图 1-47 所示的"矢量"对话框（也称矢量构造器）。从"矢量"对话框的"类型"下拉列表框中选择其中一个矢量类型，并根据要求指定相关的参考和参数等，然后单击"确定"按钮。矢量类型包括"自动判断的矢量""两点""与 XC 成一角度""曲线/轴矢量""曲线上矢量""面/平面法向""XC 轴""YC 轴""ZC轴""-XC 轴""-YC 轴""-ZC 轴""视图方向""按系数"和"按表达式"，它们的功能含义见表1-7。

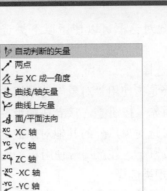

图 1-47 "矢量"对话框（矢量构造器）

表 1-7 矢量构造器提供的矢量类型一览表

序 号	图 标	名 称	功 能 含 义
1		自动判断的矢量	选择要定义矢量的对象，NX 根据所选的对象自动推测出一种适用类型的矢量
2		两点	通过两个点（出发点和终止点）构成一个矢量，默认的矢量方向是从第 1 点指向第 2 点
3		与 XC 成一角度	需要设置相对于 XC-YC 平面中 XC 的角度，从而确定在 XC-YC 平面内与 XC 轴成指定角度的矢量
4		曲线/轴矢量	根据选定边、曲线或轴来自动判断矢量
5		曲线上矢量	需要选择截面曲线，以及定义曲线上的位置等，实际上就是在曲线上选择一个点以获取切向矢量
6		面/平面法向	以指定平面的法向或圆柱面的轴向构成矢量
7		XC轴	指定 XC 轴正方向为矢量方向
8		YC轴	指定 YC 轴正方向为矢量方向
9		ZC轴	指定 ZC 轴正方向为矢量方向
10		-XC轴	指定-XC 轴负方向为矢量方向
11		-YC轴	指定-YC 轴负方向为矢量方向
12		-ZC轴	指定-ZC 轴负方向为矢量方向
13		视图方向	将当前视图的法向用作矢量
14		按系数	需要指定系数选项为"笛卡儿坐标系"还是"球坐标"，然后输入分量值以定义矢量
15	=	按表达式	通过表达式（选择或创建）来定义矢量

1.7.4 类选择器

在 NX 建模中，经常会面临选择操作对象的问题，有时使用鼠标在图形窗口中直接选择对象会比较困难，还会容易产生误选的现象。NX 为了提高选择操作的效率，专门提供了类选择器（"类选择"对话框），以便在对象选择过程中可设定对象类型和构造过滤器。

在未选择操作对象之前执行某些编辑命令时，系统会弹出如图 1-48 所示的"类选择"

对话框，通过此对话框可以使用以下类选择功能来快速、准确地从限制类中选择所需的对象。

1. 对象类选择

对象类选择是指使用"对象"选项组中的工具命令选择对象。例如，在"对象"选项组中单击"选择对象"按钮⊕，接着在图形窗口中选择一个或多个对象。如果单击"反选"按钮⊞，则之前被选对象以外的其他对象被选择。如果要选择图形窗口中的所有有效对象，可单击"全选"按钮⊕。注意结合使用相关选择过滤器可以缩小选择范围，减少误选操作。

2. 其他常规类选择

常规类选择包括使用"对象"选项组和"其他选择方法"选项组中的工具选择对象。在"其他选择方法"选项组中，可以根据名称来选择对象。

3. 过滤器类选择

用类选择器选择对象时，最大的功能便是可以使用过滤器类选择，包括类型过滤器、图层过滤器、颜色过滤器、属性过滤器和重置过滤器。使用过滤器类选择，可以在进行选择对象操作时过滤掉一部分不相关的对象，这样便大大地方便了选择过程。

- 类型过滤器：本过滤器通过指定对象的类型来限制对象的选择范围。在"过滤器"选项组中单击"类型过滤器"按钮⟡，系统弹出如图 1-49 所示的"按类型选择"对话框。利用此对话框可以对曲线、面、实体等类型进行限制，有些类型还可以通过单击"细节过滤"按钮来对细节类型进行下一步的控制。

图 1-48 "类选择"对话框

图 1-49 "按类型选择"对话框

- 图层过滤器：本过滤器通过指定层来限制选择对象。在"过滤器"选项组中单击"图层过滤器"按钮⬙，系统弹出如图 1-50 所示的"根据图层选择"对话框，以供用户通过图层来选择对象。

● 颜色过滤器：本过滤器通过颜色设定来限制对象的选择。在"过滤器"选项组中单击"颜色过滤器"按钮▊▊▊▊，系统弹出如图 1-51 所示的"颜色"对话框，接着在"颜色"对话框中选定颜色，单击"确定"按钮。设定颜色后使用鼠标框选范围时，则该范围内颜色相同的对象被选定。

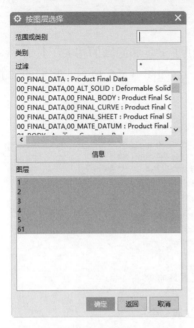

图 1-50 "根据图层选择"对话框

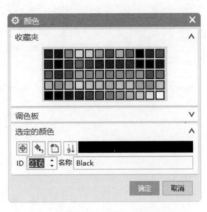

图 1-51 "颜色"对话框

● 属性过滤器：在"过滤器"选项组中单击"属性过滤器"按钮◢，系统弹出如图 1-52 所示的"按属性选择"对话框，通过该对话框设置属性以过滤选择对象。如果在"按属性选择"对话框中单击"用户定义属性"按钮，则弹出如图 1-53 所示的"属性过滤器"对话框，从中可进行一些自定义的属性过滤设置。

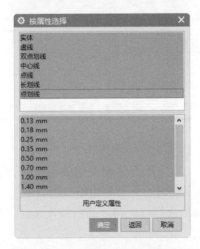

图 1-52 "按属性选择"对话框

图 1-53 "属性过滤器"对话框

● 重置过滤器：单击"重置过滤器"按钮⟲，可以重新设置过滤器类型。

1.8 对象编辑操作基础

本节介绍一些典型的对象编辑操作基础知识。

1.8.1 对象显示与隐藏

在功能区的"视图"选项卡的"可见性"组中提供了显示和隐藏的相关工具命令（需要设置在"可见性"组中显示"显示/隐藏库"命令列表），如图 1-54 所示。它们的功能含义见表 1-8。

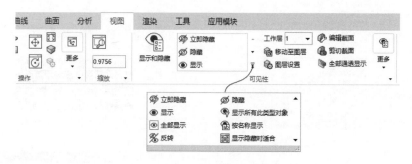

图 1-54　显示和隐藏的相关工具命令

表 1-8　显示和隐藏的相关工具命令

序　号	图　标	命 令 名 称	功 能 含 义
1		显示和隐藏	按类型显示或隐藏对象
2		立即隐藏	一旦选定对象后，即隐藏它们
3		隐藏	使选定的对象在显示中不可见
4		显示	使选定的对象在显示中可见
5		显示所有此类型对象	显示指定类型的所有对象
6		全部显示	显示可选图层的所有对象
7		按名称显示	显示具有指定名称的所有对象
8		反转	反转可选图层上所有对象的隐藏状态
9		显示隐藏时适合	除"立即隐藏"外的所有"显示"或隐藏"操作后满窗口显示视图

1.8.2 对象选择设置

用户可以根据设计需要来编辑对象的选择设置。与选择设置相关的编辑命令位于"菜单"|"编辑"|"选择"级联菜单中，如图 1-55 所示，它们的含义与功能简述如下。

- "最高选择优先级-特征"：将特征设置为最高的选择优先级，随后依次是面、体、边和组件。
- "最高选择优先级-面"：将面设置为最高的选择优先级，随后依次是特征、体、边和组件。

图 1-55　"菜单"|"编辑"|"选择"级联菜单

- "最高选择优先级-体"：将体设置为最高的选择优先级，随后依次是特征、面、边和组件。
- "最高选择优先级-边"：将边设置为最高的选择优先级，随后依次是特征、面、体和组件。
- "最高选择优先级-组件"：将组件设置为最高的选择优先级，随后依次是特征、面、体和边。
- "多边形"：选择在图形窗口中绘制的多边形之内的所有对象。
- "全选"：基于选择过滤器选择所有可见对象。该命令的快捷键为〈Ctrl+A〉。
- "全不选"：取消选择所有当前选定的对象。
- "恢复"：当从某一 NX 操作返回时，恢复全部（全局）选定的对象。
- "在导航器中查找"：在相关导航器（如部件导航器、装配导航器）中查找并高亮显示选定的对象。
- "向上一级"：如果为某个操作启用了组件或组，则选择层次结构中上一级的对象。

1.8.3　编辑对象显示

　　编辑对象显示是指修改对象的图层、颜色、线型、宽度、栅格数量、透明度、着色和分析显示状态，其方法和步骤如下。

　　1 在功能区的"视图"选项卡的"可视化"组中单击"编辑对象显示"按钮，弹出"类选择"对话框。

　　2 通过"类选择"对话框选择要编辑的对象，然后在"类选择"对话框中单击"确定"按钮，系统弹出"编辑对象显示"对话框，该对话框提供了两个选项卡，如图 1-56 所示。

　　3 在"编辑对象显示"对话框的"常规"选项卡中，可以编辑对象的"图层""颜色""线型""宽度""着色显示（含透明度）""线框显示"和"小平面体"参数等；在"分析"

选项卡中则可以编辑对象的分析显示状态，包括"曲面连续性显示""截面分析显示""曲线分析显示""曲面相交显示""偏差度量显示"和"高亮线显示"等。

a)   b)

图1-56 "编辑对象显示"对话框

a)"常规"选项卡 b)"分析"选项卡

4 在"编辑对象显示"对话框中单击"确定"按钮。

1.8.4 移动对象

要移动对象，可以按照以下的方法、步骤来进行。

1 按〈Ctrl+T〉快捷键，或者单击"菜单"按钮 三 菜单(M) ▾ 并选择"编辑"|"移动对象"命令，系统弹出如图1-57所示的"移动对象"对话框。

图1-57 "移动对象"对话框

2 在"对象"选项组中单击"对象"按钮⊕，接着选择要移动的对象。

3 在"变换"选项组中，从"运动"下拉列表框中选择所需的一种运动选项，根据该运动选项指定运动参照及相关的参数。

4 在"结果"选项组中选择"复制原先的"单选项或"移动原先的"单选项，并设置图层选项等。当选择"复制原先的"单选项时，在该选项组中可以更改关联副本数。对于某些变换运动选项，在"结果"选项组中还可设置"距离/角度分割"数值。

5 在"设置"选项组中根据需要设置一些复选框的状态，并可以在"预览"选项组中决定是否预览等。

6 在"移动对象"对话框中单击"应用"按钮或"确定"按钮。

1.8.5 删除对象

要删除对象，可以单击"菜单"按钮 三 菜单(M) ▼ 并选择"编辑"|"删除"命令，或者按〈Ctrl+D〉快捷键，利用弹出的"类选择"对话框选择要删除的对象，然后单击"确定"按钮，即可删除选定的对象。也可以先选择要删除的对象，再执行"删除"命令。

1.9 NX 基础入门范例

本节介绍一个 NX 的基础入门范例，目的是让读者通过该范例的学习来加深理解、掌握本章所学的一些基础知识。

扫码观看视频

本范例具体的操作步骤如下。

1 启动 NX 后，按〈Ctrl+O〉快捷键，或者在"快速访问"工具栏中单击"打开"按钮□，系统弹出"打开"对话框。通过"打开"对话框浏览并选择本章配套的"\CH1\BC_1_ZHFL.PRT"文件，然后在"打开"对话框中单击"OK"按钮，打开的模型效果如图 1-58 所示。

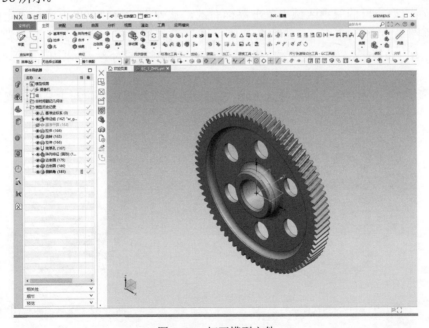

图 1-58 打开模型文件

2 将鼠标指针置于绘图窗口中，按住鼠标中键的同时移动鼠标，将模型视图翻转成如图 1-59 所示的视图效果来显示。

3 按〈Ctrl+Shift+Z〉快捷键，或者选择"菜单"|"视图"|"操作"|"缩放"命令，系统弹出如图 1-60 所示的"缩放视图"对话框。单击"缩小 10%"按钮，再单击"缩小一半"按钮，注意观察视图缩放的效果，然后单击"确定"按钮。

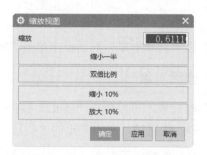

图 1-59　翻转模型视图显示　　　　　图 1-60　"缩放视图"对话框

4 在图形窗口中，按住鼠标中键和右键的同时拖动鼠标，练习平移模型视图。

5 在图形窗口的空白区域中单击鼠标右键，从弹出的快捷菜单中选择"定向视图"|"正等测图"命令，或者在上边框条的"视图"工具栏的"定向视图"下拉菜单中单击"正等测图"按钮，可定位工作视图以便与正等测视图对齐，此时模型显示效果如图 1-61 所示。

知识点拨：用户也可直接在键盘上按〈End〉键来快捷地切换到正等测视图。

6 在图形窗口的空白区域中单击鼠标右键，从弹出的快捷菜单中选择"定向视图"|"正三轴测图"命令，或者在上边框条的"视图"工具栏的"定向视图"下拉菜单中单击"正三轴测图"按钮，可定位工作视图以便与正三轴测视图对齐，如图 1-62 所示。

知识点拨：也可以直接在键盘上按〈Home〉键来快捷地切换到正三轴测视图。

图 1-61　正等测视图　　　　　　　图 1-62　正三轴测视图

7 按〈Ctrl+Shift+N〉快捷键，或者在功能区的"视图"选项卡的"操作"组中单击"更多"|"新建布局"按钮🖼，系统弹出"新建布局"对话框。在"名称"文本框中输入"ZJBC_LAY1"，选择布局模式选项为"L4"🖼，如图 1-63 所示，然后在"新建布局"对话框中单击"确定"按钮，结果如图 1-64 所示。

图 1-63 新建布局

图 1-64 新建布局的结果

8 按快捷键〈Ctrl+Z〉，或者在"快速访问"工具栏中单击"撤销"按钮⤺，从而撤销上次操作，在本例中就是撤销上次的新建布局操作。

9 在功能区中单击"文件"选项卡标签，从功能区选项卡中选择"首选项"|"背景"命令，弹出"编辑背景"对话框，进行如图 1-65 所示的编辑操作，即在"着色视图"选项组中选择"纯色"单选项，在"线框视图"选项组中选择"纯色"单选项，单击"普通颜色"对应的颜色按钮，弹出"颜色"对话框，选择白色，然后在"颜色"对话框中单击"确定"按钮。最后在"编辑背景"对话框中单击"确定"按钮，从而将绘图窗口的背景设置为白色。

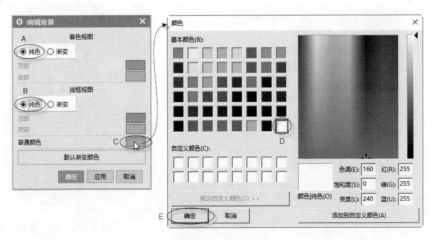

图 1-65 编辑背景

⑩ 更改圆柱齿轮零件的外观颜色。在功能区的"视图"选项卡的"可视化"组中单击"编辑对象显示"按钮 ✐，系统弹出"类选择"对话框。在"对象"选项组中单击"全选"按钮 ⊕，以选择全部实体模型，如图 1-66 所示，单击"确定"按钮。系统弹出"编辑对象显示"对话框，在"常规"选项卡的"基本符号"选项组中单击"颜色"按钮图标（图 1-67），弹出"颜色"对话框，从中选择如图 1-68 所示的"Light Gray"颜色（颜色 ID 为 44），然后单击"颜色"对话框中的"确定"按钮。在"编辑对象显示"对话框中单击"确定"按钮，完成更改圆柱齿轮零件的颜色。此时模型显示效果如图 1-69 所示。

图 1-66　通过"类选择"对话框选择对象

图 1-67　"编辑对象显示"对话框

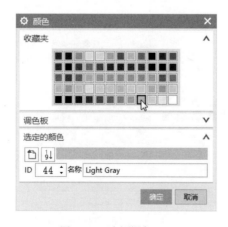

图 1-68　选择颜色

图 1-69　模型显示效果

在图形窗口中或部件导航器的模型历史记录中选择"基准坐标系（0）"对象，在功能区的"视图"选项卡的"可见性"组中单击"隐藏"按钮，从而将所选的基准坐标系对象隐藏了起来。也可以使用右键快捷菜单中的"隐藏"命令。

在图形窗口的视图空白区域处按鼠标右键并保持约 1s 钟，打开一个视图辐射式菜单（或称"视图辐射式命令列表"），保持按住鼠标右键的情况下将鼠标十字瞄准器移至"带有淡化边的线框"按钮处，如图 1-70 所示，此时释放鼠标右键即选中此图标选项，则圆柱齿轮零件以带有淡化边的线框显示，效果如图 1-71 所示。

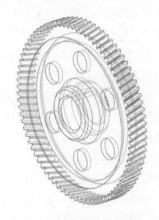

图 1-70　打开视图辐射式菜单并从中选择选项　　　　图 1-71　带有淡化边的线框显示

在上边框条的"视图"工具栏中的"渲染样式"下拉列表框中单击"带边着色"按钮，如图 1-72 所示，则圆柱齿轮零件以"带边着色"渲染样式显示。

按〈F8〉键，改变当前视图为与当前视图方位最接近的平面视图，视图效果如图 1-73 所示。再按〈End〉键，视图改变方向到正等测视图。

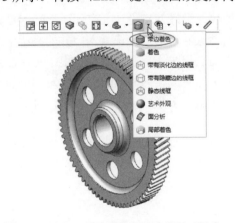

图 1-72　选择"带边着色"的渲染显示样式　　　图 1-73　切换到与当前视图方位最接近的平面视图

按〈Ctrl+S〉键，或者在"快速访问"工具栏中单击"保存"按钮，保存已经修改的工作部件。

单击当前模型窗口对应的"关闭"按钮，关闭文件。

1.10　本章小结与经验点拨

为了更好地学习如何使用 NX 进行设计工作，初学者必须要先了解 NX 的软件概述、基本工作环境、基本操作、图层应用基础、系统配置、视图布局、常用工具和对象编辑操作基础等。其中，基本工作环境知识点主要包括 NX 启动与退出、NX 主操作界面、界面定制和应用模块切换。NX 基本操作知识有文件管理基本操作、视图基本操作、模型显示操作和对象选择基本操作。NX 常用工具主要包括坐标系、点构造器、矢量构造器和类选择器。对象编辑操作基础则主要包括对象显示与隐藏、对象选择设置、编辑对象显示、移动对象和删除对象。初学者需要了解的 NX 系统配置为两个方面，一个方面是 NX 首选项设置，另一个方面则是用户默认设置。在视图布局一节中，初学者要掌握新建视图布局、保存布局布置、打开视图布局、删除视图布局和替换布局中的视图等知识。

接触过先前版本的 NX 用户则需要注意 NX 1847/1851 全新的界面，熟悉相关命令工具在功能区中的位置，还要懂得根据设计情况在功能区中启用所需要的选项卡和工具命令，这涉及界面定制的实用知识。在按照本书学习 NX 操作知识的过程中，有些读者可能会发现在自己使用的 NX 软件的当前界面中可能找不到某些命令或按钮工具，遇到这种问题是很正常的，有些命令需要用户自己在当前操作界面中定制调用出来（方法详看 1.2.3 节）。用户须知：NX 根据用户的经验水平、行业或公司标准提供了"角色"这样一种先进的界面控制方式，不同的角色界面保留不同任务所需的命令，角色的应用简化了 NX 的当前用户界面。在用户第一次启用 NX 时，系统可能默认使用"基本功能"角色，该角色的界面仅提供一些常用的命令工具，比较适合新手用户或临时用户使用。而本书为了介绍更多的实用功能，对应的 NX 使用了"高级"角色，"高级"角色提供了一组更广泛的工具命令，不但支持简单的设计任务，还支持高级的设计任务。

不少初学者总想问这样一个问题：怎样才能快速学好 NX 设计（有什么学好 NX 设计的捷径）？NX 设计的学习能力可能因人而异，有些人看过书后很快就入门并能将所学知识用于工作上，而有些人却还在迷茫中。迷茫时不要对自己失去信心，坚持找出不足，慢慢积累经验，或许在某个阶段就会豁然开朗，终有拨开云雾见天日的时候。对于学习领悟能力稍差一点的初学者，只有一个基本的"捷径"方法，那就是多学、多练和多思考，对书中的知识点逐一研习，熟能生巧。

经验告诉我们，认真学习好本章基础知识，将为后面深入而系统地学习 NX 设计打下坚实基础。

1.11　思考与练习

1）请大概说说 NX 软件的应用特点和优势。

2）NX 的主操作界面主要由哪些部分组成？

3）如何进行应用模块切换？

4）在 NX 中，界面定制的操作知识主要体现在哪几个方面？各方面的操作方法是怎样的？

5）在 NX 中，文件管理基本操作主要包括哪些？

6）使用"用户默认设置"命令可以进行哪些方面的设置？

7）在 NX 中，如何使用鼠标进行模型的查看操作？

8）如何设置对象显示与隐藏？

9）选择对象的方法主要有哪几种？

10）如果要移动某一个对象，应该如何操作？

11）如何理解视图布局？

12）在本章 1.9 节完成的范例模型中，分别使用各种显示渲染样式（"带边着色""着色""带有淡化边的线框""带有隐藏边的线框""静态线框""艺术外观""面分析"和"局部着色"）来显示模型，观察模型的显示情况，并进行模型视图各方位的练习操作。

第2章 二维草图设计

本章导读：

二维草图设计是三维造型建模的一个重要基础。在创建二维草图时，必须要指定草图所依附的平面。在 NX 中，建立二维草图主要有两种模式，即直接草图模式和草图任务环境模式。不管使用哪种草图模式，都可以使用相关的二维草图工具命令初步绘制草图，并根据设计意图对草图进行编辑和约束，约束主要分几何约束和尺寸约束。绘制好二维草图后，可以使用拉伸、旋转或扫掠等工具创建实体模型。

本章首先介绍的内容是草图概述，接着介绍设置草图平面、重新附着草图（重定位草图）、绘制基本二维草图曲线、绘制草图曲线进阶技术、编辑草图曲线、草图约束基础知识、草图约束进阶知识和定向视图到草图与草图着重，最后介绍典型的草图综合范例。

2.1 草图概述

二维草图是位于特定平面上的曲线和点的已命名集合，很多特征建模离不开草图设计，包括相当多的曲面特征和实体特征等。创建的草图特征可以与拉伸、旋转、扫掠等相应特征关联，体现了 NX 在参数化设计方面的典型特点。对于一些实体特征，可以采用修改其相关草图特征的方法，以达到修改实体特征的目的。这在某种程度上提高了模型建模的工作效率，并且使模型特征的修改过程直观且容易管控。

NX 具有十分便捷且功能强大的草图绘制工具。用户可以先快速地在指定的草图平面上或默认的草图平面上绘制出大概的二维轮廓曲线，再通过施加尺寸约束和几何约束使草图曲线的尺寸、形状和方位更加精确，从而使草图最终符合自己的设计意图。

二维草图对象需要在某一个指定的平面（可以是坐标平面、创建的基准平面、某实体的平表面等）上绘制。在 NX 中，既可以使用草图任务环境模式来绘制草图，也可以使用直接草图模式绘制草图。前者是进入草图任务环境中创建或编辑草图；后者则是在当前应用模块中创建草图，使用直接草图工具来添加曲线、尺寸和几何约束等。在实际设计工作中，应该根据具体的设计需求来采用最适合的草图模式。

1. 草图任务环境模式

NX 为用户提供了传统的具有独立设计界面的草图任务环境，该环境集中了一系列草图工具命令。在草图任务环境中工作，可以很方便地控制建立草图的选项，控制关联模型的更新行为。通常在二维方位中建立新草图时，或者编辑某特征的内部草图时，可以选择草图任务环境模式绘制草图和编辑草图。

要创建草图并进入草图任务环境，可以单击"菜单"按钮并选择"插入"|"在任务环境中绘制草图"命令，或者从功能区的"曲线"选项卡中单击"在任务环境中绘制草图"按钮 <!-- icon --> （如果在功能区的"曲线"选项卡中没有显示该按钮，那么需要由用户自己定制显示），系统弹出"创建草图"对话框，利用该对话框指定草图类型及相应的选项设置后单击"确定"按钮，从而进入草图任务环境。此时，该任务环境的功能区"主页"选项卡提供了"草图""曲线"和"约束"3个组的工具集，如图2-1所示。

图 2-1　草图任务环境功能区的"主页"选项卡

NX 会自动为新创建的草图赋予一个有数字后缀的默认名，如"SKETCH_000"，该草图名显示在功能区"主页"选项卡的"草图"组的"草图名称"下拉列表框中。使用此"草图名称"下拉列表框可以定义当前草图的名称（即命名草图）或激活一个现有的草图（通过从列表中选择）。

在草图任务环境中使用相应的草图工具命令绘制好满足设计要求的草图之后，在"草图"组中单击"完成"按钮 <!-- icon --> ，即可完成绘制草图并退出草图任务环境。

2．直接草图模式

直接草图模式只需进行少量的鼠标单击操作，便可以快速、方便地绘制和编辑草图。通常，当要在当前模型方位中创建新草图时，或实时查看草图改变对模型的影响时，或编辑有限数的下游特征草图时，可选择直接草图模式进行草图绘制。

在 NX 建模应用模块的功能区"主页"选项卡中提供有一个"直接草图"组，可见直接草图模式在草图绘制方面的地位得到了显著提升。使用"直接草图"组中的工具按钮可以在当前应用模块中直接创建平面上的草图，而无须进入草图任务环境中。当使用"直接草图"组中的工具按钮创建点或曲线时，NX 将建立一个草图并将其激活，此时新草图名出现在部件导航器中的模型历史树中，指定的第一点（可在屏幕位置、点、曲线、表面、平面、边、指定平面、指定基准坐标系上定义第一点）将定义草图平面、方向和原点。例如，在"直接草图"组中单击"圆"按钮○，将弹出一个"圆"对话框，如图2-2所示。在图形窗口中指定第一点作为圆心，而此时 NX 将根据指定的第一点自动判断一个草图平面，并且"圆"对话框不再提供用于定义草图平面的"草图"按钮 <!-- icon --> ，接着指定半径便可在该默认草图平面上绘制一个草图圆。然后还可以继续在"直接草图"组中单击所需的草图工具在当前草图平面上绘制其他草图对象。

需要读者注意的是，如果先在"直接草图"组中单击"草图"按钮 <!-- icon --> ，则系统弹出"创建草图"对话框以供用户定义草图平面，定义好草图平面后单击"确定"按钮，便进入草图绘制状态，此时"直接草图"组提供更多可用的直接草图工具命令，如图 2-3 所示。接下去便可以使用直接草图工具命令在当前指定的草图平面上添加曲线，以及为曲线添加尺寸和几何约束等，相关操作其实和在草图任务环境中绘制草图的操作是基本一致的。

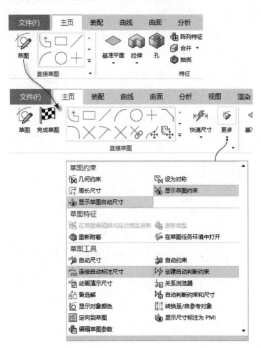

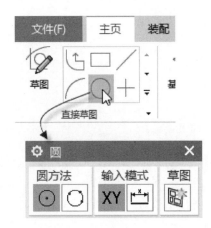

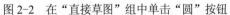

图 2-2　在"直接草图"组中单击"圆"按钮　　　图 2-3　先单击"草图"按钮并指定草图平面的情形

要退出直接草图模式，可单击"完成草图"按钮🏁。

2.2　设置草图平面

绘制的二维草图对象总是落在某一个草图平面上。所谓的草图平面是用来放置二维草图对象的平面，它可以是某一个坐标平面（如 *XC-YC* 平面、*XC-ZC* 平面、*YC-ZC* 平面）、创建的基准平面，也可以是实体上的某一个平整面。通常在创建二维草图对象之前，可以先指定最终所需要的草图平面。也允许用户在创建草图对象时使用临时默认的草图平面，待建立好所需草图对象后再将其重新附着于满足设计要求的草图平面。

在建模应用模块中，从功能区"主页"选项卡的"直接草图"组中单击"草图"按钮🖉，弹出如图 2-4 所示的"创建草图"对话框。该对话框的"草图类型"下拉列表框提供了草图的两种类型选项，即"在平面上"和"基于路径"。另外，从功能区的"曲线"选项卡中单击"在任务环境中绘制草图"按钮🖉，同样也弹出用于设置草图平面的"创建草图"对话框。

2.2.1　在平面上

当将草图类型设置为"在平面上"时，需要通过定义草图 CSYS 来自动判断草图平面，或者通过"新平面"平面方法来指定草图平面。也就是说，当从"草图类型"下拉列表框中选择"在平面上"时，可以根据设计情况，在"平面方法"下拉列表框中选择"自动判断"

选项或"新平面"选项，如图2-5所示。下面介绍这两种平面方法选项的功能用途。

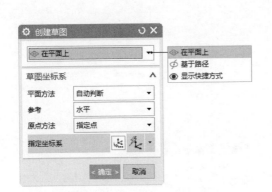

图2-4　"创建草图"对话框

图2-5　可供选择的"平面方法"选项

1. 自动判断

从"平面方法"下拉列表框中选择"自动判断"选项时，"创建草图"对话框会提供一个"草图坐标系"选项组，此时需要在"参考"下拉列表框中选择"水平"或"垂直"选项，在"原点方法"下拉列表框中选择"指定点"或"使用工作部件原点"选项，并根据实际设计情况指定 CSYS（基准坐标系）。如图 2-6 所示，"平面方法"为"自动判断"，"参考"选项为"水平"，"原点方法"为"指定点"。这里先是默认选中"自动判断坐标系"图标选项，在图形窗口中单击基准坐标系的 *XY* 平面边框线，则 NX 系统将自动判断以"平面、X 轴、点"的方式指定坐标系，从而确定 *XY* 平面作为草图平面。

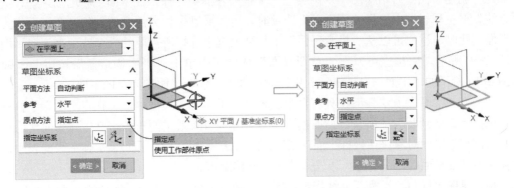

图2-6　自动判断平面典型示例

如果在"草图坐标系"选项组中单击"坐标系对话框"按钮，那么 NX 弹出如图 2-7 所示的"坐标系"对话框，用户可利用此对话框来指定草图坐标系。坐标系的类型分"平面、X 轴、点"和"平面、Y 轴、点"两种，前者需要分别指定 Z 轴的平面、平面上的 *X* 轴和平面上的原点，后者则需要分别指定 Z 轴的平面、平面上的 *Y* 轴和平面上的原点。例如，从"类型"下拉列表框中选择"平面、Y 轴、点",接着在"Z 轴的平面"选项组的"指定平面"下拉列表框选择"按某一距离"选项 ，并在图形窗口中选择 XY 平面,再在出现的"距离"屏显尺寸文本框中输入偏移距离,按〈Enter〉键。然后在"平面上的 Y 轴"选项组的"指定矢量"下拉列表框中选择"XC 轴"选项 ，可以将 XC 轴定义为新平面上的 Y 轴,再利用"平面上的原点"选项组来指定新平面上的原点,如图 2-8 所示。

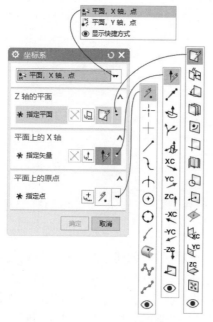

图 2-7 "坐标系"对话框

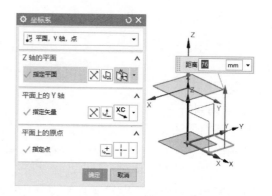

图 2-8 按某一距离定义草图坐标系

2. 新平面

在"创建草图"对话框的"草图类型"下拉列表框中选择"在平面上"选项,并在"平面方法"下拉列表框中选择"新平面"选项时,可以通过多种灵活方法创建一个平面作为草图平面。此时,用户可以从"指定平面"下拉列表框中选择所需要的一个选项来创建平面,如图 2-9 所示。用户也可以在"草图平面"选项组中单击"平面构造器"按钮 ,弹出如图 2-10 所示的"平面"对话框,利用该对话框来创建新平面作为草图平面。

例如,在"草图方法"下拉列表框中选择"新平面"选项,并从"指定平面"下拉列表框中选择"自动判断"选项 ,此时用户可以选择现有有效平面对象来产生新平面作为草图平面。该有效平面对象包括坐标平面(XY 平面、XZ 平面、YZ 平面)、实体中平的表面、已经存在的基准平面等,需要时可以输入或更改新偏距值。

指定草图平面后,还需要继续指定草图方向和草图原点,典型示例如图 2-11 所示。

2.2.2 基于路径

当在"创建草图"对话框的"草图类型"选项组的下拉列表框中选择"基于路径"选项时,"创建草图"对话框提供的选项组如图 2-12 所示,即需要用户分别定义路径、平面位置、平面方位和草图方向这些参数来创建草图。下面简要地介绍这几个选项组。

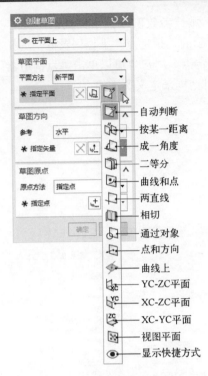

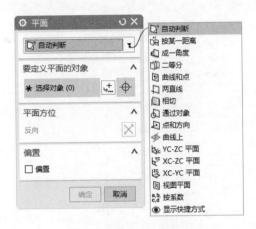

图 2-9 创建平面的相关选项   图 2-10 "平面"对话框

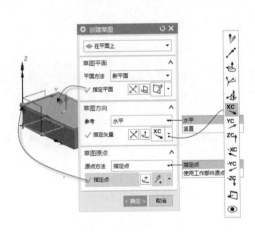

图 2-11 指定草图方向和草图原点   图 2-12 草图类型为"基于路径"时

1．"路径"选项组

"路径"选项组中的"选择路径"按钮 [icon] 处于激活状态时，可以选择所需的路径。

2．"平面位置"选项组

"平面位置"选项组的"位置"下拉列表框提供了"弧长百分比""弧长"和"通过点"
3 个选项。若选择"弧长百分比"选项，则需要输入弧长百分比参数值（将位置定义为曲线长度的百分比）；若选择"弧长"选项，则需要输入弧长参数值（按沿曲线的距离定义位置）；若选择"通过点"选项，则可以从如图 2-13 所示的"指定点"下拉列表框中选择其中一个图标选项，然后选择相应参照以定义平面通过指定点。用户也可以单击"点构造器"按钮 ⊞，打开如图 2-14 所示的"点"对话框，利用该对话框来定义所需的点。

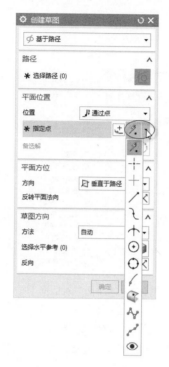

图 2-13　从"指定点"下拉列表框中选择　　　　　图 2-14　"点"对话框

3."平面方位"选项组

可以根据设计情况，在"平面方位"选项组的"方向"下拉列表框中选择"垂直于路径""垂直于矢量""平行于矢量"或"通过轴"选项，并可以反向平面法向。

4."草图方向"选项组

"草图方向"选项组主要用于设置草图方向，包括指定草图方向方法（可供选择的方法有"自动""相对于面"和"使用曲线参数"）及相应参考等。

2.3　重新附着草图

在某些设计情况下，可以根据设计需要来为草图重新指定草图平面，即在创建草图对象时使用系统默认的草图平面或临时指定的草图平面，待完成草图曲线后再重新指定正确的草图平面，也就是重新附着所需的草图平面。NX 提供了实用的"重新附着"工具命令，其功能是将草图重新附着到另一个平面、基准平面或路径，或者更改草图方位。使用重新附着功能的一个好处就是不必删除原来的草图，只需指定重新附着参照即可。

在绘制好二维草图后，如果想更改其所在的草图平面，可以按照以下方法进行。

1 确保该二维草图处于绘制或编辑状态时，单击"重新附着"按钮 🎲，或者选择"菜单"|"工具"|"重新附着草图"命令，系统弹出如图 2-15 所示的"重新附着草图"对话框。

2 利用"重新附着草图"对话框，重新指定一个草图平面，包括定义草图方向等。

3 在"重新附着草图"对话框中单击"确定"按钮，草图即附着到新的平面上。

例如，在如图 2-16 所示的示例中，原草图位于实体的顶面，现在假设因为设计方法更改了，需要将该草图放置在实体的一个侧面上，这时就需要进入该草图的绘制编辑环境，接着单击"重新附着"按钮 🎲，或者选择"菜单"|"工具"|"重新附着草图"命令，然后利用打开的"重新附着草图"对话框来定义所需的新草图平面，并修改相应的尺寸约束即可。

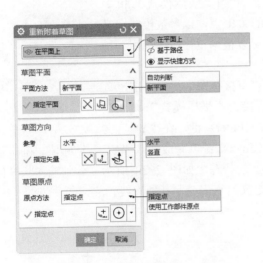

图 2-15　"重新附着草图"对话框

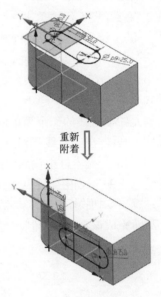

图 2-16　重新附着草图的典型示例

2.4　绘制基本二维草图曲线

绘制基本二维草图曲线的命令在直接草图模式中和草图任务环境中都是有效的。本节以使用"直接草图"组中的草图工具为例介绍绘制基本二维草图曲线的知识，基本二维草图曲线包括直线、圆弧、轮廓线、圆、草图点、矩形、多边形、椭圆、椭圆弧、艺术样条和二次曲线等。为了描述的简洁统一，在使用具体的草图工具之前，均视同已经进行了指定草图平面的操作，例如，在功能区的"主页"选项卡的"直接草图"组中单击"草图"按钮 ✏️，弹出"创建草图"对话框，默认草图类型为"在平面上"，"平面方法"为"自动判断"，指定草图坐标系后单击"确定"按钮，系统自动将视图定向至草图平面。此时，在功能区"主页"选项卡的"直接草图"组提供的相关草图工具如图 2-17 所示。

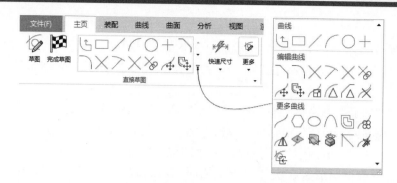

图 2-17 处于草图绘制状态下的"直接草图"组

2.4.1 绘制直线

在"直接草图"组中单击"直线"按钮／，打开如图 2-18 所示的"直线"对话框。该对话框提供了绘制直线的两种输入模式，即 XY（坐标模式）和 凸（参数模式）。默认时以坐标模式输入直线的第 1 点，以参数模式定义直线的第 2 点。在实际绘制直线时，用户可以根据设计情况选用一种输入模式来绘制直线。

下面是绘制直线的一个简单例子。在"直接草图"组中单击"直线"按钮／后，在"直线"对话框中默认接受"坐标模式" XY，在屏显栏的"XC"文本框中输入"30"并按〈Enter〉键，在"YC"文本框中输入"90"，如图 2-19 所示，按〈Enter〉键以完成输入"YC"坐标值。确定输入第 1 点后系统自动切换至选中"参数模式" 凸 的状态，如图 2-20 所示，分别输入长度值和角度值，从而完成该直线的绘制。可以继续定义两点来绘制其他直线。

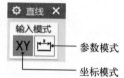

图 2-18 "直线"对话框

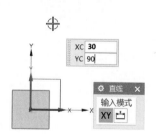

图 2-19 在草图平面内输入点坐标

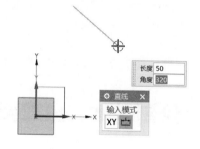

图 2-20 以参数模式输入

2.4.2 绘制圆弧

在"直接草图"组中单击"圆弧"按钮／，弹出如图 2-21 所示的"圆弧"对话框。该对话框提供了"圆弧方法"和"输入模式"两个选项组。其中，"圆弧方法"有如下两个选项。

图 2-21 "圆弧"对话框

- "三点定圆弧" ⌒：通过指定三点定义圆弧，如图 2-22 所示。

● "中心和端点定圆弧" ⌐：通过指定中心和两个端点来绘制圆弧，如图 2-23 所示。

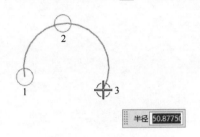

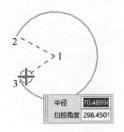

图 2-22　三点定圆弧　　　　　　图 2-23　使用中心和端点定圆弧

2.4.3　绘制轮廓线

　　轮廓线是由直线和圆弧组合而成的草图曲线线串。在"直接草图"组中单击"轮廓"按钮 ⌐，弹出如图 2-24 所示的"轮廓"对话框。该对话框提供了"对象类型"和"输入模式"两个选项组，其中"对象类型"选项组提供 ✓（直线）和 ⌐（圆弧）两个对象类型工具按钮，而"输入模式"选项组提供 XY（坐标模式）和 ⌐（参数模式）两个输入模式按钮。使用"轮廓"命令，可以以线串模式创建一系列连接的直线和圆弧（含两者的组合轮廓线），即上一条曲线的终点变成下一条曲线的起点。在绘制直线段或圆弧段时，输入模式可以在 XY（坐标模式）和 ⌐（参数模式）之间自由地切换。绘制轮廓曲线的典型示例如图 2-25 所示。

图 2-24　"轮廓"对话框

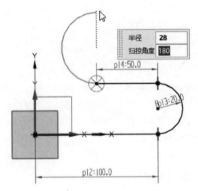

图 2-25　绘制轮廓线串的典型示例

2.4.4　绘制圆

　　在"直接草图"组中单击"圆"按钮 ○，弹出如图 2-26 所示的"圆"对话框。该对话框提供了"圆方法"和"输入模式"两个选项组。其中，"圆方法"有如下两种选项。

● "圆心和直径定圆" ⊙：通过指定圆中心点和直径绘制圆，如图 2-27 所示。

● "三点定圆" ○：通过指定三点绘制圆，如图 2-28 所示。

图 2-26　"圆"对话框

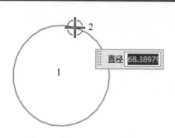

图 2-27 指定圆心和直径绘制圆

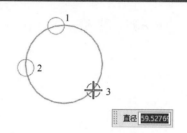

图 2-28 通过指定三点绘制圆

2.4.5 绘制草图点

要创建草图点，可在"直接草图"组中单击"点"按钮┼，弹出如图 2-29 所示的"草图点"对话框。从"指定点"下拉列表框中选择其中一个点选项，并根据该点选项指定相应的参照对象或位置来绘制草图点。用户也可以在"草图点"对话框中单击"点构造器"按钮以弹出如图 2-30 所示的"点"对话框，利用该"点"对话框来定义草图点。

图 2-29 "草图点"对话框

图 2-30 "点"对话框

2.4.6 绘制矩形

在"直接草图"组中单击"矩形"按钮▭，弹出如图 2-31 所示的"矩形"对话框。该对话框中提供了"矩形方法"和"输入模式"两个选项组，其中"矩形方法"选项组提供的"矩形方法"包括以下 3 种选项。

● "按 2 点"⬚：通过指定两点来创建矩形，如图 2-32 所示。

图 2-31 "矩形"对话框

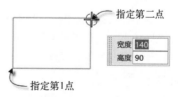

图 2-32 按 2 点创建矩形

- "按3点" ☑：通过指定三点创建矩形，如图2-33所示。
- "从中心" ☑：从中心创建矩形，如图2-34所示。

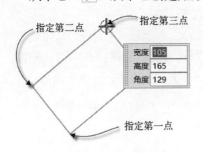

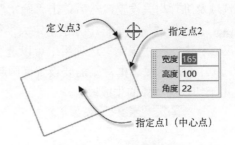

图2-33 通过三点绘制矩形　　　　图2-34 从中心创建矩形

2.4.7 绘制多边形

要创建具有指定数量的边的多边形，可在"直接草图"组中单击"多边形"按钮○（需要单击"草图曲线"列表框的按钮▾或▾才能找到"多边形"按钮○，后文遇到此情形，在描述上均将查找按钮的过程省略），弹出如图2-35所示的"多边形"对话框。指定中心点、边数和大小即可绘制一个正多边形，其中正多边形的大小定义方式有"内切圆半径""外接圆半径"和"边长"3种，注意可以根据设计要求设定正多边形的旋转角度等。绘制一个正六边形的典型示例如图2-36所示，在该示例中正六边形的中心点位置为坐标原点，边数为6，"大小"定义方式为"外接圆半径"，"半径"为108mm，"旋转"角度为"245°"。

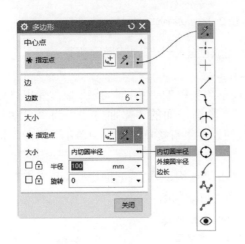

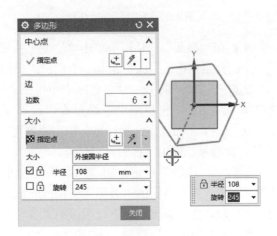

图2-35 "多边形"对话框　　　　图2-36 绘制正六边形的示例

2.4.8 绘制椭圆或椭圆弧

在NX中可以根据中心点和尺寸创建椭圆或椭圆弧。创建椭圆或椭圆弧的一般方法及步骤如下。

1 在"直接草图"组中单击"椭圆"按钮○，系统弹出如图2-37所示的"椭圆"对话框。

② 利用"椭圆"对话框中的"中心"选项组来辅助指定点作为椭圆中心。例如，在"中心"选项组中单击"点构造器"按钮⬚，打开"点"对话框，利用"点"对话框指定点类型选项及进行相关设置，然后单击"确定"按钮从而确定椭圆中心。

③ 在"椭圆"对话框中分别指定大半径（长半轴）、小半径（短半轴）、限制条件和旋转角度。其中，在"限制"选项组中可以选中"封闭"复选框以创建完整的封闭椭圆；如果取消选中"封闭"复选框，则需要设置椭圆起始角、终止角等，如图 2-38 所示。"补充"按钮⟳用于切换椭圆弧的生成段。

图 2-37 "椭圆"对话框

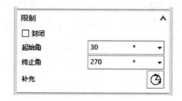

图 2-38 取消选中"封闭"复选框

④ 在"椭圆"对话框中单击"确定"按钮，完成创建一个椭圆或椭圆弧。

下面介绍在指定平面中绘制一个椭圆的典型操作步骤。

① 在功能区的"主页"选项卡中单击"直接草图"组的"草图"按钮✎，弹出"创建草图"对话框，将草图类型设置为"在平面上"，草图平面的"平面方法"为"自动判断"，选择 XY 平面以定义坐标系，单击"确定"按钮。在"直接草图"组中单击"椭圆"按钮◯，此时系统弹出"椭圆"对话框。

② 在"椭圆"对话框的"中心"选项组中单击"点构造器"按钮⬚，打开"点"对话框。在"点"对话框的"类型"下拉列表框中选择"自动判断的点"选项，在"输出坐标"选项组的"参考"下拉列表框中选择"绝对-工作部件"选项，分别设置"X"为"0"，"Y"为"0"和"Z"为"0"，在"偏置"选项组的"偏置选项"下拉列表框中默认选择"无"选项，然后单击"确定"按钮。

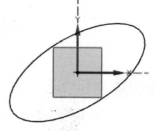

图 2-39 绘制的椭圆

③ 返回"椭圆"对话框。将"大半径"设置为"30mm"，"小半径"设置为"13.8mm"，在"限制"选项组确保选中"封闭"复选框，在"旋转"选项组中将旋转"角度"设置为"30°"。

④ 在"椭圆"对话框中单击"确定"按钮，绘制的椭圆如图 2-39 所示。

2.4.9 绘制艺术样条

在"直接草图"组中单击"艺术样条"按钮 ╱，打开如图 2-40 所示的"艺术样条"对话框。利用该对话框，可以通过拖放定义点或极点并在定义点指派斜率或曲率约束，动态创建和编辑样条曲线。

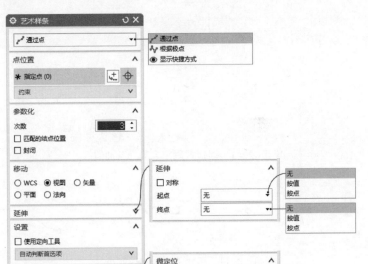

图 2-40 "艺术样条"对话框

在"艺术样条"对话框的"类型"选项组中，可以选择"通过点"选项或"根据极点"选项定义以何种类型来创建艺术样条。在创建艺术样条的过程中，注意其他选项组的选项和参数设置。

通过依次指定若干个点创建样条曲线的示例如图 2-41 所示。

根据极点创建样条曲线的示例如图 2-42 所示。注意：根据极点创建样条曲线时至少需要指定 4 个极点。

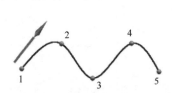

图 2-41 通过指定点创建样条曲线

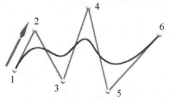

图 2-42 根据极点创建样条曲线

如果在"艺术样条"对话框的"参数化"选项组中选中"封闭"复选框，则创建的样条是首尾闭合的，即创建封闭形式的艺术样条曲线，典型示例如图 2-43 所示。

在创建艺术样条时，可以在当前样条上添加其他中间控制点，方法很简单，只需将鼠标光标移动到样条上适当位置处单击即可，如图 2-44 所示。

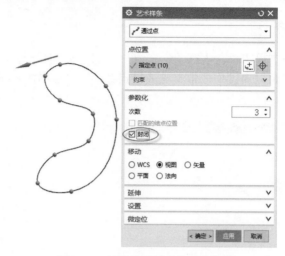

图 2-43　创建首尾闭合的样条曲线

图 2-44　在样条上添加控制点

2.4.10　绘制二次曲线

若使用各种放样二次曲线方法或一般二次曲线方程通过指定点在草图平面上创建二次曲线，可以在"直接草图"组中单击"二次曲线"按钮 ∩，弹出如图 2-45 所示的"二次曲线"对话框，分别指定起点、终点、控制点和 Rho 值来绘制二次曲线。

绘制二次曲线的示例如图 2-46 所示。分别指定二次曲线的起点、终点和控制点后，在"二次曲线"对话框的"Rho"选项组的"值"文本框中将该值修改为 0.68，然后单击"确定"按钮即可。

图 2-45　"二次曲线"对话框

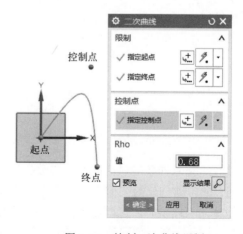

图 2-46　绘制二次曲线示例

2.5 绘制草图曲线进阶技术

本书将用于绘制草图曲线的"偏置曲线""阵列曲线""镜像曲线""交点""相交曲线""投影曲线""派生直线""现有曲线"和"优化 2D 曲线"等命令归纳在绘制草图曲线的进阶技术范畴内。下面以使用直接草图模式为例介绍它们的功能应用。

2.5.1 偏置曲线

可以按照一定的方式偏置位于草图平面上的曲线链,其操作方法和步骤如下。

1 进入直接草图模式,从"直接草图"组中单击"偏置曲线"按钮 ,系统弹出如图 2-47 所示的"偏置曲线"对话框。该对话框提供了"要偏置的曲线"选项组、"偏置"选项组、"链连续性和终点约束"选项组和"设置"选项组。

2 选择要偏置的曲线,在选择曲线时注意巧用上边框条中"选择条"工具栏中的"曲线规则"下拉列表框中的选项来设置满足设计要求的曲线规则。选择一组要偏置的曲线后,如果在"要偏置的曲线"选项组中单击"添加新集"按钮 ,则可以选择所需曲线作为另一组要偏置的曲线。此时可以展开"列表"列表框,如图 2-48 所示。对于不理想的或不需要的曲线组,可以单击"移除"按钮 将其从列表框中移除。

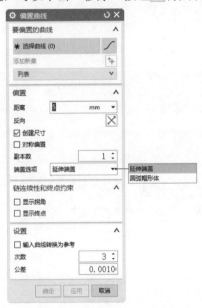

图 2-47 "偏置曲线"对话框

图 2-48 展开"列表"列表框

3 在"偏置"选项组中设置偏置选项及相关参数,包括设置偏置距离、偏置方向、副本数和端盖选项等。如果要在所选曲线两侧均创建偏置曲线,那么需要选中"对称偏置"复选框。

知识点拨: 在"端盖选项"下拉列表框中可以选择"圆弧帽形体"选项或"延伸端盖"选项,它们的示例如图 2-49 所示。

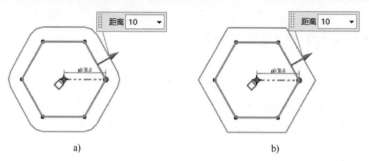

图 2-49   应用端盖选项的示例

a) 圆弧帽形体   b) 延伸端盖

　　④ 在"链连续性和终点约束"选项组中设置是否显示拐角和是否显示终点。

　　⑤ 在"设置"选项组中，设置是否将输入曲线转换为参考曲线，并设置阶次和公差等。

　　⑥ 在"偏置曲线"对话框中单击"确定"按钮或"应用"按钮。

　　偏置曲线示例如图 2-50 所示。偏置 1 和偏置 2 的区别在于偏置方向（在"偏置曲线"对话框的"偏置"选项组中单击"反向"按钮☒，可反向偏置方向），一个向内侧偏置，一个向外侧偏置，偏置 3 是对称偏置。

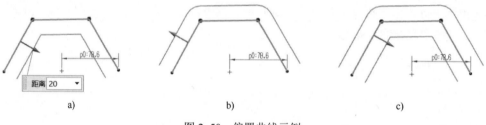

图 2-50   偏置曲线示例

a) 偏置 1   b) 偏置 2   c) 偏置 3

2.5.2   阵列曲线

　　可以按照以下方法步骤来阵列位于草图平面上的曲线链。

　　① 进入直接草图模式，在"直接草图"组中单击"阵列曲线"按钮✎，系统弹出如图 2-51 所示的"阵列曲线"对话框。

　　② 选择要阵列的草图曲线。

　　③ 在"阵列定义"选项组的"布局"下拉列表框中选择所需的一种阵列布局选项，如"线性""圆形"或"常规"选项。选择不同的阵列布局选项，需要定义不同的阵列参数。例如，从"布局"下拉列表框中选择"圆形"，需指定旋转点和斜角方向等，如图 2-52 所示。

　　④ 在"阵列曲线"对话框中单击"应用"按钮或"确定"按钮。

　　需要读者注意的是，如果是单击"在草图任务环境中绘制草图"按钮✎，并在指定草图平面后进入草图任务环境中绘制草图曲线，而且禁用"创建自动判断约束"选项（即在草图任务环境的功能区"主页"选项卡的"约束"组中取消选中"创建自动判断约束"选项╳）时，单击"阵列曲线"按钮✎打开"阵列曲线"对话框，NX 除了提供"线性"▦、"圆形"◯和"常规"▦这 3 个阵列布局选项之外，还会提供额外的阵列布局选项，如"多

边形”⬠、“螺旋”⊚、“沿”⬎和“参考”⦙⦙⦙等，如图 2-53 所示。同时对于“线性”⊞
和“圆形”◯阵列布局而言，还提供了更为丰富的选项和参数设置内容。例如，将阵列布局
设置为“圆形”时，除了定义旋转点和斜角方向之外，还可以进行边界定义，设置“辐射”
选项组、“阵列增量”“实例点”和“方位”选项组等，如图 2-54 所示。

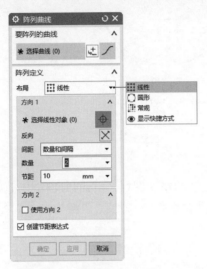

图 2-51 “阵列曲线”对话框（1）

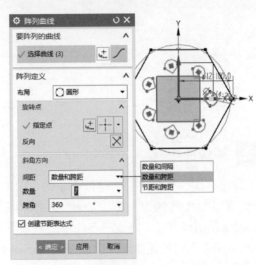

图 2-52 阵列曲线示例——圆形阵列

知识点拨： 对于提供更丰富选项和参数设置内容的“圆形”阵列布局，应该特别注意
阵列曲线的方位选项设置，可供选择的方位选项有“遵循阵列”和“与输入相同”。“遵循阵
列”方位效果与“与输入相同”方位效果的对比图例如图 2-55 所示，图 2-55a 所示为“遵
循阵列”的方位效果，图 2-55b 所示为“与输入相同”的方位效果。

图 2-53 “阵列曲线”对话框（2）

图 2-54 阵列布局为“圆形”时

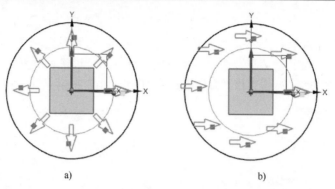

图 2-55 "圆形"阵列布局的两种方位设置效果对比图例

a) 遵循阵列　b) 与输入相同

2.5.3　镜像曲线

"镜像曲线"命令是指创建位于草图平面上的曲线链的镜像图样，并可以将用作镜像中心线的直线对象转换为参考中心线（在操作过程中需要选中"中心线转换为参考"复选框）。通常使用该方法来完成一些关于某条轴线对称的图形。

在草图中创建镜像曲线（即创建位于草图平面上的曲线链的镜像图样）的一般方法及步骤如下。

1 在直接草图模式下，从功能区的"主页"选项卡的"直接草图"组中单击"镜像曲线"按钮，弹出如图 2-56 所示的"镜像曲线"对话框。

2 选择要镜像的曲线，可以采用指定对角点的框选方式选择多条曲线。

3 在"镜像曲线"对话框的"中心线"选项组中单击"选择中心线"按钮，选择中心线定义镜像中心线。注意允许选择实线直线定义镜像中心线。

4 在"设置"选项组中设置是否将镜像中心线转换为参考，以及设置是否显示终点。

5 在"镜像曲线"对话框中单击"确定"按钮或"应用"按钮。

镜像曲线的典型示例如图 2-57 所示，在该示例中设置了将中心线转换为参考线。

图 2-56 "镜像曲线"对话框

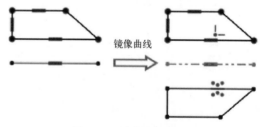

图 2-57 镜像曲线的示例

2.5.4　交点

可以在曲线与草图平面之间创建一个交点，其方法是在"直接草图"组中单击"交点"

按钮 ✦，弹出如图 2-58 所示的"交点"对话框。系统提示"选择曲线以与草图平面相交"，在该提示下选择所需的曲线，则"确定"按钮和"应用"按钮被激活。如果所选曲线与草绘平面具有多个交点，则"循环解"按钮 ⟳ 被激活，如图 2-59 所示。单击"循环解"按钮 ⟳，使系统在多个交点之间切换，直到获得满意的交点后，单击"确定"按钮，即可在曲线与草图平面之间创建所需的一个交点。

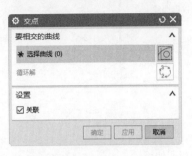

图 2-58 "交点"对话框

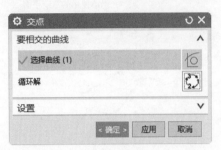

图 2-59 激活"循环解"按钮

2.5.5 相交曲线

可以利用现有面与草图平面的相交关系来创建相交曲线，其操作方法如下。

⓵ 直接草图模式下，在"直接草图"组中单击"相交曲线"按钮 ▥，打开如图 2-60 所示的"相交曲线"对话框。

⓶ 在"相交曲线"对话框的"设置"选项组中进行相关的设置。例如，设置"关联"复选框、"忽略孔"复选框和"连接曲线"复选框的状态，指定曲线拟合选项、距离公差和角度公差。

⓷ 选择要相交的面。如果该面与草图平面具有多条相交曲线，可以单击"循环解"按钮 ⟳ 来获取所需的一条相交曲线。

⓸ 在"相交曲线"对话框中单击"确定"按钮。

在面与草绘平面之间创建相交曲线的典型示例如图 2-61 所示。

图 2-60 "相交曲线"对话框

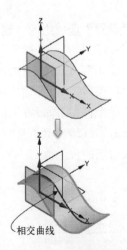

图 2-61 创建相交曲线的典型示例

2.5.6 投影曲线

可以沿草图平面的法向将曲线、边或点（草图外部）投影到草图上。在草图平面上创建投影曲线的示例如图 2-62 所示。

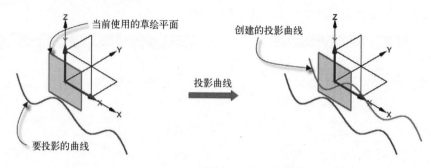

图 2-62 在草图平面上创建投影曲线

在直接草图模式下，从"直接草图"组中单击"投影曲线"按钮，打开如图 2-63 所示的"投影曲线"对话框。在该对话框中需要设置两方面的内容，一是指定要投影的对象，二是设置关联性、输出曲线类型和公差。

图 2-63 "投影曲线"对话框

在"设置"选项组的"输出曲线类型"下拉列表框中提供了 3 个输出类型选项，即"原始""样条段"和"单个样条"，它们的功能含义如下。

- "原始"：设置输出的曲线类型和选定要投影的曲线类型相同。此为默认设置。
- "样条段"：设置输出的曲线是由一些样条段组成的。
- "单个样条"：设置输出的曲线为单独的一条样条曲线。

设置好曲线输出类型选项并选择要投影的对象后，还应该根据设计需要在"公差"文本框中输入适当的公差，则 NX 系统将根据用户设置的公差来决定是否将投影后的某些曲线连接起来。

最后单击"投影曲线"对话框中的"确定"按钮。

2.5.7 派生直线

"派生直线"命令是指在两条平行直线中间创建一条与其中一条直线平行的直线，或者在两条不平行直线之间创建一条平分线。创建派生直线的典型示例如图 2-64 所示。

图 2-64 创建派生直线示例

1. 在两条平行直线中间创建一条与其中一条直线平行的直线

1 进入直接草图模式，在"直接草图"组中单击"派生直线"按钮。

2 选择参考直线。

3 选择第二条平行的参考直线。

4 系统在两条平行的参考直线中间处显示一条中线，接着指定中线长度。

如果在上述步骤 **3** 中没有选择第二条参考直线，那么可通过指定偏距来创建与参考直线平行的直线。可以连续创建多条派生直线。

2. 在两条不平行直线之间创建一条平分线

1 进入直接草图模式，在"直接草图"组中单击"派生直线"按钮。

2 选择其中一条直线作为参考直线。

3 选择另一条非平行直线作为第二参考直线。

4 指定角平分线长度。

2.5.8 添加现有曲线和优化 2D 曲线

在直接草图模式下，单击"直接草图"组中的"添加现有曲线"按钮，可以将现有的共面曲线和点添加到草图中。

单击"优化 2D 曲线"按钮，可以通过设置距离阈值、角度阈值和是否包含点对选定的曲线和点进行优化。

2.6 编辑草图曲线

编辑草图曲线的知识主要包括倒斜角、圆角、快速修剪、快速延伸、拐角、移动曲线、偏置移动曲线、修剪配方曲线、删除曲线、调整曲线尺寸和调整倒斜角曲线尺寸。

2.6.1 倒斜角

在直接草图模式下，可以对两条草图线之间的尖角进行倒斜角。其方法是在"直接草图"组中单击"倒斜角"按钮，打开如图 2-65 所示的"倒斜角"对话框。选择要倒斜角的曲线，并可根据要求选中"修剪输入曲线"复选框，在"偏置"选项组的"倒斜角"下拉列表框中选择"对称""非对称"或"偏置和角度"选项，然后为倒斜角设置相应的尺寸参数并指定倒斜角位置，如图 2-66 所示。

图 2-65 "倒斜角"对话框　　　　　图 2-66　倒斜角示例

2.6.2 圆角

可以在两条或三条曲线之间创建圆角。创建圆角的方法及步骤如下。

❶ 在"直接草图"组中单击"圆角"按钮 ，打开如图 2-67 所示的"创建圆角"对话框。

❷ 在"圆角方法"选项组中指定圆角方法为 （修剪）或 （取消修剪），并可以根据需要设置圆角选项。其中， 按钮用于删除第三条曲线， 按钮用于创建备选圆角。

❸ 选择图元对象放置圆角，可在屏显栏的"半径"文本框中输入圆角半径值，如图 2-68 所示。

图 2-67 "圆角"对话框

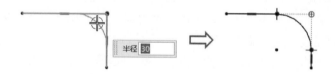

图 2-68　创建修剪方式的圆角的示例

除了可以在相交曲线之间创建圆角外，还可以在两条平行直线之间创建圆角。例如，在创建圆角时，设置圆角方法为 （修剪），接着选择两条平行直线，如图 2-69a 所示，在所需的位置处单击以放置圆角，如图 2-69b 所示。

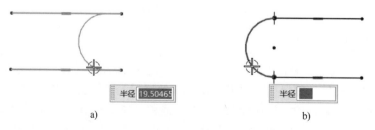

a)　　　　　　　　　　　　　　　b)

图 2-69　在两条平行直线之间创建圆角

a) 选择两条平行直线　b) 放置圆角

如果在放置圆角之前单击"创建备选圆角"按钮🔄，则得到另一可能的圆角效果，如图 2-70a 所示，然后在所需位置处单击以放置圆角，如图 2-70b 所示。

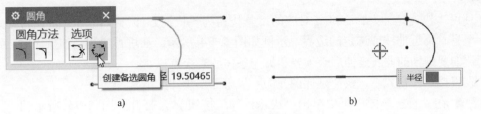

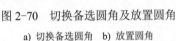

图 2-70 切换备选圆角及放置圆角

a) 切换备选圆角 b) 放置圆角

2.6.3 快速修剪

使用"快速修剪"命令（其对应的工具按钮为"快速修剪"按钮✕）可以很方便地将曲线不需要的部分擦除，如图 2-71 所示。

图 2-71 快速修剪

在直接草图模式下，快速修剪图元的一般方法及步骤如下。

1 在"直接草图"组中单击"快速修剪"按钮✕，打开如图 2-72 所示的"快速修剪"对话框。

2 系统提示"选择要修剪的曲线"。使用鼠标光标选择要修剪的曲线部分，也可以按住鼠标左键并拖动来擦除曲线分段。如果需要定义边界曲线，可在"边界曲线"选项组的收集器中单击，如图 2-73 所示，然后选择所需的边界曲线。

图 2-72 "快速修剪"对话框

图 2-73 指定边界曲线

③ 修剪好曲线后，在"快速修剪"对话框中单击"关闭"按钮。

2.6.4 快速延伸

使用"快速延伸"命令（其对应的工具按钮为"快速延伸"按钮 ╱）可以将选定曲线延伸至另一临近曲线或选定的边界，示例如图 2-74 所示。在进行快速延伸操作时，需要注意所选的要延伸的曲线延伸后必须要和另一条曲线有交点。

在直接草图模式下，快速延伸图元的一般方法及步骤如下。

① 在"直接草图"组中单击"快速延伸"按钮 ╱，打开如图 2-75 所示的"快速延伸"对话框，注意根据需要在"设置"选项组中设置是否延伸至延伸线。

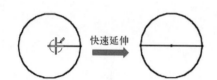

图 2-74　快速延伸的示例

图 2-75　"快速延伸"对话框

② 在"选择要延伸的曲线"的提示下，选择要延伸的曲线。如果需要指定边界曲线，则需要先在"快速延伸"对话框的"边界曲线"选项组中激活"边界曲线"收集器，然后选择所需的曲线作为边界曲线。

③ 完成曲线快速延伸后，单击"快速延伸"对话框中的"关闭"按钮。

2.6.5 拐角

使用"制作拐角"命令（其相应的工具按钮为"制作拐角"按钮 ╳）可以延伸或修剪两条曲线来制作拐角，如图 2-76 所示。

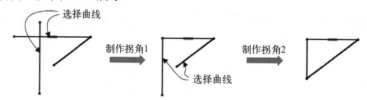

图 2-76　制作拐角的示例

在直接草图模式下，制作拐角的一般方法及步骤如下。

① 在"直接草图"组中单击"制作拐角"按钮 ╳，打开如图 2-77 所示的"制作拐角"对话框。

② 选择区域上要保留的曲线以制作拐角。完成制作拐角后，单击"制作拐角"对话框中的"关闭"按钮。

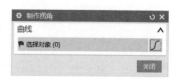

图 2-77　"制作拐角"对话框

2.6.6 移动曲线

在直接草图模式下，可以移动一组曲线并调整相邻曲线以适应，其操作方法如下。

1 在"直接草图"组中单击"移动曲线"按钮，弹出如图 2-78 所示的"移动曲线"对话框。

2 选择要移动的曲线。可以使用曲线查找器来辅助选择所需的曲线。

3 在"变换"选项组的"运动"下拉列表框中选择所需的一种运动选项，选择不同的运动选项，需要设置不同的变换参数来移动曲线。

知识点拨： 可供选择的运动选项有"距离-角度""距离""角度""点之间的距离""点到点""根据三点旋转""将轴与矢量对齐""动态""增量 XYZ"，它们的功能含义如下。

- "距离-角度"：通过单一线性变换、单一角度变换或两者的组合来定义运动。
- "距离"：按沿着某一矢量的距离来定义运动。
- "角度"：按绕某一轴的旋转角度来定义运动。
- "点之间的距离"：按原点与沿某一轴的测量点之间的距离来定义运动。
- "点到点"：按一点到另一点的变换来定义运动。
- "根据三点旋转"：按绕某一轴的旋转来定义运动。该旋转角度是在三点之间测量的。
- "将轴与矢量对齐"：按绕某一枢轴点转动轴来定义运动，即该轴与某一参考矢量平行。
- "动态"：使用 WCS 动力学操控器确定变换，该变换是不关联的。
- "增量 XYZ"：使用相对于绝对或工作坐标系的 x、y 和 z 增量值确定变换，此变换是不关联的。

4 在"设置"选项组中分别设置"大小""保持相切"和"保持正交"方面的相关选项，以及设置距离公差（接受默认的距离公差，或更改距离公差）。

5 预览满意后单击"应用"按钮或"确定"按钮。

2.6.7 偏置移动曲线

在直接草图模式下，可以按指定的偏置距离移动一组曲线，并调整相邻曲线以适应。偏置移动曲线的操作步骤和 2.6.6 节介绍的移动曲线的操作步骤是相似的。在"直接草图"组中单击"偏置移动曲线"按钮，弹出如图 2-79 所示的"偏置移动曲线"对话框。选择要偏置的曲线，在"偏置"选项组中设置偏距距离和偏置方向等，然后单击"应用"按钮或"确定"按钮即可。

2.6.8 修剪配方曲线

NX 中的配方曲线包括投影曲线和相交曲线。所谓的修剪配方曲线是指修剪配方（投影/相交）曲线到选定的边界（具有相关性）。其操作方法较为简单（以直接草图模式为例），即在"直接草图"组中单击"修剪配方曲线"按钮，弹出如图 2-80 所示的"修剪配方曲线"对话框。选择要修剪的配方曲线（方法链）和边界对象，此时 NX 通常会给出默认的保留区域或舍弃区域，用户可以通过"区域"选项组来更改保留区域或舍弃区域，然后单击"应用"按钮或"确定"按钮。

图 2-78 "移动曲线"对话框

图 2-79 "偏置移动曲线"对话框

2.6.9 删除曲线

在直接草图模式下的"直接草图"组中单击"删除曲线"按钮 ✕，弹出如图 2-81 所示的"删除曲线"对话框。选择要删除的一组有效曲线，并在"设置"选项组中选中或取消选中"修复"复选框，然后单击"应用"按钮或"确定"按钮，即可删除所选的一组有效曲线并调整相邻曲线以适应。

图 2-80 "修剪配方曲线"对话框

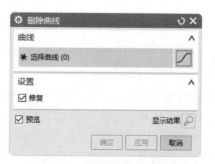

图 2-81 "删除曲线"对话框

2.6.10 调整曲线尺寸

在直接草图模式下，使用调整曲线尺寸功能可以通过更改半径或直径调整一组曲线的尺寸，并调整相邻曲线以适应。其方法是在"直接草图"组中单击"调整曲线尺寸"按钮△，弹出如图 2-82 所示的"调整曲线尺寸"对话框。选择要调整尺寸的曲线，如选择一个草图或圆角曲线，接着在"大小"选项组中设置"调整大小解决方案"为"从中心"或"作为圆角"，在出现的"直径"文本框（"调整大小解决方案"为"从中心"时提供）或"半径"文本框（"调整大小解决方案"为"作为圆角"时提供）中输入新的直径值或半径值，然后单击"应用"按钮或"确定"按钮即可。在如图 2-83 所示的典型示例中，在直接草图模式下单击"调整曲线尺寸"按钮△后，在一个轮廓线中分别选择尺寸不等的两段圆角曲线，在"大小"选项组的"调整大小解决方案"子选项组中选择"作为圆角"单选项，在"半径"文本框中将半径大小设置为"8mm"，然后单击"确定"按钮。注意调整前后的草图曲线的圆角对比效果。

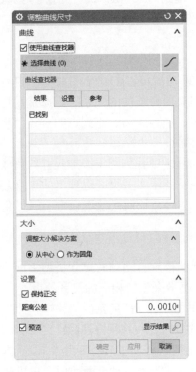

图 2-82 "调整曲线尺寸"对话框

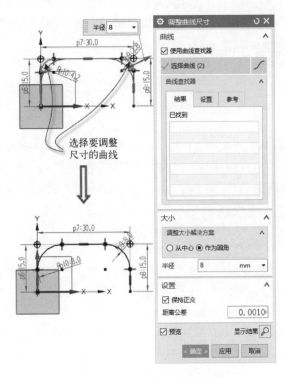

图 2-83 调整圆角曲线的半径尺寸

2.6.11 调整倒斜角曲线尺寸

可以通过更改偏置，调整一个或多个同步倒斜角的尺寸。其方法是单击"调整倒斜角曲线尺寸"按钮△，弹出如图 2-84 所示的"调整倒斜角曲线尺寸"对话框。选择要调整尺寸的倒斜角曲线（如对称偏置的），然后在"偏置"选项组中设置倒斜角曲线的偏置距离尺寸参数，单击"应用"按钮或"确定"按钮。典型图例如图 2-85 所示。

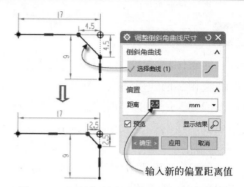

图 2-84 "调整倒斜角曲线尺寸"对话框　　　　图 2-85　调整倒斜角曲线尺寸的典型图例

2.7　草图约束基础知识

草图约束分尺寸约束和几何约束两大类。本节介绍的草图约束基础知识包括尺寸约束、几何约束和设为对称，设为对称其实是几何约束中的一个特殊类型。

2.7.1　尺寸约束

尺寸约束在草图中是很重要的，利用相关的尺寸约束功能可以创建草图对象的自身尺寸，建立草图中两对象之间的尺寸关系，约束草图曲线与其他特征间的关系等。通常，尺寸约束用于精确控制草图对象的尺寸大小等，包括水平距离、竖直距离、点到点的对齐距离、垂直距离、两相交直线之间的角度、圆直径、圆弧半径和周长尺寸等。

在直接草图模式或草图任务环境模式下，都可以在功能区中找到用于添加尺寸约束（尺寸标注）的相关工具命令。以使用直接草图模式为例，在功能区"主页"选项卡的"直接草图"组中提供了"快速尺寸"命令 、"线性尺寸"命令 、"径向尺寸"命令 、"角度尺寸"命令 和"周长尺寸"命令 。

1. "快速尺寸"命令

"快速尺寸"命令 主要用于基于选定的对象和光标的位置自动判断尺寸类型来创建尺寸约束，可以在执行该命令功能的过程中，自行设定尺寸类型来创建相应的尺寸约束。

在"直接草图"组中单击"快速尺寸"按钮 ，弹出如图 2-86 所示的"快速尺寸"对话框。从"测量"选项组的"方法"下拉列表框中选择所需的一种测量方法[如"自动判断""水平""竖直""点到点""垂直""圆柱式""角度（斜角）""径向"和"直径"]，通常将"快速尺寸"命令的测量方法设定为"自动判断"。当测量方法为"自动判断"时，可以选择要标注的参考对象，NX 会根据选定对象和光标的位置自动判断尺寸类型，接着指定尺寸原点放置位置（也可在"原点"选项组中选中"自动放置"复选框以实现自动放置尺寸），NX 将弹出一个屏显"尺寸"文本框以供用户即时修改当前尺寸值，如图 2-87 所示。图中 3 个尺寸均可以采用"自动判断"测量方法来创建。需要注意的是，选择对象创建尺寸之前在"驱动"选项组中可以通过"参考"复选框设置要创建的尺寸为驱动尺寸还是参考尺寸，在"设置"选项组可以设置将要创建的尺寸的相关样式，包括文字对齐样式、前缀/后缀、公差、尺寸线样式、文本样式等。

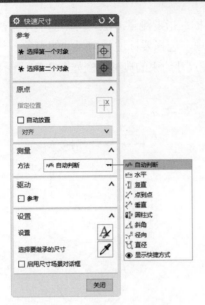

图2-86 "快速尺寸"对话框

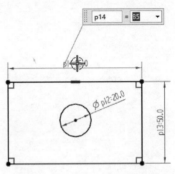

图2-87 标注快速尺寸示例

2. "线性尺寸"命令

"线性尺寸"命令用于在两个对象或点位置之间创建线性距离约束。单击"线性尺寸"按钮将弹出如图 2-88 所示的"线性尺寸"对话框。指定测量方法，设置相关的选项，以及选择参考对象和指定尺寸原点放置位置即可。在如图 2-89 所示的草图中，标注的水平尺寸、竖直尺寸、点到点尺寸、垂直尺寸和圆柱形尺寸均属于线性尺寸，其中圆柱形尺寸带有表示直径的前缀符号。

图2-88 "线性尺寸"对话框

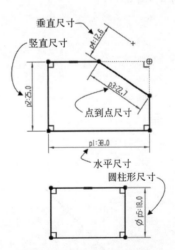

图2-89 标注线性尺寸示例

3. "径向尺寸"命令

"径向尺寸"命令用于创建圆形对象的半径或直径尺寸约束。单击"径向尺寸"按钮，弹出如图 2-90 所示的"径向尺寸（半径尺寸）"对话框，指定测量方法（可用的测量方法有"自动判断""径向"和"直径"）和设置其他所需的选项，选择要标注径向尺寸的对象，然后手动放置尺寸或自动放置尺寸即可。创建半径尺寸和直径尺寸约束的典型示例如图 2-91 所示。

图 2-90 "径向尺寸"对话框

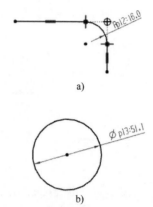

图 2-91 标注半径和直径尺寸约束的示例

a) 半径尺寸约束 b) 直径尺寸约束

4. "角度尺寸"命令

"角度尺寸"命令 用于在两条不平行的直线之间创建角度尺寸约束，典型示例如图 2-92 所示。该示例的创建步骤是：单击"角度尺寸"按钮 ，弹出如图 2-93 所示的"角度尺寸"对话框，在"原点"选项组中取消选中"自动放置"复选框，在"驱动"选项组中确保取消选中"参考"复选框，选择第一个直线对象和第二个直线对象，然后指定角度尺寸的原点放置位置即可。在某些设计场合，可能需要单击"测量"选项组的"内错角"按钮 来切换所需的角度方位。

图 2-93 "角度尺寸"对话框

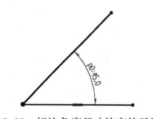

图 2-92 标注角度尺寸约束的示例

5. "周长尺寸"命令

"周长尺寸"命令用于创建周长约束以控制选定直线和圆弧的集体长度。单击"周长尺寸"按钮，弹出"周长尺寸"对话框，选择要测量它们集体长度的所有草图曲线，在"尺寸"选项组的"距离"文本框中会显示它们的集体长度，如图 2-94 所示。此时可以在"距离"文本框中输入新的集体长度，然后单击"应用"按钮或"确定"按钮即可创建周长尺寸约束。

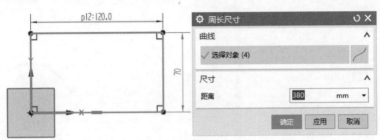

图 2-94 应用周长尺寸的示例

2.7.2 几何约束

在草图中还经常应用到几何约束。几何约束用来定义草图对象之间的相互关系，这些约束关系主要包括重合、水平、竖直、垂直、平行、相切、共线、同心、等长、等半径、点在曲线上和点在线串上等。用户可以根据实际设计情况将几何约束添加到草图几何图形中，这些几何约束指定并保留用于草图几何图形或草图几何图形之间的条件。

如果在直接草图模式下要为当前草图添加几何约束，可在功能区"主页"选项卡的"直接草图"组中单击"几何约束"按钮，弹出如图 2-95 所示的"几何约束"对话框。此时可以先在"要约束的几何体"选项组中选中"自动选择递进"复选框以启用自动选择递进功能，以及在"设置"选项组中设置要启用的约束。所启用的约束将以图标形式显示在"约束"选项组中。在"约束"选项组中单击要应用的约束图标按钮，然后在草图中选择要约束的对象（有些类型的约束只需要选择一个要约束的对象即可，而有些类型的约束则在选择要约束的对象之后还需要选择要约束到的对象），然后单击"关闭"按钮。

通过施加几何约束使两个原本不同心的圆同心示例，如图 2-96 所示。其操作方法是单击"几何约束"按钮，弹出"几何约束"对话框，在"约束"选项组中单击"同心"按钮，选中"自动选择递进"复选框。选择圆 1 作为要约束的对象，选择圆 2 作为要约束到的对象，然后单击"关闭"按钮即可。

2.7.3 设为对称

使用"设为对称"命令，可以将两个点或曲线约束为相对于草图上的对称线对称，典型示例如图 2-97 所示。设为对称的典型操作步骤如下。

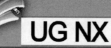

图 2-95 "几何约束"对话框

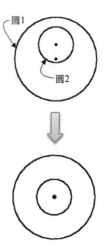

图 2-96 应用"同心"约束的典型示例

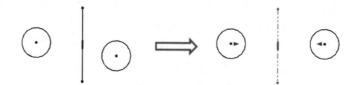

图 2-97 设为对称的典型示例

1 在当前活动草图中，单击"设为对称"按钮 ⊔∕⊠，弹出如图 2-98 所示的"设为对称"对话框。

2 选择主对象，即选择主草图曲线或控制点以应用对称。

3 选择次对象。

4 此时，"对称中心线"选项组中的"选择中心线"按钮 ⊕ 自动被切换为选中状态，选择线性对象或有效平面来定义对称中心线。如果要将所选线性对象或平面设为参考线，可在"对称中心线"选项组中选中"设为参考"复选框。图 2-99 所示为对称线是否设为参考的对比情形。

5 在"设为对称"对话框中单击"关闭"按钮。

图 2-98 "设为对称"对话框

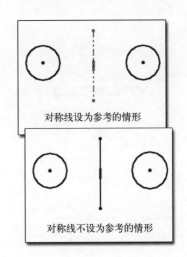

图 2-99 对称线是否设为参考的情形

2.8 草图约束进阶知识

草图约束进阶知识主要包括自动标注尺寸与自动约束、连续自动标注尺寸和创建自动判断约束、自动判断约束和尺寸、显示草图约束、显示草图自动尺寸、备选解、转换至/自参考对象和显示对象颜色等。

2.8.1 自动标注尺寸与自动约束

可以为选定草图曲线自动标注尺寸和自动约束。

自动标注尺寸是指根据设置的规则在曲线上自动创建尺寸。其方法是单击"自动尺寸"按钮 ，弹出如图 2-100 所示的"自动尺寸"对话框，选择要自动标注尺寸的曲线，并在"自动标注尺寸规则"选项组中设置按自顶向下应用的尺寸规则，以及在"尺寸类型"选项组中选择"自动"单选项或"驱动"单选项（可用时），预览满意后单击"应用"按钮或"确定"按钮即可。

自动约束是指设置施加于草图的几何约束类型。具体方法是单击"自动约束"按钮 ，弹出如图 2-101 所示的"自动约束"对话框，选择要约束的曲线，在"要施加的约束"选项组中设置要施加（应用）的约束，在"设置"选项组中设置是否施加（应用）远程约束，以及设置距离公差和角度公差，然后单击"应用"按钮或"确定"按钮。

2.8.2 连续自动标注尺寸和创建自动判断约束

选中"连续自动标注尺寸"命令 ，可在曲线构造过程中启用自动标注尺寸。选中"创建自动判断约束"命令 ，在曲线构造过程中启用自动判断约束。用户可以根据设计情况，设置在曲线构造过程中是否启用自动标注尺寸和自动判断约束。

图 2-100 "自动尺寸"对话框

图 2-101 "自动约束"对话框

2.8.3 自动判断约束和尺寸

"自动判断约束和尺寸"命令  用于控制哪些约束或尺寸在曲线构造过程中被自动判断。单击"自动判断约束和尺寸"按钮 ，弹出如图 2-102 所示的"自动判断约束和尺寸"对话框，从中设置要自动判断和应用的约束，设置由捕捉点识别的约束，以及设置绘制草图时自动判断尺寸的相关选项和规则。

2.8.4 显示草图约束

"显示草图约束"命令 用于设置是否显示活动草图的几何约束。当选中该命令时，表示显示活动草图的几何约束，否则不显示活动草图的几何约束。

2.8.5 显示草图自动尺寸

"显示草图自动尺寸"命令 用于设置是否显示活动草图的所有自动尺寸。当选中此命令时，将显示活动草图的所有自动尺寸，否则不显示活动草图的所有自动尺寸。

图 2-102 "自动判断约束和
尺寸"对话框

2.8.6 备选解

备选解是指具有另外的尺寸或几何约束解算方案。当用户指定某一个约束类型时，选定图形对象间可能具有多种解（多种情况）满足约束的条件，系统会自动选择其中最适合的一种约束解。如果该解并不是设计者所需要的，那么就需要切换到另外的解。在 NX 中提供了"备选解"命令 ，使用该命令可以将当前显示的约束解切换到所需的约束解。

例如，为当前活动草图中的两个圆设置相切约束关系，假设系统给出的约束解如

图 2-103a 所示，即两个圆外相切，而需要的约束解却是如图 2-103b 所示的内相切，可以单击"备选解"按钮，系统弹出如图 2-104 所示的"备选解"对话框，选择其中一个所需的圆对象即可自动切换到内相切的约束解。

图 2-103　两圆相切的约束解

a) 外相切　b) 内相切

2.8.7　转换至/自参考对象

在当前活动草图中，单击"转换至/自参考对象"按钮，系统弹出如图 2-105 所示的"转换至/自参考对象"对话框。利用此对话框可以将草图曲线或草图尺寸从活动转换为参考，反之亦然。需要读者注意的是，下游命名（如拉伸、旋转等）不使用参考曲线，并且参考尺寸不控制草图几何图形。通常参考曲线和参考尺寸只是起到草图辅助绘制作用。

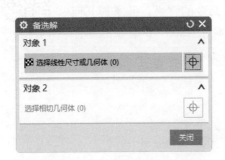

图 2-104　"备选解"对话框

图 2-105　"转换至/自参考对象"对话框

在如图 2-106 所示的示例中，单击"转换至/自参考对象"按钮后，在"转换至/自参考对象"对话框的"转换为"选项组中选择"参考曲线或尺寸"单选项，接着选择大圆作为要转换的曲线，然后单击"确定"按钮，则所选曲线转换为参考曲线。注意转换前后该曲线的显示样式。

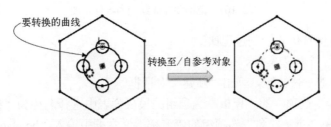

图 2-106　将选定草图曲线转换参考线示例

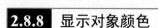

2.8.8 显示对象颜色

以直接草图模式为例，在"直接草图"组的"更多"库列表中提供了"显示对象颜色"按钮⦿，单击该按钮，可以在对象显示属性中指定的颜色和草图颜色之间切换草图对象的显示。

2.9 定向视图到草图与草图着重

绘制草图时，有时遇到特殊情况需要调整一下视图方位来查看模型参照或其他效果，此后可以根据情况再重定向视图，如将视图定向至草图平面。以直接草图模式为例，要将视图定向至草图平面，可在"直接草图"组的"更多"库列表中单击"定向到草图"按钮⦿，或者按〈Shift+F8〉快捷键。

在草图模式（草图任务环境）下，使用"草图着重"命令⦿，可以设置通过取消着重显示不属于活动草图的对象来着重显示活动草图。

2.10 草图综合绘制范例

在本节中介绍一个草图综合范例，目的是使读者通过范例学习，深刻理解草图曲线绘制、草图约束和草图编辑等相应工具命令的含义，并掌握其应用方法及技巧，熟悉草图绘制基本思路与方法。本综合范例要绘制的零件草图如图 2-107 所示。

扫码观看视频

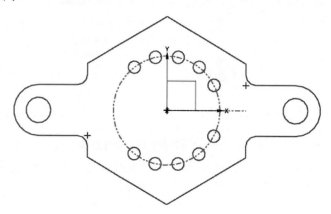

图 2-107 范例要完成绘制的零件草图

此草图综合范例具体的绘制过程如下。

步骤 1 新建一个模型文件。

1️⃣ 按〈Ctrl+N〉快捷键，弹出"新建"对话框。

2️⃣ 在"模型"选项卡的"模板"选项组的模板列表中选择名称为"模型"的模板（默认单位为毫米），在"新文件名"选项组的"名称"文本框中输入"bc_2_ctfl.prt"，并指定要保存到的文件夹目录路径。

3 在"新建"对话框中单击"确定"按钮。

步骤 2 进入直接草图模式并启动相应自动功能。

1 在功能区的"主页"选项卡的"直接草图"组中单击"草图"按钮，弹出"创建草图"对话框。

2 在"草图类型"选项组的下拉列表框中选择"在平面上"选项，在"草图平面"选项组的"平面方法"下拉列表框中选择"自动判断"选项，草图方向"参考"和"原点方法"采用默认设置选项，在图形窗口中单击基准坐标系的 XY 平面以指定坐标系，如图 2-108 所示。

3 单击"创建草图"对话框的"确定"按钮，进入直接草图的绘制环境。

4 在功能区"主页"选项卡的"直接草图"组中单击"更多"按钮以打开"更多"库列表，从中确保启用连续自动标注尺寸、创建自动判断约束和显示草图约束功能。单击"自动判断约束和尺寸"按钮，弹出"自动判断约束和尺寸"对话框，从中设置在曲线构造过程中被自动判断约束或尺寸，如图 2-109 所示。

图 2-108 在"创建草图"对话框中进行设置

图 2-109 "自动判断约束和尺寸"对话框

5 在"自动判断约束和尺寸"对话框中单击"确定"按钮。

步骤 3 绘制一个正六边形。

1 在"直接草图"组中单击"多边形"按钮，弹出"多边形"对话框。

2 在"中心点"选项组中单击"点构造器"按钮，弹出"点"对话框，设置点绝对坐标为 x=0、y=0、z=0，单击"确定"按钮，返回到"多边形"对话框。

3 在"多边形"对话框的"边"选项组的"边数"文本框中设置边数为"6"。

4 在"大小"选项组的"大小"下拉列表框中选择"内切圆半径"选项，在"半径"文本框中输入半径为"160"，在"旋转"文本框中输入旋转角度为"0"，如图 2-110 所示，按

〈Enter〉键。

⑤ 在"多边形"对话框中单击"关闭"按钮，完成绘制正六边形，如图 2-111 所示。

图 2-110 "多边形"对话框

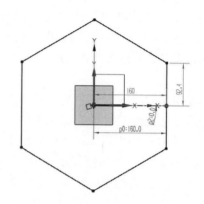

图 2-111 绘制正六边形

步骤 4 绘制矩形。

① 在"直接草图"组中单击"矩形"按钮▢，弹出"矩形"对话框。

② 在"矩形"对话框的"矩形方法"选项组中单击"按 2 点"按钮◰，在屏显的"XC"文本框中输入"-260"，按〈Enter〉键，在屏显的"YC"文本框中输入"-50"，按〈Enter〉键，即设置矩形第一个角点的坐标为（-260，-50）。

③ 在"矩形"对话框的"输入模式"选项组中单击"坐标模式"按钮 XY，在屏显的"XC"文本框中输入"260"，按〈Enter〉键，在屏显的"YC"文本框中输入"50"，按〈Enter〉键，从而将矩形第二个角点的坐标设置为（260，50）。绘制的矩形如图 2-112 所示。

④ 在"矩形"对话框中单击"关闭"按钮✕。

步骤 5 绘制相关的圆。

① 在"直接草图"组中单击"圆"按钮○，弹出"圆"对话框。

② 分别绘制如图 2-113 所示的 5 个圆，其中最大圆的直径为"215"，两个最小圆的直径为"50"。

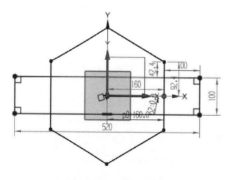

图 2-112 绘制矩形

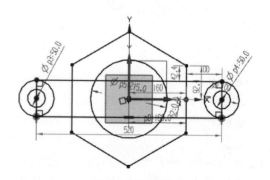

图 2-113 绘制 5 个圆

③ 设置新直径为"25"，在"选择条"工具栏中单击"相交"按钮⼓，在如图 2-114

所示的相交位置绘制一个小圆。

④ 在"圆"对话框中单击"关闭"按钮 ⊠ 。

步骤6 阵列圆。

① 在"直接草图"组中单击"阵列曲线"按钮 ⫯ ，弹出"阵列曲线"对话框。

② 选择刚创建的小圆作为要阵列的曲线。

③ 在"阵列定义"选项组的"布局"下拉列表框中选择"圆形"，从"旋转点"子选项组的"指定点"下拉列表框中选择"圆弧中心/椭圆中心/球心"图标选项 ⊕ ，接着选择最大的圆。

④ 在"斜角方向"子选项组的"间距"下拉列表框中选择"数量和间距"选项，设置数量为"5"，节距角（间距角度）为"25°"。

⑤ 选中"创建节距表达式"复选框，单击"确定"按钮，阵列效果如图2-115所示。

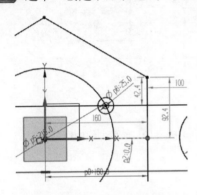

图2-114 绘制一个小圆

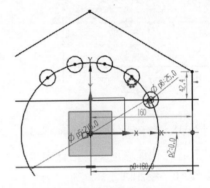

图2-115 阵列圆的效果

步骤7 镜像图形。

① 在"直接草图"组中单击"镜像曲线"按钮 ⚏ ，弹出"镜像曲线"对话框。

② 选择如图2-116所示的5个小圆作为要镜像的曲线。

③ 在"镜像曲线"对话框的"中心线"选项组中单击"选择中心线"按钮 ⊕ ，

④ 选择基准坐标系的 X 轴作为镜像中心线。

⑤ 在"设置"选项组中选中"中心线转换为参考"复选框。

⑥ 单击"确定"按钮，镜像结果如图2-117所示。

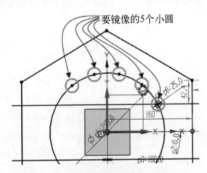

图2-116 选择要镜像的草图曲线

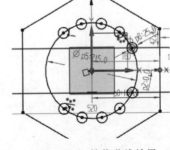

图2-117 镜像曲线结果

步骤8 将选定圆转换为参考线。

① 在"直接草图"组中单击"更多"|"转换至/自参考对象"按钮 ，弹出"转换至/自参考对象"对话框。

② 在草图中选择最大的一个圆作为要转换的曲线。

③ 在"转换为"选项组中选择"参考曲线或尺寸"单选项。

④ 单击"确定"按钮，将所选圆转换为参考线后的效果如图 2-118 所示。

步骤 9 修剪图形。

① 在"直接草图"组中单击"快速修剪"按钮 ，弹出"快速修剪"对话框。

② 在合适的位置处分别选择要修剪的曲线，将草图曲线修剪成如图 2-119 所示的图形效果。

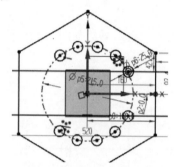

图 2-118 将大圆转换为参考线

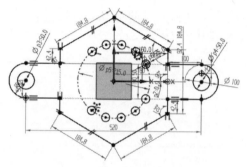

图 2-119 修剪曲线的结果

③ 在"快速修剪"对话框中单击"关闭"按钮。

步骤 10 绘制圆角。

① 在"直接草图"组中单击"圆角"按钮 ，弹出"圆角"对话框。

② 在"圆角"对话框的"圆角方法"选项组中单击"修剪"按钮 。

③ 分别选择相应对象来绘制圆角，绘制 4 个圆角，如图 2-120 所示。

步骤 11 设置等半径约束。

① 在"直接草图"组中单击"几何约束"按钮 ，弹出"几何约束"对话框。

② 在"约束"选项组的约束列表中单击"等半径"约束图标 （需要确保在"设置"选项组中启用"等半径"约束，"等半径"约束图标 才会出现在"约束"选项组的约束列表中），并使"设置"选项组的"自动选择递进"复选框处于被选中的状态。

③ 分别选择要约束的圆角对象和要约束到的圆角对象，直到 4 个圆角都被约束成等半径，如图 2-121 所示。

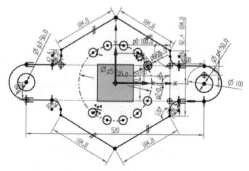

图 2-120 绘制 4 个圆角

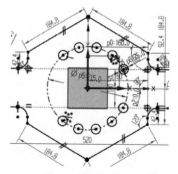

图 2-121 设置圆角半径相等

4 在"几何约束"对话框中单击"关闭"按钮。

步骤 12 为圆角创建半径尺寸并修改其值。

1 在"直接草图"组中单击"径向尺寸"按钮 ，弹出"径向尺寸"对话框。

2 在"测量"选项组的"方法"下拉列表框中选择"自动判断"选项；在"驱动"选项组中取消选中"参考"复选框；在"原点"选项组中取消选中"自动放置"复选框。

3 在草图中选择其中一个圆角作为要标注径向尺寸的对象。

4 指定原点位置以放置半径尺寸，在出现的屏显尺寸文本框中输入半径为"20"，按〈Enter〉键确定，如图 2-122 所示。

5 在"径向尺寸"对话框中单击"关闭"按钮。

步骤 13 为草图创建其他的尺寸和几何约束。

可以继续为草图创建其他所需的尺寸和几何约束，适当编辑后而完成的参考效果如图 2-123 所示。

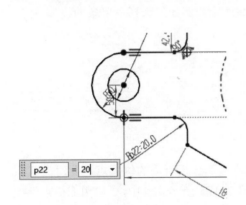

图 2-122　创建一处半径尺寸

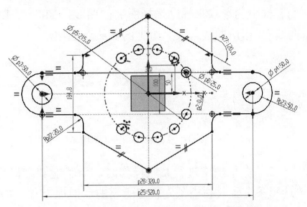

图 2-123　完成相关尺寸和几何约束后的草图参考效果

步骤 14 完成草图。

检查草图，在"直接草图"组中单击"完成草图"按钮 。

步骤 15 保存文件。

在"快速访问"工具栏中单击"保存"按钮 ，或者按〈Ctrl+S〉快捷键，从而将该文件保存。

2.11　本章小结与经验点拨

NX 具有功能强大的草图绘制功能，既可以采用直接草图模式绘制草图曲线，也可以进入草图任务环境中绘制草图曲线。在绘制草图时，一般可以先快速地绘制出大概的二维轮廓曲线，接着再通过施加尺寸约束和几何约束使草图曲线的尺寸、形状和方位更加精确。对于较为复杂的二维图形，可以将它分解为若干部分来分别绘制。完成的草图曲线可以与拉伸、旋转、扫掠等相应特征关联，体现参数化设计的典型特点。

本章先对草图进行概述（注意了解草图任务环境模式和直接草图模式），接着介绍设置草图平面、重新附着草图，再重点介绍绘制基本二维草图曲线（直线、圆弧、轮廓线、圆、草图点、矩形、多边形、椭圆、椭圆弧、艺术样条和二次曲线）、绘制草图曲线进阶技术（包括偏置曲线、阵列曲线、镜像曲线、交点、相交曲线、投影曲线、派生直线和添加现有曲线和优化2D曲线）、编辑草图曲线（包括倒斜角、圆角、快速修剪、快速延伸、拐角、移动曲线、偏置移动曲线、修剪配方曲线、删除曲线和调整曲线尺寸、调整倒斜角曲线尺寸）、草图约束基础知识（尺寸约束、几何约束和设为对称）、草图约束进阶知识（自动标注尺寸、自动约束、连续自动标注尺寸和创建自动判断约束、自动判断约束和尺寸、显示草图约束、显示草图自动尺寸、备选解、转换至/自参考对象、显示对象颜色）、定向视图到草图和草图着重，最后介绍一个草图绘制综合范例。

通过本章的学习，初学者应该可以基本掌握草图绘制的实用知识与应用技巧，为后面的学习打下扎实的基础。

本章提出一些值得和读者分享的经验点拨知识。

1）在创建或编辑曲线时，如果需要可以巧用"选择条"工具栏上的"曲线规则"下拉列表框中的选项来辅助选择所需的曲线，如图 2-124 所示。例如，选择"单条曲线""相连曲线""相切曲线"或"组中的曲线"选项。

图 2-124 使用"选择条"工具栏上的"曲线规则"下拉列表框

2）在草图中进行某些操作时，为了能够准确而快速地选择所需的位置点，此时注意在"选择条"工具栏中预先设定所需的点捕捉方式，如图 2-125 所示。其中，"启用捕捉点"按钮⊕用于启用捕捉点，以允许按照设定的捕捉方式捕捉对象上的点。

图 2-125 使用"选择条"工具栏上的点捕捉方式

3）草图的约束状态可以有欠约束、完全约束和过约束 3 种情况。欠约束状态是指创建的约束（包含尺寸约束和几何约束）少于草图需要的约束，致使草图处于没有完全约束状态；完全约束状态（简称全约束）是指创建的约束（包括尺寸约束和几何约束）刚好与草图需要的约束相等，使草图完全约束；过约束是指创建的约束比草图所需的约束要多，此时需要删除多余的约束或者将一些草图约束转换为参考对象。

2.12　思考与练习

1）在绘制草图曲线之前如何设置草图平面？

2）在创建草图对象后，如果要更改草图对象所在的草图平面，应该如何操作？

3）通常在什么情况下，使用"轮廓"命令↳来绘制连续的直线或圆弧，或两者的组合？

4）如何绘制圆？

5）绘制矩形的方式主要有哪几种？

6）如何偏置曲线？

7）什么是派生直线？如何创建派生直线？可以举例进行辅助说明。

8）总结在草图中添加尺寸约束的一般方法和步骤。

9）简述在草图中添加几何约束的一般方法。

10）在什么情况下使用备选解功能？

11）上机练习：在 *XC-YC* 平面内绘制如图 2-126 所示的二维图形。

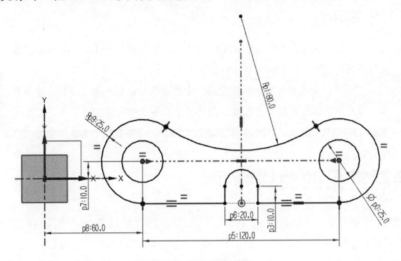

图 2-126　绘制草图（1）

12）上机练习：绘制如图 2-127 所示的二维图形。

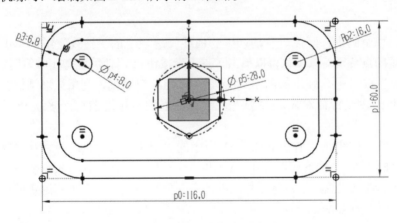

图 2-127　绘制草图（2）

13）课外研习：在直接草图或任务草图模式下，使用"缩放曲线"命令 可以缩放一组曲线并调整相邻曲线以适应，请自行研习该命令的操作技能，并举例上机练习。

第3章 3D 曲线设计

本章导读：

第 2 章介绍了二维草图曲线的知识，本章将重点介绍如何在 NX 三维空间中创建 3D 曲线及编辑 3D 曲线。

空间 3D 曲线设计是曲面设计的一个重要基础，因此读者要认真学习好本章的知识，以便为后面学习曲面设计打下扎实基础。

3.1 绘制常见的曲线特征

新建一个模型文档，在功能区的"曲线"选项卡的"曲线"组中可以找到用于在模型空间中绘制常见曲线特征的工具命令，包括"点""点集""直线（生产线）""圆弧/圆""艺术样条""螺旋线""曲面上的曲线""一般二次曲线""规律曲线""拟合曲线""脊线"和"文本"等。

3.1.1 点

在当前模型空间中，既可以从功能区"曲线"选项卡的"曲线"组中单击"点"按钮 ┼ 来创建常规的点特征对象，也可以单击"点集"按钮 ⁺₊，使用现有几何体创建点集。

单击"点"按钮 ┼，弹出如图 3-1 所示的"点"对话框，利用该对话框在模型空间中定义点位置并创建点特征对象。关于"点"对话框的应用之前已经多次介绍过，在此不再赘述。

单击"点集"按钮 ⁺₊，弹出如图 3-2 所示的"点集"对话框，可以从"类型"下拉列表框中选择"曲线点""样条点""面的点"和"交点"选项之一，并根据所选的类型选项进行相应的参数和选项设置，以及选择相应的现有几何体参照，从而使用选定的现有几何体来创建满足设计要求的点集合。

另外，使用"参考点云"按钮 ⊛，可以根据点数据文件创建参考点云。

3.1.2 直线

在 NX 设计环境空间中，如果要创建一个直线特征，可以按照以下方法和步骤进行。

① 在功能区的"曲线"选项卡的"曲线"组中单击"直线"按钮 ╱，系统弹出如图 3-3 所示的"直线"对话框。

图3-1 "点"对话框（1）

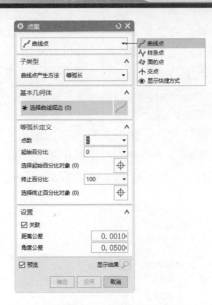

图3-2 "点集"对话框

2 默认时系统提示指定起点、定义第一个约束，或选择成一定角度的直线。可以在"开始"选项组中的"起点选项"下拉列表框中选择"自动判断""点"或"相切"选项，接着选择相应的参照来定义起点。也可以在"开始"选项组中单击"点构造器"按钮，弹出如图3-4所示的"点"对话框，使用该对话框指定直线的起点。

图3-3 "直线"对话框

图3-4 "点"对话框（2）

③ 在"结束"选项组的"终点选项"下拉列表框中选择所需的一个选项，接着选择相应参照对象来定义终点，也可以使用点构造器来指定终点。

④ 在"支持平面"选项组中设置平面选项（可供选择的平面选项有"自动平面""锁定平面""选择平面"），在"限制"选项组中设置起始限制和终止限制条件等，在"设置"选项组中设置"关联"复选框的状态，并根据设计情况确定是否单击出现的"延伸至视图边界"按钮 ，如图3-5所示。

⑤ 在"直线"对话框中单击"应用"按钮或"确定"按钮，从而完成在空间创建一个直线特征，典型绘制示例如图3-6所示。

图3-5　设置其他选项

图3-6　创建直线特征

3.1.3 圆弧/圆

在功能区的"曲线"选项卡的"曲线"组中单击"圆弧/圆"按钮 ，弹出"圆弧/圆"对话框，利用此对话框可以在NX设计环境空间中创建圆弧/圆特征。其中，在"类型"选项组中可以选择"三点画圆弧"或"从中心开始的圆弧/圆"类型选项。当选择"三点画圆弧"类型选项时，需要分别指定起点、端点（终点），还需要指定中点（或半径）、限制条件等，如图3-7所示；当选择"从中心开始的圆弧/圆"类型选项时，需要先指定中心点，接着指定通过点或半径，然后设定限制条件等，如图3-8所示。在"设置"选项组中可以选中"关联"复选框。在设计环境窗口中可动态观察要创建的圆弧/圆的预览效果，满意时单击"应用"按钮或"确定"按钮。

需要读者注意的是：要将圆弧/圆绘制在指定的平面上，需要使用"圆弧/圆"对话框的"支持平面"选项组。从"平面选项"下拉列表框中选择"自动平面""锁定平面"或"选择平面"选项，然后再指定所需平面并在该平面上指定相应的位置点等。

3.1.4 艺术样条

在NX设计环境中，可以通过拖放定义点或极点并在定义点指派斜率或曲率约束来创建和编辑样条。下面以一个典型范例介绍创建艺术样条曲线的方法步骤。

① 在功能区的"曲线"选项卡的"曲线"组中单击"艺术样条"按钮 ，弹出如图3-9所示的"艺术样条"对话框。

图 3-7 "圆弧/圆"对话框（1）　　　　　　　　图 3-8 "圆弧/圆"对话框（2）

2 在"类型"选项组的下拉列表框中选择"通过点"选项或"根据极点"选项。在本例中以选择"通过点"选项为例。

3 在"参数化"选项组中设置次数（阶次）为"5"，并在"设置"选项组中确保选中"关联"复选框。

4 在"制图平面"选项组中单击"XC-YC"按钮，在绘图区域从左到右依次指定如图 3-10 所示的 4 个点，这些点均落在 XC-YC 平面上。

图 3-9 "艺术样条"对话框

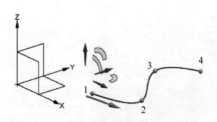

图 3-10 在 XC-YC 平面上指定 4 点

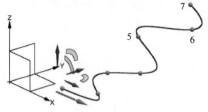

5 在"制图平面"选项组中单击"YC-ZC 平面"按钮 ⊾x，在绘图区域中分别单击如图 3-11 所示的 3 个点（点 5、点 6 和点 7），这 3 个点均落在 *YC-ZC* 平面上。可以观察到通过这些点产生的样条曲线，用户可以在此时使用鼠标左键拖动相关的指定点来调整样条曲线。注意结合"移动"选项组中的相关单选项来进行。

图 3-11 在 *YC-ZC* 平面上指定另外 3 个点

知识点拨： 如果在"制图平面"选项组中单击"视图"按钮 ▨，那么在绘图窗口中单击的点为在当前视图下的自由点。另外，也可以捕捉并单击某对象上的点来绘制空间艺术样条曲线。

6 在"艺术样条"对话框中单击"确定"按钮，完成该空间艺术样条曲线的创建。

3.1.5 螺旋线

可以创建具有指定圈数、螺距、半径或直径、旋转方向及方位的螺旋线。其方法是在功能区的"曲线"选项卡的"曲线"组中单击"螺旋"按钮 🐌，打开如图 3-12 所示的"螺旋"对话框，在"螺旋"对话框中设置类型、方位、大小、螺距、长度、旋转方向等，然后单击"应用"按钮或"确定"按钮来创建设定参数的螺旋线。

绘制螺旋线的一个典型示例如图 3-13 所示。在该示例中，螺旋线类型为"沿矢量"，从"方位"下拉列表框中选择"绝对坐标系" 🔗 ；在"大小"选项组中选择"直径"单选项，并

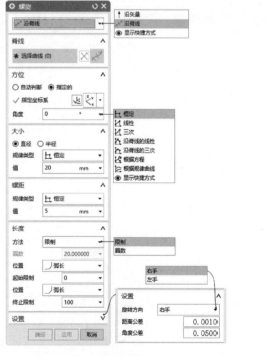

图 3-12 "螺旋"对话框

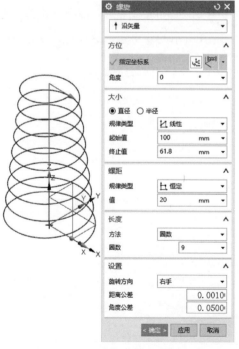

图 3-13 绘制螺旋线的典型示例

设置其"规律类型"为"线性",起始直径值为"100",终止直径值为"61.8";从"螺距"选项组的"规律类型"下拉列表框中选择"恒定",螺距值为"20";从"长度"选项组的"方法"下拉列表框中选择"圈数",将圈数设为"9";在"设置"选项组的"旋转方向"下拉列表框中默认选择"右手"选项。

3.1.6 文本

可以通过读取文本字符串(以指定的字体)产生作为字符轮廓的线条和样条来创建文本并作为设计元素。

在功能区的"曲线"选项卡的"曲线"组中单击"文本"按钮 A,系统弹出如图 3-14 所示的"文本"对话框,文本的创建类型有"平面副""曲线上"和"面上"三种。

1. 平面副

"平面副"文本创建类型用于在平面上创建文本。选择此类型选项时,可以在"文本属性"选项组的文本框中输入所需的文本,选定线型、脚本、字体等,在"文本框"选项组中设置锚点位置选项,并利用"锚点放置"子选项组指定点和坐标系来放置平面文本,然后可以在"文本框"选项组的"尺寸"子选项组中更改文本框长度和高度等参数,如图 3-15 所示(默认在 *XC-YC* 平面上创建文本曲线)。

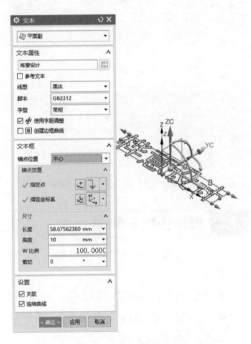

图 3-14 "文本"对话框   图 3-15 "平面副"选项:在指定平面上创建文本

2. 曲线上

"曲线上"选项用于沿着相连曲线串创建文本,每个文本字符后面都跟有曲线串的曲率。选择"曲线上"类型选项时,需要分别指定文本放置曲线、竖直方向、文本属性、文本框并设置其他选项。示例如图 3-16 所示。

3. 面上

"面上"选项用于在一个或多个相连面上创建文本，示例如图 3-17 所示。需要分别指定文本放置面、面上的位置、文本属性、文本框和设置其他选项等。其中，对于面上的位置，其放置方法有两种，一种是"面上的曲线"，另一种是"剖切平面"。

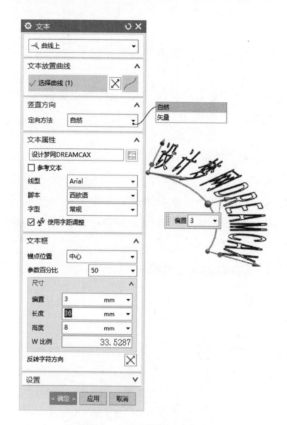

图 3-16　沿曲线创建文本

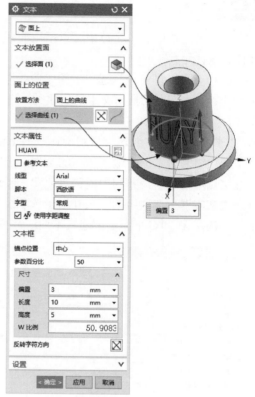

图 3-17　在面上创建文本

3.1.7　其他曲线命令

使用"高级"角色时，在功能区的"曲线"选项卡的"曲线"组中还提供了以下几个曲线工具命令。

- "曲面上的曲线"按钮：在面上直接创建曲面样条特征。
- "一般二次曲线"按钮：通过使用各种放样二次曲线方法或一般二次曲线方程创建二次曲线截面。
- "规律曲线"按钮：通过使用各种规律函数（如常数、线性、三次和方程）创建样条。
- "拟合曲线"按钮：创建样条、线、圆或椭圆，方法是将其拟合到指定的数据点。
- "脊线"按钮：创建经过起点并垂直于一系列指定平面的曲线。
- "优化 2D 曲线"按钮：优化 2D 线框几何体。

另外，在功能区的"曲线"选项卡中单击"更多"按钮打开"更多"库列表，还可以看到其中的"曲线"选项组提供以下几个曲线工具命令。

- "抛物线"按钮⊏：创建具有指定边点和尺寸的抛物线。
- "双曲线"按钮✕：创建具有指定顶点和尺寸的双曲线。

本小节提到的其他曲线工具命令，其操作方法和步骤都较为简单，本书不进行深入介绍，而是建议读者自行研习。

3.2 派生曲线

在 NX 中，用于创建派生曲线的工具命令主要包括"偏置曲线""投影曲线""相交曲线""桥接曲线""等参数曲线""截面曲线""组合投影""镜像曲线""缠绕/展开曲线""在面上偏置曲线""复合曲线""等斜度曲线""缩放曲线"等。本节介绍其中常用派生曲线的相关实用知识。

3.2.1 偏置曲线

要偏置曲线链，可在功能区的"曲线"选项卡的"派生曲线"组中单击"偏置曲线"按钮⬡，弹出如图 3-18 所示的"偏置曲线"对话框。从"偏置类型"选项组的下拉列表框中可以选择"距离""拔模""规律控制"或"3D 轴向"选项，也就是说偏置曲线有 4 种类型。

- "距离"：在输入曲线的平面中偏置曲线。
- "拔模"：按照给定距离与角度，在平行于输入曲线的平面中偏置曲线。
- "规律控制"：按照使用规律函数定义的距离偏置曲线。
- "3D 轴向"：在指定的矢量方向上，使用指定值来偏置三维曲线。

在"设置"选项组中设置相应的选项以获得期望的结果。"关联"复选框默认时为选中状态，如果取消选中"关联"复选框，可通过指定非关联设置的相应选项来创建非关联的偏置曲线。从"输入曲线"下拉列表框中选择所需选项（可供选择的选项有"保留""隐藏""删除"和"替换"），以指定对原始输入曲线的处理方法。对于"距离"和"拔模"类型的偏置曲线，需要从"修剪"下拉列表框中选择一个修剪选项。可以选中"大致偏置"复选框来处理自相交偏置曲线、额外创建的偏置曲线或修剪不当的偏置曲线。对于"距离""拔模"或"规律控制"类型的偏置曲线，如果选中"高级曲线拟合"复选框，那么还需要从出现的"方法"下拉列表框中选择曲线拟合方法（可供选择的曲线拟合方法选项有"次数和段数""次数和公差""保持参数化"和"自动拟合"）。

偏置曲线的典型示例如图 3-19 所示。该示例采用的偏置类型为"拔模"，偏置高度为"15mm"，角度为"30°"，副本数为"3"。注意设置合适的偏置方向等。

3.2.2 投影曲线

"投影曲线"命令用于将曲线、边或点投影到面或平面。使用该命令创建投影曲线的示例如图 3-20 所示。下面通过该示例（随书配套的源文件为"bc_3_tyqx.prt"）介绍如何在指定的平面内创建投影曲线。

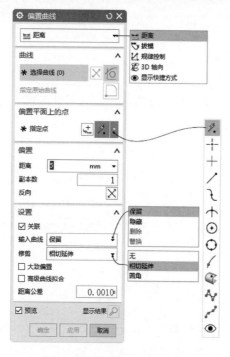

图 3-18 "偏置曲线"对话框

图 3-19 偏置曲线的典型示例

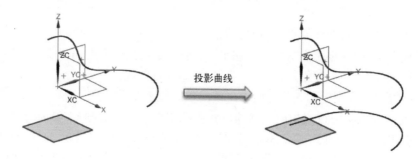

图 3-20 创建投影曲线

1 在功能区的"曲线"选项卡的"派生曲线"组中单击"投影曲线"按钮，弹出如图 3-21 所示的"投影曲线"对话框。

2 系统提示选择要投影的曲线或点。在这里选择已有的连接曲线。

3 在"要投影的对象"选项组中单击"指定平面"收集器，将其激活。将"指定平面"选项设置为"自动判断"。

4 在绘图窗口中选择已有的基准平面作为要投影的平面，平面距离为 0。

5 在"投影方向"选项组的"方向"下拉列表框中选择"沿面的法向"选项。

6 在"设置"选项组中确保选中"关联"复选框，从"输入曲线"下拉列表框中选择"保留"选项，取消选中"高级曲线拟合"复选框。从"连接曲线"下拉列表框中选择"常规"选项，公差采用默认值，选中"对齐曲线形状"复选框，如图 3-22 所示。

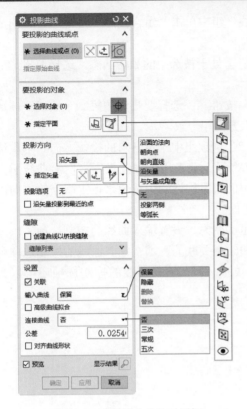

图 3-21 "投影曲线"对话框

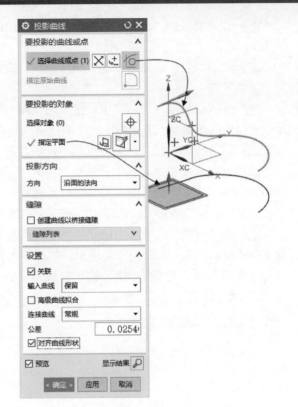

图 3-22 相关设置

在"投影曲线"对话框中单击"应用"按钮或"确定"按钮，从而完成该投影曲线创建。

在某些设计场合，如果要沿着指定方向矢量将曲线或点投影到某曲面对象上，可以在选择要投影的曲线或点后，在"要投影的对象"选项组中单击"选择对象"按钮 ⊕，接着选择所需的曲面等，再进行相关选项和参数设置。

3.2.3 组合投影

使用"组合投影"命令功能，可以通过组合两条现有曲线的投影交集创建一条新曲线，注意两条曲线的投影必须相交。组合投影的图解示例如图 3-23 所示（读者可以使用配套的练习范例"\CH3\bc_3_zhty.prt"，按照以下所述的操作步骤进行练习）。

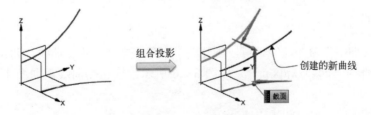

图 3-23 组合投影的图解示例

通过"组合投影"命令创建新曲线的操作步骤如下。

①　在功能区的"曲线"选项卡的"派生曲线"组中单击"组合投影"按钮，弹出如图3-24所示的"组合投影"对话框。

②　"曲线1"选项组中的"选择曲线"按钮处于被选中的激活状态，选择要投影的第一个曲线链。

③　在"曲线2"选项组中单击"选择曲线"按钮，选择要投影的第二个曲线链，通常设置该曲线链的起点方向与第一个曲线链的起点方向相一致。

④　在"投影方向1"选项组和"投影方向2"选项组中指定各自的投影方向。可供选择的投影方向选项有"垂直于曲线平面"和"沿矢量"。前者用于设置投影方向沿曲线所在平面的法向，后者用于使用"矢量"对话框或可用的矢量构造器中选项来指定所需的方向。多数情况下，指定投影方向选项为"垂直于曲线平面"。

⑤　在"设置"选项组中确定"关联"复选框的状态，设置输入曲线的控制选项，以及指定曲线拟合选项，如图3-25所示。如果输入曲线是关联的，那么输入曲线的控制选项可以为"保持"或"隐藏"；如果输入曲线是非关联的，那么输入曲线的控制选项还可以为"删除"或"替换"。

图3-24　"组合投影"对话框　　　　　图3-25　在"设置"选项组中进行设置

⑥　预览结果满意后，在"组合投影"对话框中单击"应用"按钮或"确定"按钮。

3.2.4　相交曲线

使用"相交曲线"命令功能，可以创建两个对象集之间的相交曲线。创建相交曲线的典型示例（源文件为"bc_3_xjqx.prt"）如图3-26所示，该相交曲线由曲面1和曲面2求交生成。

创建相交曲线的一般方法步骤如下。

①　在功能区切换至"曲线"选项卡，从"派生曲线"组中单击"相交曲线"按钮，打开如图3-27所示的"相交曲线"对话框。

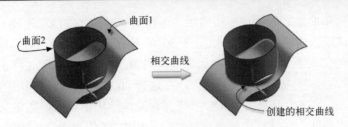

图 3-26　创建相交曲线

②　选择要相交的第一组面，或者指定所需的平面。

③　在"第二组"选项组中单击"选择面"按钮 ⬛，选择要相交的第二组面。或者在"第二组"选项组中激活"指定平面"，利用相关的平面工具来指定所需的平面。

④　展开"设置"选项组，确定"关联"复选框的状态，并确定"高级曲线拟合"复选框的状态，如图 3-28 所示。如取消选中"高级曲线拟合"复选框，则只需要设置距离公差值；如选中"高级曲线拟合"复选框，则需要从"方法"下拉列表框中选择"次数和段数""次数和公差"或"自动拟合"选项之一，并设置相应的合理参数。

图 3-27　"相交曲线"对话框

图 3-28　在"设置"选项组中进行设置

⑤　在"相交曲线"对话框中单击"应用"按钮或"确定"按钮。

3.2.5　桥接曲线

"桥接曲线"命令用于创建两个曲线对象之间的相切圆角曲线，从而将两个曲线对象桥接起来，所创建的相切圆角曲线称为桥接曲线。创建桥接曲线的典型示例如图 3-29 所示。

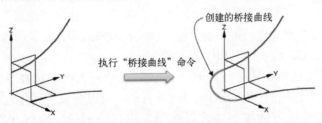

图 3-29　创建桥接曲线的典型示例

要在空间的两条曲线之间创建桥接曲线，可在功能区的"曲线"选项卡的"派生曲线"组中单击"桥接曲线"按钮 ，打开如图 3-30 所示的"桥接曲线"对话框。分别指定起始对象（起始对象的定义类型可以为"截面"或"对象"）和终止对象（终止对象的定义类型可以为"截面""对象""基准"或"矢量"，在选择曲线时注意激活相应的"选择曲线"按钮 ）。选择要桥接的终止对象后，NX 系统会智能地给出由默认参数定义的桥接曲线。用户可以利用"桥接曲线"对话框中的"连续性"选项组、"约束面"选项组、"半径约束"选项组、"形状控制"选项组、"设置"选项组和"微定位"选项组等来定义桥接曲线，如图 3-31 所示，以获得满意的曲线效果，然后单击"确定"按钮。

图 3-30 "桥接曲线"对话框

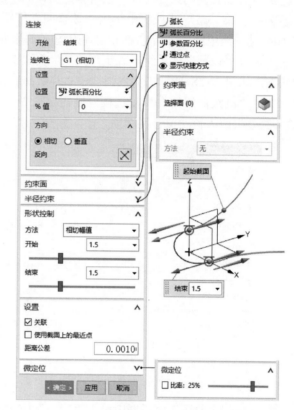

图 3-31 设置桥接曲线连续性等

在创建桥接曲线时，特别要注意根据设计要求来设置桥接曲线连续性和形状控制参数。

例如，当在"桥接曲线"对话框的"连续性"选项组中选择"开始"选项卡时，可为桥接曲线的起点处设置连续性约束类型、位置参数（位置参数的定义方式分"弧长""弧长百分比""参数百分比"和"通过点"四种）和方向选项；当选择"结束"选项卡时，可为桥接曲线的结束点处设置连续性约束类型、位置参数和方向选项。常见的约束类型有"G0（位置）""G1（相切）""G2（曲率）"和"G3（流）"。

在"形状控制"选项组中，可以从"方法"下拉列表框中选择所需的一种形状控制方法选项，接着设置相应的内容，如图 3-32 所示。可以尝试选用不同的形状控制方法选项，并不断调整该方法下的控制参数以在图形窗口中预览，直到获得满意的曲线形状效果。

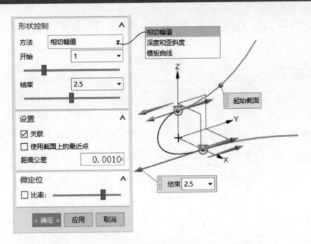

图 3-32　桥接曲线的"形状控制"选项组

3.2.6　等参数曲线

创建等参数曲线是指沿着某个面的恒定 U 或 V 参数线创建曲线。下面以一个范例辅助介绍创建等参数曲线的一般方法和步骤。

1️⃣ 打开配套的素材文件"\CH3\bc_3_dcsqx.prt",该文件已经存在着如图 3-33 所示的原始曲面片体。

2️⃣ 在功能区的"曲线"选项卡的"派生曲线"组中单击"等参数曲线"按钮，弹出如图 3-34 所示的"等参数曲线"对话框。

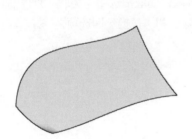

图 3-33　原始曲面

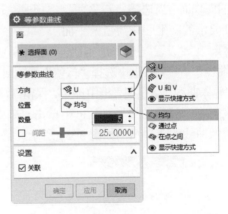

图 3-34　"等参数曲线"对话框

3️⃣ 选择所需的面。

4️⃣ 在"等参数曲线"选项组中指定方向、位置和数量等选项、参数。在"方向"下拉列表框中选择"U""V"或"U 和 V"选项以设置在曲面的哪个方向创建等参数曲线，从"位置"下拉列表框中选择"均匀""通过点"或"在点之间"并设置相应的选项、参数。在本例中，从"方向"下拉列表框中选择"U 和 V"选项，在"位置"下拉列表框中选择"均匀"，在"数量"文本框中输入"5"，此时要创建的等参数曲线预览如图 3-35 所示。

5️⃣ 在"设置"选项组中选中"关联"复选框。

⑥ 单击"确定"按钮。此时，如果将原始曲面片体隐藏，则可以看到本例创建的双向等参数曲线如图 3-36 所示。

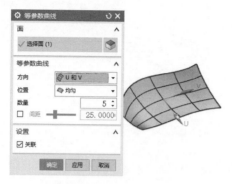

图 3-35 等参数曲线预览

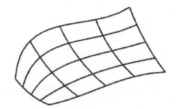

图 3-36 创建的等参数曲线

3.2.7 镜像曲线

可以基于指定的平面创建原始曲线的镜像曲线，其操作方法和步骤如下。

① 在功能区的"曲线"选项卡的"派生曲线"组中单击"镜像曲线"按钮，弹出如图 3-37 所示的"镜像曲线"对话框。

② 选择要镜像的曲线、边、曲线特征或草图。

③ 在"镜像平面"选项组的"平面"下拉列表框中选择"现有平面"选项或"新平面"选项。当选择"现有平面"选项时，可以单击"平面或面"按钮，接着选择镜像对称面或基准平面；当选择"新平面"选项时，可以通过平面创建选项或用平面构造器来创建满足设计要求的新平面作为镜像平面。

④ 在"设置"选项组中指定"关联"复选框的状态。当选中"关联"复选框时，可以从"输入曲线"下拉列表框中选择"保留"选项或"隐藏"选项；当取消选中"关联"复选框时，可以从"输入曲线"下拉列表框中选择"保留""隐藏""删除"和"替换"四选项之一。

⑤ 在"镜像曲线"对话框中单击"确定"按钮。

镜像曲线的典型示例如图 3-38 所示。

图 3-37 "镜像曲线"对话框

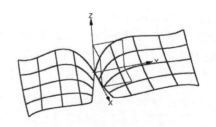

图 3-38 镜像曲线的典型示例

3.2.8 截面曲线

使用"截面曲线"命令 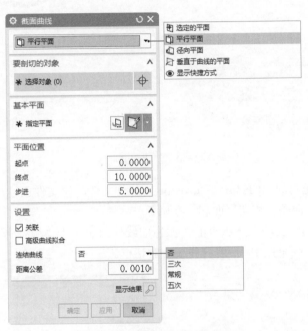，可通过将平面与体、面或曲线相交来创建曲线或点。在功能区的"曲线"选项卡的"派生的曲线"组中单击"截面曲线"按钮，系统弹出如图 3-39 所示的"截面曲线"对话框。选择要剖切的对象，从"类型"下拉列表框中选择所需的类型选项，并指定所选类型下所需的参照及参数，然后在"设置"选项组中设置是否关联，以及设置曲线拟合选项等，最后单击"确定"按钮，从而创建截面曲线（截面曲线也称剖切曲线）。

图 3-39 "截面曲线"对话框

知识点拨： 从"类型"下拉列表框中选择不同的类型选项，要设置的参照及参数也会不同。例如，选择"选定的平面"选项时，需要直接选择平面或使用平面工具指定平面来定义剖切平面；选择"平行平面"选项，需要指定基本平面和平面位置；选择"径向平面"选项，需要指定径向轴、参考平面上的点和平面位置；选择"垂直于曲线的平面"选项，需要选择曲线或边，并设置平面位置参数。

创建截面曲线的典型示例如图 3-40 所示。要剖切的对象选择为全部实体模型，剖切平面为"基准坐标系（0）"特征的 *XC-YC* 坐标面。

3.2.9 缠绕/展开曲线

单击功能区"曲线"选项卡的"派生曲线"组中的"缠绕/展开曲线"按钮，可以将曲线从一个平面缠绕到一个圆锥面或圆柱面上，或者从圆锥面或圆柱面展开到一个平面上。

下面以一个简单的范例介绍"缠绕/展开曲线"命令的应用。

图 3-40　创建截面曲线

1 打开本书配套的"CH3\bc_3_czqx.prt"部件文件，该文件已经存在着如图 3-41 所示的圆锥台（圆锥）曲面、相切平面和一条圆弧。

2 在功能区的"曲线"选项卡的"派生曲线"组中单击"缠绕/展开曲线"按钮 ，系统弹出如图 3-42 所示的"缠绕/展开曲线"对话框。

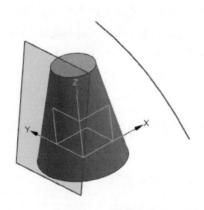

图 3-41　原始模型

图 3-42　"缠绕/展开曲线"对话框

③ 在"类型"选项组的"类型"下拉列表框中选择"缠绕"选项。

④ "曲线或点"选项组中的"选择曲线"按钮 处于激活状态，在图形窗口中单击选择现有圆弧曲线作为要缠绕的曲线。

⑤ 在"面"选项组中单击"选择面"按钮 ，在图形窗口中单击圆锥曲面。

⑥ 在"平面"选项组中单击"选择对象"按钮 ，在图形窗口中选择一个相切于缠绕面的基准平面或平的面，如图 3-43 所示。

⑦ 在"设置"选项组中确保选中"关联"复选框，在"切割线角度"文本框中设置切割线角度为"180°"，接受默认的距离公差和角度公差。切割线角度是指切线绕圆锥或圆柱轴的旋转角度（0°～360°之间）。

⑧ 单击"确定"按钮，从而完成创建缠绕曲线特征，如图 3-44 所示（图中隐藏了原始曲线和基准坐标系）。

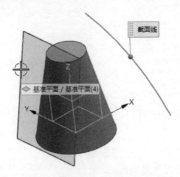

图 3-43 选择相切于缠绕面的基准平面

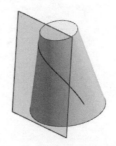

图 3-44 创建缠绕曲线特征

可以继续在该范例中单击"缠绕/展开曲线"按钮 ，选择"展开"类型选项并进行相应的操作，将缠绕曲线从圆台面展开到一个平面上。

3.2.10 在面上偏置曲线

使用"在面上偏置曲线"命令 ，可以沿曲线所在的面偏置曲线。该偏置曲线可以是关联的或非关联的，并且位于距现有曲线或边截面的指定距离处。在面上偏置曲线可以使用不同的设置间距方法，可以填充曲线之间的间隙，同时也可以对所选面边界进行修剪。

要在面上偏置曲线，可在功能区的"曲线"选项卡的"派生曲线"组中单击"在面上偏置曲线"按钮 ，打开如图 3-45 所示的"在面上偏置曲线"对话框。从"类型"选项组的"类型"下拉列表框中选择"恒定"选项或"可变"选项。其中，"恒定"选项用于生成与面内原始曲线具有恒定偏置距离的曲线；"可变"选项可通过指定与原始曲线上点位置之间的不同距离在面中创建可变曲线。接着为新集选择要偏置的曲线/边，为偏置选择面或平面，并设置其他所需的选项及参数，如设置偏置方向、偏置方法、圆角方法、修剪和延伸偏置曲线选项等。最后单击"应用"按钮或"确定"按钮，即可完成在面上偏置曲线操作。

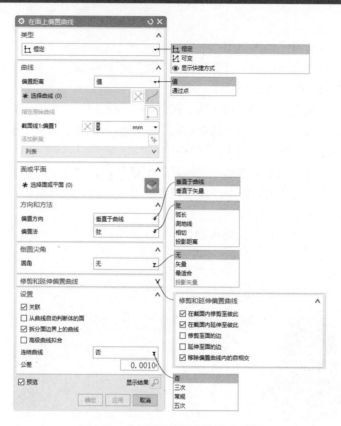

图 3-45 "在面上偏置曲线"对话框

使用"在面上偏置曲线"命令 创建偏置曲线的典型示例如图 3-46 所示，其中图 3-46a 所示为在面上创建恒定偏置的曲线，图 3-46b 所示为在面上创建具有可变偏置距离的曲线。

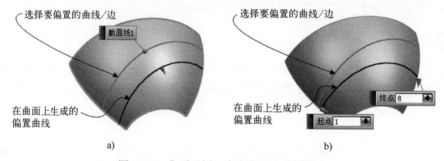

图 3-46 典型示例：生成曲面上偏置曲线

a) 创建恒定偏置的面上曲线　b) 创建可变偏置的面上曲线

3.2.11 复合曲线

使用"复合曲线"命令 ，可以创建与其他曲线或边的关联复制。其方法步骤很简单，即要创建复合曲线，可在功能区"曲线"选项卡的"派生曲线"组中单击"复合曲线"按钮 ，弹出如图 3-47 所示的"复合曲线"对话框。选择要复制的曲线，根据设计需要指定曲线的起点方向，展开"设置"选项组，从中设置如图 3-48 所示的相关选项和参数，然后单击"应用"按钮或"确定"按钮。

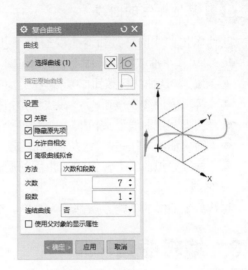

图 3-47　"复合曲线"对话框　　　　图 3-48　设置相关选项

3.2.12　缩放曲线

"缩放曲线"命令用于缩放曲线、边和点。其操作方法是在功能区"曲线"选项卡的"派生曲线"组中单击"缩放曲线"按钮，打开如图 3-49 所示的"缩放曲线"对话框。选择要缩放的曲线、边或点，在"比例"选项组中设置均匀或不均匀的比例参数，在"设置"选项组中指定"关联"复选框的状态，设置输入曲线的处理选项（如"保留""隐藏""删除"或"替换"），然后单击"应用"按钮或"确定"按钮。典型示例如图 3-50 所示，选择椭圆曲线作为要缩放的曲线，比例选择"不均匀"方式，指定坐标系后分别设置"X 向缩放"比例因子为"1.2"，"Y 向缩放"比例因子为"2"，"Z 向缩放"比例因子为"1"，在"设置"选项组中选中"关联"复选框，从"输入曲线"下拉列表框中选择"保留"选项。

 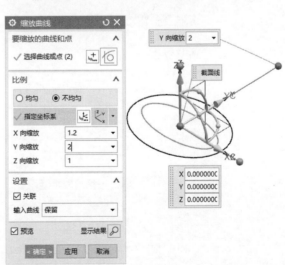

图 3-49　"缩放曲线"对话框　　　　图 3-50　缩放曲线操作的典型示例

3.2.13 其他派生的曲线

其他派生曲线的工具命令主要有以下几种，其中"圆形圆角曲线"按钮 ⬚、"简化曲线"按钮 ≋ 和"抽取虚拟曲线"按钮 ⊕ 位于功能区"曲线"选项卡的"更多"库列表中。

- "偏置3D曲线"按钮 ⬤：垂直于参考方向偏置3D曲线。
- "等斜度曲线"按钮 ⬚：在拔模角恒定的面上创建曲线。
- "圆形圆角曲线"按钮 ⬚：创建两个曲线链之间局域指定方向的圆形圆角曲线。
- "简化曲线"按钮 ≋：从曲线链创建一串最佳拟合直线和圆弧。
- "抽取虚拟曲线"按钮 ⊕：由面的旋转轴、倒圆中心线、虚拟交线以及管中心线创建曲线。

这些派生曲线的创建方法都较为简单，在此不作深入介绍，给读者留作课外研习任务。

3.3 编辑曲线

编辑曲线的操作主要包括"修剪曲线""X 型""曲线长度""光顺样条""模板成型""分割曲线""编辑曲线参数"等。其中，"X 型"用于编辑样条和曲面的极点、定义点，本书特意将"X 型"放到后面章节的曲面编辑部分进行介绍。

3.3.1 修剪曲线

可以修剪或延伸曲线到选定的边界对象。其方法是在功能区的"曲线"选项卡的"编辑曲线"组中单击"修剪曲线"按钮 ⊢，打开如图 3-51 所示的"修剪曲线"对话框。利用该对话框选择要修剪的曲线，指定边界对象，设置修剪或分割的操作类型、方向选项，选择区域并指定保留或放弃的区域，在"设置"选项组中设置"关联"复选框状态，输入曲线、曲线延伸等方面的选项，然后单击"确定"按钮或"应用"按钮，从而将所选曲线修剪或延伸到选定的边界对象。

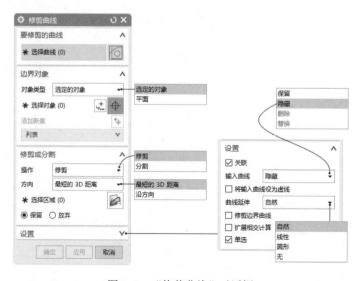

图 3-51 "修剪曲线"对话框

3.3.2 曲线长度

使用"曲线长度"编辑工具命令,可以在曲线的每个端点处延伸或缩短一段长度,或使其达到一个总曲线长度。下面结合示例介绍编辑曲线长度的操作步骤。

1 在功能区的"曲线"选项卡的"编辑曲线"组中单击"曲线长度"按钮 ,系统弹出"曲线长度"对话框。

2 选择要更改长度的曲线。

3 在"延伸"选项组中,从"长度"下拉列表框中选择"总数"或"增量",在"侧"下拉列表框中选择所需选项来定义延伸侧(曲线向哪个方向延伸),在"方法"下拉列表框中选择所需的一种延伸方法。

当从"长度"下拉列表框中选择"总数"选项时,延伸侧可以为"对称""起点"或"终点",并在"限制"选项组中设置长度总量,如图 3-52 所示;当从"长度"下拉列表框中选择"增量"选项时,延伸侧可以为"起点和终点"或"对称",在"限制"选项组中设置起点限制值和终点限制值,限制值为负时缩短曲线长度,限制值为正时延伸曲线长度,如图 3-53 所示。

图 3-52 编辑曲线长度(1)

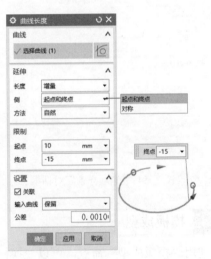

图 3-53 编辑曲线长度(2)

4 在"设置"选项组中确定"关联"复选框的状态,设置"输入曲线"的处理选项,在"公差"文本框中设定公差。

5 在"曲线长度"对话框中单击"应用"按钮或"确定"按钮。

3.3.3 光顺样条

光顺样条操作是指通过最小化曲率大小或曲率变化来移除样条中的小缺陷。

在功能区的"曲线"选项卡的"编辑曲线"组中单击"光顺样条"按钮 ,系统弹出如图 3-54 所示的"光顺样条"对话框。该对话框提供了两种类型选项,即"曲率"和"曲率变化",可选择其中一种类型选项。接着选择要光顺的曲线,系统会根据实际情况弹出一个警告对话框:"此操作从曲线特性中移除参数,要继续吗?",单击"确定"按钮以继续此操作。此时所选样条曲线上显示两个表示开始点和终止点的小球，以及出现一个指示光顺结果（最大偏差）的箭头，如图 3-55 所示。在"光顺样条"对话框中分别设置光顺限制位置、约束选项、光顺因子、百分比参数。在"约束"选项组中可以分别为开始位置（起点位置）和结束位置（终点位置）选择"GO（位置）""G1（相切）""G2（曲率）"和"G3（流）"约束选项中的一种。在更改相关选项和参数的过程中，注意观察光顺样条最大偏差的变化情况。

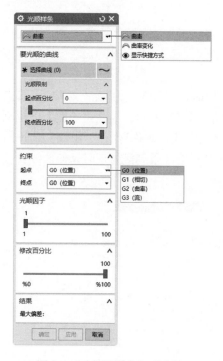

图 3-54 "光顺样条"对话框

图 3-55 光顺样条

3.3.4 模板成型

使用"模板成型"命令，可以变换样条的当前形状以匹配模板样条的形状特性，即可以从原始样条的当前形状变换样条，使之同模板样条的形状特性相匹配，同时保留原始样条的起点与终点。模板成型操作示例如图 3-56 所示，下面通过该示例（配套的练习文件为"bc_3_mbcx.prt"）介绍如何使用模板样条修改现有样条的形状。

图 3-56 模板成型操作示例

<img_1> 在功能区的"曲线"选项卡的"编辑曲线"组中单击"模板成型"按钮，打开如图 3-57 所示的"模板成型"对话框。

② 确保"选择步骤"选项组中的"要成型的样条"按钮∫处于活动状态,在图形窗口中选择要成型的样条,如图 3-58 所示。选择好要成型的样条后,临时箭头显示在所选对象的近端点以表示成型操作的开始方向。

图 3-57 "模板成型"对话框

图 3-58 选择要成型的样条

③ 单击鼠标中键以进入到选择模板样条步骤(也可以在"模板成型"对话框中单击"模板样条"按钮),接着在图形窗口中选择如图 3-59 所示的样条作为模板样条。

④ 在"模板成型"对话框中确保选中"整修曲线"复选框,并取消选中"编辑副本"复选框。"整修曲线"复选框用于强制样条成型以同模板样条的次数与分段相匹配;"编辑副本"复选框则用于保持原始样条不发生更改,并编辑副本。

⑤ 在"模板成型"对话框中拖动滑块以更改样条的形状,注意观察拖动过程中样条形状的变化。在本例中将滑块从左侧一直拖到右侧的适当位置处,如图 3-60 所示。

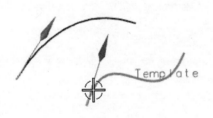

图 3-59 选择模板样条

图 3-60 拖动滑块更改样条的形状

⑥ 单击"模板成型"对话框中的"确定"按钮,接着确认创建参数将从曲线被移除。

3.3.5 分割曲线

可以将曲线分割成多段,其方法如下。

① 在功能区的"曲线"选项卡中单击"更多"|"分割曲线"按钮,打开如图 3-61 所示的"分割曲线"对话框。

② 选择要分割的曲线。对于选定的某些曲线,NX 系统会弹出如图 3-62 所示的对话框来提示用户,单击"是"按钮。

③ 设置分割类型及其相应的参数。分割类型有"等分段""按边界对象""弧长段数""在结点处"和"在拐角上"。例如,选择"等分段"分割类型,在"段数"选项组中从"段

长度"下拉列表框中选择"等参数",在"段数"文本框中设置所需的段数。

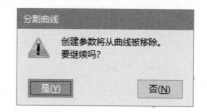

图 3-61 "分割曲线"对话框　　　　　　图 3-62 提示信息

4 单击"应用"按钮或"确定"按钮,即可将所选曲线分割成设定的若干段。

3.3.6 编辑曲线参数

使用"编辑曲线参数"工具命令,可以编辑大多数曲线类型的参数。在功能区的"曲线"选项卡中单击"更多"|"编辑曲线参数"按钮 ,系统弹出如图 3-63 所示的"编辑曲线参数"对话框。选择要编辑的曲线,系统会根据选择曲线特征的类型不同,弹出不同的对话框供用户编辑曲线参数。例如,选择建模空间中的某一般二次曲线特征,系统将弹出如图 3-64 所示的"一般二次曲线"对话框,从中可以编辑一般二次曲线特征的类型及其定义相应的参数。

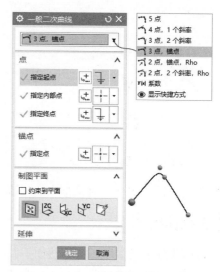

图 3-63 "编辑曲线参数"对话框　　　　　图 3-64 "一般二次曲线"对话框

3.4 3D 曲线综合设计范例

本节介绍一个在模型空间中创建 3D 曲线的综合设计范例,要完成的曲线效果如图 3-65

所示。在该综合设计范例中，主要应用了"在任务环境中绘制草图""组合投影""直线""桥接曲线""复合曲线""镜像曲线""点"和"艺术样条"等曲线工具命令。本综合设计范例具体的操作步骤如下。

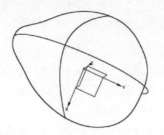

图 3-65　3D 曲线综合设计范例完成的曲线效果

步骤 1　新建一个模型文件。

①　按〈Ctrl+N〉快捷键，弹出"新建"对话框。

②　在"模型"选项卡的"模板"选项组的模板列表中选择名称为"模型"的公制模板，在"新文件名"选项组的"名称"文本框中输入"bc_3x_qxfl.prt"，并指定要保存到的文件夹目录路径。

③　在"新建"对话框中单击"确定"按钮。

步骤 2　在任务环境中绘制草图 1。

①　在功能区切换至"曲线"选项卡，单击"在任务环境中绘制草图"按钮，弹出"创建草图"对话框，从"草图类型"下拉列表框中选择"在平面上"选项，从"平面方法"下拉列表框中选择"自动判断"选项，在图形窗口中选择 *YZ* 平面（*YC-ZC* 坐标面）作为草图平面，如图 3-66 所示，然后单击"确定"按钮，进入草图任务环境中。

②　在功能区的"主页"选项卡的"曲线"组中单击"圆弧"按钮，绘制如图 3-67 所示的两段圆弧，这两段圆弧在连接点处相切。

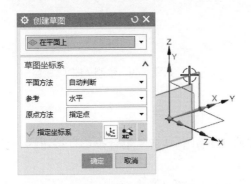

图 3-66　指定草图平面

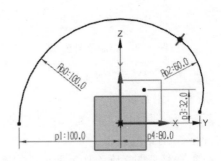

图 3-67　绘制相切圆弧

③　单击"完成"按钮。

步骤 3　在任务环境中绘制草图 2。

①　在功能区的"曲线"选项卡中单击"在任务环境中绘制草图"按钮，弹出"创建草图"对话框，从"草图类型"下拉列表框中选择"在平面上"选项，从"平面方法"下

拉列表框中选择"自动判断"选项，在图形窗口中选择 *YZ* 平面（*YC-ZC* 坐标面）作为草图平面，单击"确定"按钮，进入草图任务环境中。

2 在功能区的"主页"选项卡的"曲线"组中单击"圆弧"按钮 ，绘制如图 3-68 所示的一段圆弧作为草图 2 对象的图形，注意该圆弧两个端点所在的位置。

3 单击"完成"按钮 。

步骤4 在任务环境中绘制草图 3。

1 在功能区的"曲线"选项卡中单击"在任务环境中绘制草图"按钮 ，弹出"创建草图"对话框，从"草图类型"下拉列表框中选择"在平面上"选项，从"平面方法"下拉列表框中选择"新平面"选项，从"指定平面"下拉列表框中选择"自动判断"图标选项 ，在图形窗口中选择 *XY* 平面（*XC-YC* 坐标面）作为草图平面（默认偏移距离为 0），指定 *X* 轴定义水平方向。在"草图原点"选项组中选择"自动判断的点"图标选项 ，激活"指定点"收集器。在图形窗口中选择坐标原点，然后单击"确定"按钮，进入草图任务环境中。

2 在功能区的"主页"选项卡的"曲线"组中单击"圆弧"按钮 ，绘制如图 3-69 所示的相接且相切的两段圆弧。

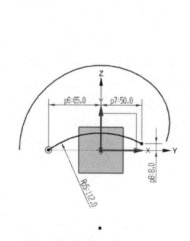

图 3-68　绘制草图 2

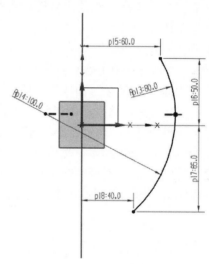

图 3-69　绘制草图 3

3 单击"完成"按钮 。

步骤5 组合投影。

1 在功能区的"曲线"选项卡的"派生曲线"组中单击"组合投影"按钮 ，弹出"组合投影"对话框。

2 选择草图 2 圆弧作为要投影的第一个曲线链（曲线 1）。

3 在"曲线 2"选项组中单击"选择曲线"按钮 ，选择草图 3 曲线作为要投影的第二个曲线链，注意第一个曲线链（曲线 1）和第二个曲线链（曲线 2）的起点方向要一致，如图 3-70 所示。

4 在"投影方向 1"选项组的"投影方向"下拉列表框中选择"垂直于曲线平面"选项，在"投影方向 2"选项组的"投影方向"下拉列表框中选择"垂直曲线平面"选项，在

"设置"选项组中选中"关联"复选框，从"输入曲线"下拉列表框中选择"保留"选项，取消选中"高级曲线拟合"复选框。

⑤ 在"组合投影"对话框中单击"确定"按钮，创建的一条曲线如图 3-71 所示。此时，可以通过右键快捷方式将草图 2 和草图 3 隐藏。

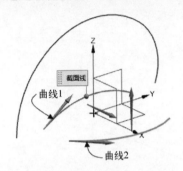

图 3-70　选择要投影的曲线 1 和曲线 2

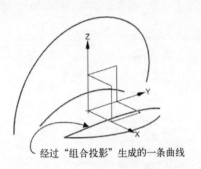

图 3-71　组合投影得到新曲线

步骤 6　沿着 XC 轴负方向创建两条直线。

① 在功能区的"曲线"选项卡的"曲线"组中单击"直线"按钮╱，弹出"直线"对话框。

② 从"开始"选项组的"起点选项"下拉列表框中选择"点"选项，选择草图 1 曲线的一个端点作为新直线的起点；从"结束"选项组的"终点选项"下拉列表框中选择"xc 沿 XC"；在"支持平面"选项组的"平面选项"下拉列表框中选择"自动平面"；在"限制"选项组的"起始限制"下拉列表框中选择"在点上"选项，起点限制距离值为"0"，从"终止限制"下拉列表框中选择"值"选项，设置终止限制距离值为"-20"，如图 3-72 所示。然后单击"应用"按钮，完成绘制一条直线对象。

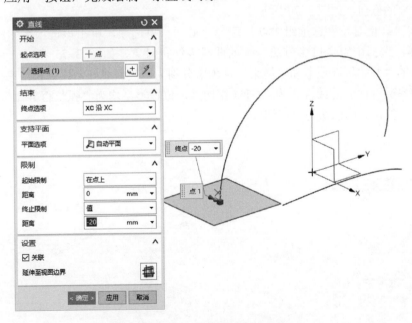

图 3-72　绘制一条直线对象（直线 1）

3️⃣ 使用与步骤 6 相同的方法绘制另一条直线对象，如图 3-73 所示。

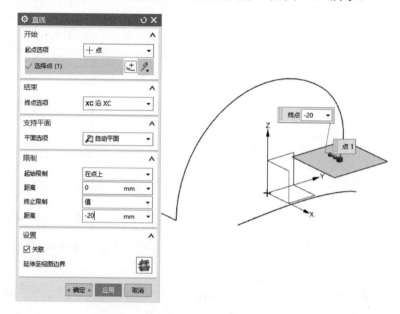

图 3-73　绘制另一条直线对象（直线 2）

4️⃣ 在"直线"对话框中单击"确定"按钮。

步骤 7　创建桥接曲线 1。

1️⃣ 在功能区的"曲线"选项卡的"派生曲线"组中单击"桥接曲线"按钮 ∿，打开"桥接曲线"对话框。

2️⃣ 在"起始对象"选项组中选择"截面"单选项，选择直线 1 作为起始对象，并注意设置起始对象的方向，如图 3-74 所示。

3️⃣ 在"终止对象"选项组中默认选择"截面"单选项，单击该选项组中的"选择曲线"按钮 ⊡，选择由组合投影方法产生的曲线为终止对象，如图 3-75 所示。利用"连续性"选项组的"开始"选项卡和"结束"选项卡分别为桥接曲线开始位置和结束位置设定连续性选项和参数。两者连续性均为"G1（相切）"，位置类型均为"弧长百分比"，弧长百分比的值均为"0"，方向也均为"相切"。

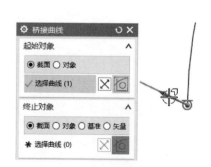

图 3-74　指定起始对象

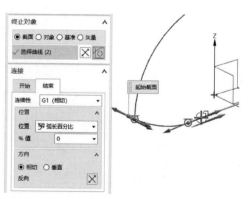

图 3-75　指定终止对象

4 在"形状控制"选项组的"方法"下拉列表框中选择"相切幅值"选项,开始值为"1",结束值为"1.5",如图 3-76 所示。

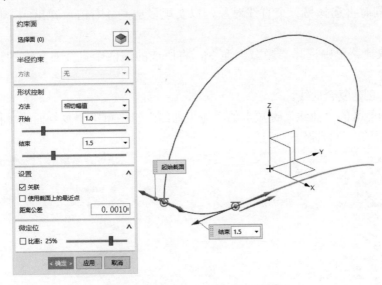

图 3-76 设置形状控制选项及其参数等

5 单击"确定"按钮,完成创建桥接曲线 1。

步骤 8 创建桥接曲线 2。

使用和步骤 7 相同的方法创建桥接曲线 2。桥接曲线 2 分别与开始对象和终止对象在端点处相切,其形状控制方法为"相切幅值",开始值为"1",结束值为"1.5",如图 3-77 所示。

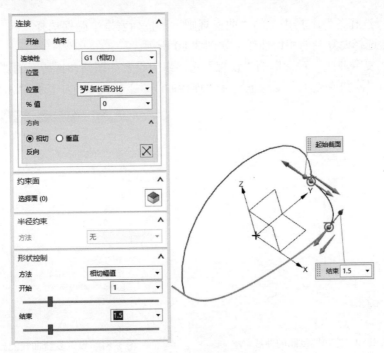

图 3-77 创建桥接曲线 2

步骤9 隐藏两个直线对象。

在部件导航器的模型历史记录下选择两个直线对象（选择其中一个直线对象后，按〈Shift〉键的同时再选择另一个直线对象，以实现多选）并右击，弹出一个快捷菜单，如图 3-78 所示。

从快捷菜单中选择"隐藏"命令，将所选的这两个直线对象在图形窗口中隐藏起来。

步骤10 创建复合曲线。

在功能区的"曲线"选项卡的"派生曲线"组中单击"复合曲线"按钮，弹出如图 3-79 所示的"复合曲线"对话框。

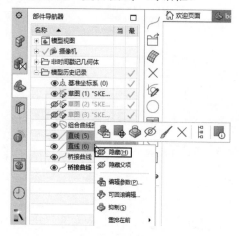

图 3-78 选择要隐藏的两个直线对象

图 3-79 "复合曲线"对话框

在"选择条"工具栏中的"曲线规则"下拉列表框中确保选择"相切曲线"，在图形窗口中单击选择要复制的相切曲线，如图 3-80 所示。

在"复合曲线"对话框的"设置"选项组中设置如图 3-81 所示的选项，选中"关联"复选框和"隐藏原先项"复选框，从"连接曲线"下拉列表框中选择"常规"选项。

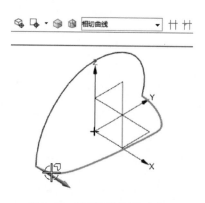

图 3-80 选择要复制的曲线

图 3-81 设置复合曲线的相关选项

④ 在"复合曲线"对话框中单击"确定"按钮。

步骤 11 创建镜像曲线。

① 在功能区的"曲线"选项卡的"派生曲线"组中单击"镜像曲线"按钮 ，弹出"镜像曲线"对话框。

② 选择步骤 10 刚创建的复合曲线作为要镜像的曲线。

③ 在"镜像平面"选项组的"平面"下拉列表框中选择"现有平面"选项，单击"平面或面"按钮 ，选择 *YZ* 面作为镜像对称面，如图 3-82 所示。

④ 在"设置"选项组中选中"关联"复选框，从"输入曲线"下拉列表框中选择"保留"选项。

⑤ 在"镜像曲线"对话框中单击"确定"按钮，镜像曲线的结果如图 3-83 所示。

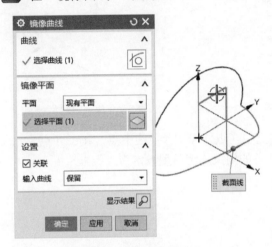

图 3-82 指定镜像平面

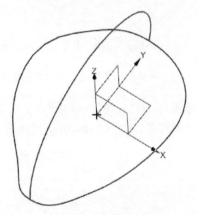

图 3-83 镜像曲线的结果

步骤 12 创建两个点对象。

① 在功能区的"曲线"选项卡的"曲线"组中单击"点"按钮 ，弹出"点"对话框。

② 从"类型"下拉列表框中选择"交点"选项，在图形窗口中选择 *XZ* 面（*XC-ZC* 面），单击鼠标中键以切换到下一个选择状态，选择如图 3-84 所示的曲线作为要相交的曲线。

③ 确保"偏置选项"为"无"，选中"关联"复选框，单击"应用"按钮，从而创建第一个点对象（点 1）。

④ 使用同样的方式，在 *YZ* 面另一侧的曲线上创建第二个点对象（点 2），该点由该曲线与 *XZ* 面相交而产生，如图 3-85 所示。

步骤 13 通过指定点创建艺术样条。

① 在功能区的"曲线"选项卡的"曲线"组中单击"艺术样条"按钮 ，弹出"艺术样条"对话框。

② 在"类型"选项组的下拉列表框中选择"通过点"选项。

③ 在上边框条的"选择条"工具栏中确保选中"现有点"命令 和"中点"命令 。

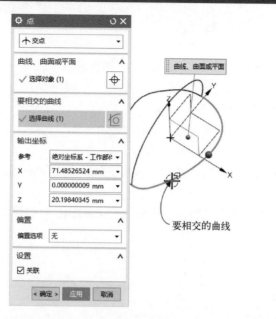

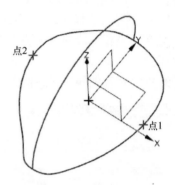

图 3-84　为交点1选择要相交的曲线　　　　图 3-85　完成创建两个对象

4 单击"视图"按钮，依次指定点 A（点 1）、B（曲线中点）和 C（点 2）来创建一条艺术样条，如图 3-86 所示，该艺术样条的约束连续类型设定为"无"。

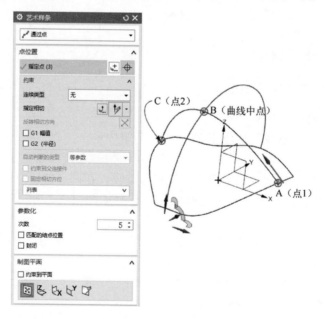

图 3-86　指定 3 点创建一条艺术样条曲线

5 在"艺术样条"对话框中单击"确定"按钮。

步骤 14　保存文件。

在"快速访问"工具栏中单击"保存"按钮，或者按〈Ctrl+S〉快捷键，从而将该文件保存。

3.5　本章小结与经验点拨

在 NX 中，曲线绘制功能是很强大的，除了平面曲线功能外，还包括在模型空间中创建 3D 曲线的功能。本章首先介绍了如何创建常见的曲线特征，接着介绍了多种派生曲线的创建方法，以及介绍了编辑曲线的基础，最后介绍了一个 3D 曲线综合设计范例。

常见的曲线特征主要包括点、直线、圆弧、圆、艺术样条、螺旋线、曲面上的曲线、一般二次曲线、规律曲线、拟合曲线和文本等。派生曲线创建工具命令有"偏置曲线""投影曲线""组合投影""相交曲线""桥接曲线""等参数曲线""镜像曲线""截面曲线""缠绕/展开曲线"和"在面上偏置曲线""复合曲线""缩放曲线"等。在编辑曲线一节中，介绍了"修剪曲线""曲线长度""光顺样条""模板成型""分割曲线""编辑曲线参数"等实用知识。

读者要认真学习好本章的知识，尤其要掌握一些常见基本曲线、各类派生曲线的绘制方法，以便为后面学习曲面设计打下扎实基础。这是因为曲线在曲面设计中是很重要的，有时曲线质量的好坏直接影响着曲面质量的好坏。对于一些常见的基本曲线，要掌握在创建过程中设置支持平面的方法和技巧，以让该基本曲线位于所要求的平面上。这些都是经验之谈。

3.6　思考练习

1）如何在空间建立直线特征？

2）简述螺旋线创建方法及步骤，可以举例进行说明。

3）如何创建文本曲线？

4）在创建艺术样条的过程中应该要注意哪些细节方面？

5）派生曲线主要包括哪些？请总结如何创建这些派生的曲线。

6）"投影曲线"与"组合投影"命令在功能上有什么异同之处？

7）想一想在本章学习了哪些用于编辑曲线的命令？

8）上机操作：要求在 *XC-YC* 面和 *YC-ZC* 面上各创建一个圆弧特征，如图 3-87 所示。然后在这两条圆弧曲线之间创建桥接曲线，再使用"复合曲线"命令复制整条连接曲线且隐藏原来的曲线，效果如图 3-88 所示。最后将连接曲线分割成 3 部分，还可进行延伸曲线长度练习。

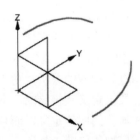

图 3-87　创建两个圆弧特征

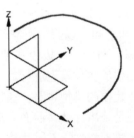

图 3-88　创建复合曲线

第4章 基准特征与实体建模基础

本章导读:

> NX 具有强大的三维实体建模功能。
>
> 本章先概括性地介绍实体建模的应用概念,接着分别介绍基准特征、体素特征、拉伸特征、旋转特征、扫掠特征和布尔操作,最后介绍一个综合范例以使读者更好地掌握实体建模的一般思路、方法与设计技巧等。

4.1 实体建模应用概念

在 NX 中,提供了强大的实体建模功能。用户可以使用 NX 灵活地进行实体建模工作,包括创建所需要的基准特征(基准特征通常用来辅助创建和定位其他特征)、设计特征和细节特征等。

设计特征包括体素特征、拉伸特征、旋转特征和标准成形特征等。体素特征是一个基本解析形状的实体对象,它本质上是可分析的,常用来作为实体建模的初期"毛坯"形状。此类特征的创建方法较为简单,即只需要根据提示输入相关参数即可建立模型,故其建模效率较高。常见的体素特征有长方体、圆柱体、圆锥和球体等。而标准成形特征主要包括孔、凸起、偏置凸起、槽、筋板、螺纹、晶格和连接晶格等。

细节特征需要在已有模型基础上才能创建,包括各类倒圆、拐角、倒斜角、拔模和拔模体等特征。

在 NX 中构建实体对象的方法很多。例如,通过拉伸、旋转或扫掠草图可以以专门方式创建具有复杂几何体的实体关联特征,使用体素特征工具也可以创建一些简单的几何实体(如长方体、圆柱体、球体和圆锥体等),可以根据设计需要在实体特征或实体模型上创建一些标准成形特征(如孔、腔体、垫块和键槽等),也可以对相关几何体进行布尔组合操作(求交、求差和求和)以获得所需的实体模型效果,并可以设计模型的实体精细结构(如边缘倒角、倒圆、面倒圆、拔模和偏置等)。在 NX 中创建好所需的三维实体造型和结构之后,可以对创建的实体模型进行渲染和修饰,对三维模型进行相应的分析、仿真模拟等,这些可谓是实体建模的典型思路。在建模之前应该根据设计要求定义建模策略,分析模型要采用实体形式还是采用片体(曲面)形式。实体提供体积和质量的明确定义,而片体(曲面)则没有质量等物理特性,不过片体(曲面)可以用作实体模型的修剪工具等。通常大多数模型首选实体形式来建模。

对于初学者,还要大致了解 NX 的以下两种建模模式。在 NX 中已经弱化了"无历史记录"模式,例如,对于利用 NX 建立的新文档,只提供"历史纪录"模式,而不提供转换为"无历史纪录"模式的工具命令,但对于以往使用无历史纪录的旧版本文档,还是提供了转换工具命令。

● "历史记录"模式:"历史记录"模式利用显示在部件导航器中的有次序的特征线性树来建立与编辑模型,尤其适用于创新产品中的部件设计。如果预计到参数会发生更改,可使用"历史记录"模式对部件进行建模工作。"历史记录"模式是在 NX 中进行设计的主要模式。在"历史记录"模式下工作,创建特征时系统会保持它们之间的参数关联。例如,在创建草图并拉伸它时,系统会保持从草图到拉伸特征的关联。

● "无历史记录"模式:"无历史记录"模式提供了一种没有线性历史的设计方法,仅强调修改模型的当前状态,并用同步关系维护存在于模型中的几何条件,特征操作历史将不被储存。"无历史记录"模式适用于概念设计,例如,在模型设计时不知道可能会发生哪些类型的更改。通常,在以往的 NX 版本中,此模式与同步建模命令结合使用。

4.2 基准特征

基准特征主要用来为其他特征提供放置和定位参考。基准特征主要包括基准平面、基准轴、基准坐标系和基准点等。由于基准点的相应创建工具("点"命令 ╋ 用于创建点对象,"点集"命令 ⁺₊ 用于使用现有几何体创建点集)在第 3 章中已经介绍过,这里不再赘述。

4.2.1 基准平面

在设计过程中,时常需要创建一个新的基准平面,用于构造其他特征。

要创建新基准平面,可以在功能区的"主页"选项卡的"特征"组中单击"基准平面"按钮 ◇,弹出如图 4-1 所示的"基准平面"对话框。可根据设计需要,指定类型选项、参考对象、平面方位和关联设置等(具体定义内容会因类型选项不同而有所不同),即可创建一个新的基准平面。

在"基准平面"对话框的"类型"下拉列表框中提供了如图 4-2 所示的类型选项,包括"自动判断""按某一距离""成一角度""二等分""曲线和点""两直线""相切""通过对象""点和方向""曲线上""YC-ZC 平面""XC-ZC 平面""XC-YC 平面""视图平面"和"按系数"等。当选择"自动判断"选项时,NX 软件系统将根据选择的对象自动判断新基准平面的最适合的可能约束关系。

4.2.2 基准轴

基准轴也是一种较为常见的基准特征。在构造某些特征时,可能需要准备一条合适的基准轴。下面概括性地介绍创建基准轴的一般方法和步骤。

① 在功能区的"主页"选项卡的"特征"组中单击"基准轴"按钮 ↗,打开如图 4-3 所示的"基准轴"对话框。

② 在"类型"选项组的下拉列表框中选择所需要的一个类型选项,如"自动判断""交点""曲线/面轴""曲线上矢量""XC 轴""YC 轴""ZC 轴""点和方向"或"两点",系

统初始默认的类型选项为"自动判断"。如果在该下拉列表框中选择"显示快捷方式"选项，则"类型"选项组以快捷按钮图标的方式显示类型选项，如图4-4所示。

图4-1 "基准平面"对话框

图4-2 用于创建基准平面的类型选项

图4-3 "基准轴"对话框

图4-4 显示快捷键

③ 选定所需的类型选项后，可能还需要进行定义轴的对象和轴方位等操作（类型不同，则需要定义的内容也将不同）。例如，从"类型"下拉列表框中选择"两点"类型选项时，需要分别指定出发点和目标点（终止点）来定义轴，并可以视设计要求或实际情况在"轴方位"选项组中单击"反向"按钮⊠来反向默认的轴方位；而如果从"类型"下拉列表框中选择"XC 轴"类型选项，则沿 *XC* 轴创建基准轴，此时也可进行反向轴方位设置。另外，在"设置"选项组中设置"关联"复选框的状态。

④ 在"基准轴"对话框中单击"应用"按钮或"确定"按钮，完成新基准轴特征的创建。

在如图4-5所示的示例中，为通过指定的两点创建一条基准轴。

4.2.3 基准坐标系

创建基准坐标系的步骤如下。

① 在功能区的"主页"选项卡的"特征"组中单击"基准坐标系"按钮，弹出如图4-6所示"基准坐标系"对话框。

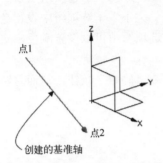

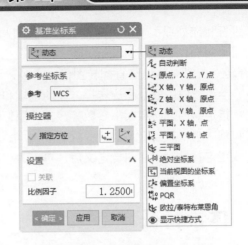

图 4-5　通过两点创建基准轴的示例　　　　图 4-6　"基准坐标系"对话框

② 在"类型"选项组的下拉列表框中选择一种所需的类型选项，如"动态""自动判断""原点，X 点，Y 点""X 轴，Y 轴，原点""Z 轴，X 轴，原点""Z 轴，Y 轴，原点""平面，X 轴，点""平面，Y 轴，点""三平面""绝对坐标系""偏置坐标系""当前视图的坐标系""PQR"或"欧拉/泰特布莱恩角"。根据所选类型选项，进行相关设置。

③ 在"基准坐标系"对话框中单击"应用"按钮或"确定"按钮。

4.2.4　光栅图像

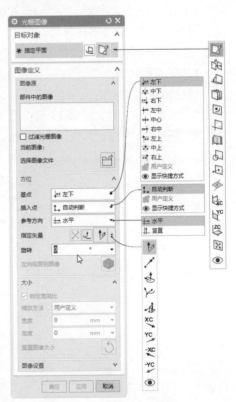

　　在某些设计场合，可以将光栅图像导入到模型中以辅助设计模型。可用光栅图像的文件类型包括 JPG 文件（*.jpg）、JPEG 文件（*.jpeg）、PNG 文件（*.png）、ALDUS TIFF 文件（*.tif）和 TIFF 文件（*.tiff）等。要将光栅图像导入到模型中，可在功能区的"主页"选项卡的"特征"组中单击"光栅图像"按钮 ，弹出如图 4-7 所示的"光栅图像"对话框，利用"目标对象"选项组的工具和选项指定放置光栅图像的平面，在"图像定义"选项组中进行光栅图像定义操作，包括加载和选择所需光栅图像，定义方位、大小和设置其他的图像内容。

　　在"图像定义"选项组中，如果"部件中的图像"列表框中没有提供要插入的图像供选择，可以单击"浏览"按钮 ，利用弹出的"打开光栅图像文件"对话框选择所需要的光栅图像文件打开（加载）。返回到"光栅图像"对话框，所打开的图像文件的名称将显示在"当前图像"行中。当选择部件中的图像或打开（加载）当前图像时，在"图像定义"选项组中将出现一个"预览"复选框，选中此

图 4-7　"光栅图像"对话框

"预览"复选框可以在对话框中预览所选的图像，并可以利用在预览框右侧出现的相关按钮

对图像进行相应处理：单击"向左旋转"按钮可将图像逆时针旋转 90°；单击"向右旋转"按钮可将图像顺时针旋转 90°；单击"水平翻转"按钮可以水平翻转图像；单击"竖直翻转"按钮可以竖直翻转图像。另外，用户可以在"方位"子选项组中设置基点、插入点、参考方向、矢量和旋转等方面的选项和参数，在"大小"子选项组中设置是否锁定宽高比，指定缩放方向和大小参数等，在"图像设置"子选项组中可以设置颜色模式、透明度方式和总透明度参数值。

完成指定目标对象和图像定义后，单击"应用"按钮或"确定"按钮，从而将图像插入到模型中的指定平面内。

4.3　体素特征

体素特征包括长方体、圆柱体、圆锥体和球体等，它是一个基本解析形式的实体对象。通常在设计初期首先创建一个体素特征作为模型毛坯。

4.3.1　长方体

在功能区的"主页"选项卡的"特征"组中单击"更多"|"长方体"按钮，打开如图 4-8 所示的"块（长方体）"对话框。在该对话框的"类型"选项组的下拉列表框中，提供了长方体体素特征的 3 种创建类型，即"原点和边长""两点和高度"和"两个对角点"。指定类型选项并定义相关的参照及尺寸等内容后，在"预览"选项组中单击"显示结果"按钮，可以在绘图区域查看长方体预览效果，此时如果想取消预览结果，可单击出现的"撤销结果"按钮。

1. 原点和边长

通过指定原点和边长（长度、宽度和高度）来创建长方体。例如，指定原点位置位于绝对坐标"（0,0,0）"处，分别输入长度为"88"，宽度为"88"，高度为"150"，单击"长方体"对话框中的"确定"按钮，创建的长方体如图 4-9 所示。

图 4-8　"块"对话框

图 4-9　创建的长方体

2. 两点和高度

选择"两点和高度"选项时，通过指定两点和设置高度来创建长方体。图 4-10 所示为分别指定两点和设置高度尺寸后，在"预览"选项组中单击"显示结果"按钮![图标]得到的预览效果。

3. 两个对角点

可以通过指定两个对角点来创建长方体，如图 4-11 所示。

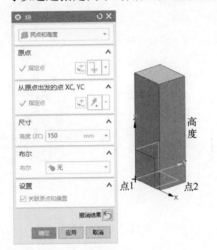

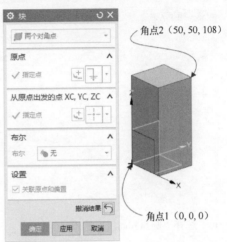

图 4-10　通过"两点和高度"方式创建长方体　　　图 4-11　通过"两个对角点"创建长方体

4.3.2　圆柱体

在功能区"主页"选项卡的"特征"组中单击"更多"|"圆柱"按钮![图标]，打开"圆柱"对话框。该对话框的"类型"下拉列表框中提供了两种创建圆柱体的方式，即"轴、直径和高度"和"圆弧和高度"。

1. 轴、直径和高度

选择"轴、直径和高度"选项时，需要指定轴矢量及圆柱体基点放置位置，并设置直径尺寸和高度尺寸等，如图 4-12 所示。

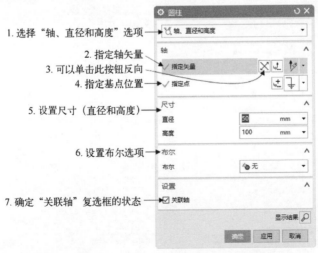

图 4-12　通过"轴、直径和高度"选项创建圆柱体

2．圆弧和高度

选择"圆弧和高度"选项后，"圆柱"对话框中的内容如图 4-13 所示，需要选择所需的圆弧，并设置高度尺寸等。如图 4-14 所示（典型示例），选择圆弧，并设置高度尺寸，便可创建所需的一个圆柱体。

图 4-13　选择"圆弧和高度"选项时

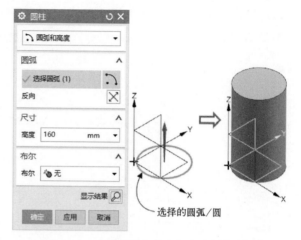

图 4-14　由"圆弧和高度"方式创建圆柱体

4.3.3　圆锥

在功能区的"主页"选项卡的"特征"组中单击"更多"|"圆锥"按钮，打开如图 4-15 所示的"圆锥"对话框。在该对话框的"类型"下拉列表框中提供了多种创建圆锥体的方式，即"直径和高度""直径和半角""底部直径，高度和半角""顶部直径，高度和半角"和"两个共轴的圆弧"。

1．直径和高度

选择"直径和高度"选项定义圆锥体，需要定义轴（包括矢量、方向和放置原点），指定底部直径、顶部直径和高度尺寸。采用此方式创建圆锥台的示例如图 4-16 所示。在该示例

图 4-15　"圆锥"对话框

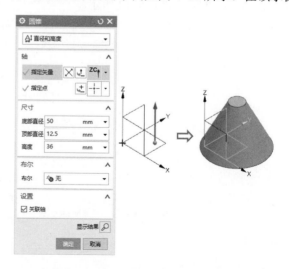

图 4-16　采用"直径和高度"方式创建圆锥体/圆锥台

中，选择"ZC 轴"图标选项 ^{ZC}↑ 定义矢量，单击"指定点"右侧的"点构造器"按钮 打开"点"对话框，选择"光标位置"选项并通过鼠标单击的方式指定圆锥台的原点位置，单击"点"对话框中的"确定"按钮后，在"圆锥"对话框中分别设置底部直径、顶部直径和高度值，然后单击"应用"按钮创建圆锥台。

2．直径和半角

选择"直径和半角"选项定义圆锥体，需要定义轴（包括矢量、方向和放置原点），指定底部直径、顶部直径和半角尺寸。

3．底部直径，高度和半角

选择"底部直径，高度和半角"选项定义圆锥体，需要定义轴（包括矢量、方向和放置原点），指定底部直径、高度和半角尺寸。

4．顶部直径，高度和半角

选择"顶部直径，高度和半角"选项定义圆锥体，需要定义轴（包括矢量、方向和放置原点），指定顶部直径、高度和半角尺寸。

5．两个共轴的圆弧

选择"两个共轴的圆弧"选项定义圆锥体，需要指定圆锥的底部圆弧和顶部圆弧，如图 4-17 所示。采用该方式创建圆锥台的示例如图 4-18 所示，只需选择两个圆弧即可创建圆锥台实体。

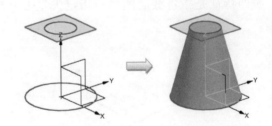

图 4-17　选择"两个共轴的圆弧"选项　　　　图 4-18　采用"两个共轴的圆弧"方式创建圆锥台

4.3.4　球体

要创建球体，可在功能区的"主页"选项卡的"特征"组中单击"更多"|"球体"按钮 ，系统弹出"球"对话框。在该对话框的"类型"下拉列表框中提供了创建球体的两种方式（类型），即"中心点和直径"和"圆弧"。

1．中心点和直径

选择"中心点和直径"选项，需要指定中心点和直径尺寸，如图 4-19 所示。

2．圆弧

选择"圆弧"选项，需要在绘图区域选择已有圆弧来创建球体，如图 4-20 所示。

图 4-19　选择"中心点和直径"选项

图 4-20　选择"圆弧"选项

4.4　拉伸特征与旋转特征

在实体建模设计中，经常要创建拉伸特征与旋转特征。本节介绍这两个常用特征的创建方法和步骤。

4.4.1　拉伸

拉伸特征是指将截面图形沿指定矢量方向拉伸一段距离所创建的特征，如图 4-21 所示。

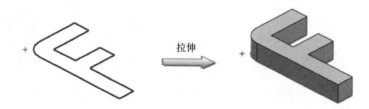

图 4-21　创建拉伸特征的典型示例

要创建拉伸特征，可在功能区的"主页"选项卡的"特征"组中单击"拉伸"按钮，打开如图 4-22 所示的"拉伸"对话框。

利用"拉伸"对话框创建实体特征，通常需要进行以下几个方面的操作。

1. 定义截面

"截面线"选项组中的"选择曲线"按钮处于被选中的状态时，在图形窗口中选择要拉伸的截面曲线。

若所需的截面曲线不存在，则在"截面线"选项组中单击"绘制截面"按钮，弹出

"创建草图"对话框,定义草图平面和草图方向等,单击"确定"按钮,进入草图模式绘制剖面。

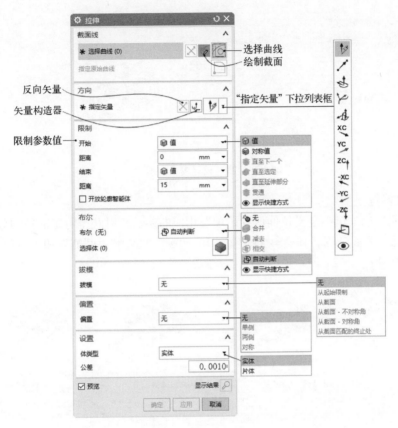

图 4-22 "拉伸"对话框

2. 定义方向

可以采用自动判断的矢量,或者通过"指定矢量"下拉列表框的相应选项来定义方向矢量,也可以根据实际设计情况单击"矢量构造器"按钮，利用打开的"矢量"对话框来定义矢量。如果单击"反向"按钮，则反转拉伸矢量方向。

3. 设置拉伸限制的参数值

在"限制"选项组中设置用于拉伸限制的相关参数值,包括分别设置拉伸的开始值和结束值。

4. 布尔运算

在"布尔"选项组中,设置拉伸操作所创建的实体与原有实体之间的布尔运算。可供选择的布尔运算选项包括"自动判断""无""合并(求和)""减去(求差)"和"相交(求交)"。

5. 定义拔模

在"拔模"选项组中,可以设置在拉伸时进行拔模处理。"拔模"下拉列表框中可供选择的选项包括"无""从起始限制""从截面""从截面-不对称角""从截面-对称角"和"从截面匹配的终止处"。拔模的角度参数可以为正,也可以为负。

例如，在"拔模"下拉列表框中选择"从起始限制"选项，并设置角度值为"8°"，确认后注意观察预览效果，如图 4-23 所示。

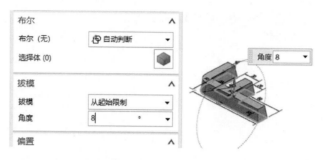

图 4-23　设置拔模的示例

6．定义偏置

在"偏置"选项组中定义拉伸偏置选项及相应的参数，以获得特定的拉伸效果。下面以结果图例对比的方式让读者体会 4 种偏置选项（"无""单侧""两侧"和"对称"）的差别效果，如图 4-24 所示。

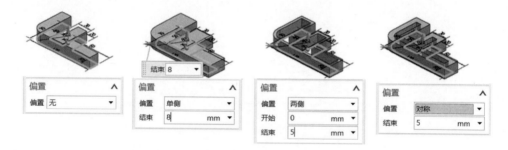

图 4-24　定义偏置的几种情况

7．体类型

在"设置"选项组的"体类型"下拉列表框中选择"实体"或"片体"，以设置所生成的特征体类型是实体或片体曲面。实体和片体的效果对比如图 4-25 所示。如果截面曲线图形是断开的线段，而偏置选项同时又被设置为"无"，那么创建的拉伸体为片体。

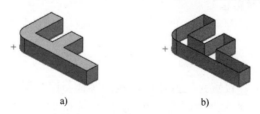

a)　　　　　　　　　　　　b)

图 4-25　实体和片体效果对比

a) 实体　b) 片体

8．使用预览

在"预览"选项组中，选中"预览"复选框可以在拉伸操作过程中动态预览拉伸特征。如果单击"显示结果"按钮🔎，则可以观察到最后完成的实体模型效果。

除了以上几点，读者还需要注意可以在"设置"选项组中设置拉伸特征公差。

4.4.2 旋转

扫码观看视频

旋转特征又称回转特征，它是指将截面线圈围绕指定的一根轴线旋转一定角度所生成的特征，如图 4-26 所示。

在功能区的"主页"选项卡的"特征"组中单击"旋转"按钮，打开如图 4-27 所示的"旋转"对话框。该对话框和 4.4.1 节介绍的"拉伸"对话框很相似，两者的操作方法基本相同，在这里就不再仔细介绍"旋转"对话框的相关功能了。下面以图 4-26 所示的示例介绍创建旋转特征的典型步骤。

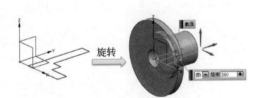

图 4-26　创建旋转特征的典型示例　　　　图 4-27　"旋转"对话框

步骤 1　新建所需的文件。

1️⃣ 按〈Ctrl+N〉快捷键，打开"新建"对话框。

2️⃣ 在"模型"选项卡的"模板"列表中选择名称为"模型"的模板，在"新文件名"选项组的"名称"文本框中输入"bc_4_hz.prt"，并指定要保存到的文件夹。

3️⃣ 在"新建"对话框中单击"确定"按钮。

步骤 2　创建旋转特征。

1️⃣ 在功能区的"主页"选项卡的"特征"组中单击"旋转"按钮，打开"旋转"对话框。

2️⃣ 在"旋转"对话框的"截面线"选项组中单击"绘制截面"按钮，弹出如图 4-28 所示的"创建草图"对话框。

③ 从"草图类型"下拉列表框中选择"在平面上"选项，从"平面方法"下拉列表框中选择"自动判断"，在图形窗口中选择 XC-YC 平面，在"创建草图"对话框中单击"确定"按钮。

④ 确保"轮廓"按钮 处于被选中的状态，绘制如图 4-29 所示的闭合图形。绘制好图形后，单击"草图"按钮 。

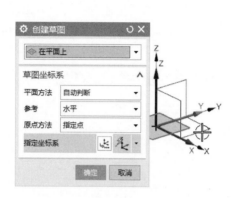

图 4-28 "创建草图"对话框

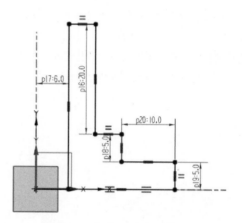

图 4-29 绘制闭合的旋转剖面

⑤ 在"轴"选项组的"指定矢量"下拉列表框中选择"自动判断的矢量"图标选项 ，在图形窗口中选择 Y 轴指定矢量，即设置 YC 轴作为旋转轴，并指定坐标原点作为轴点参考。

⑥ 在"限制"选项组中，设置开始角度值为"0"，结束角度值为"360"。"偏置"和"设置"选项组等接受默认值，如图 4-30 所示。

⑦ 在"旋转"对话框中单击"确定"按钮，创建的旋转实体特征如图 4-31 所示。

图 4-30 相关参数设置

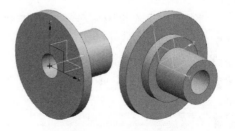

图 4-31 创建的旋转实体

4.5 扫掠特征

扫掠特征在设计中也较为常见。扫掠工具命令主要包括"扫掠"按钮 、"变化扫掠"按钮 、"沿引导线扫掠"按钮 、"管道"按钮 和"扫掠体"按钮 。注意：有些形状的实体可以使用不同的扫掠工具命令来完成，这就要求用户能够灵活使用。

4.5.1 基本扫掠

创建基本扫掠特征是指通过沿一个或多个引导线扫掠截面来创建特征，在特征创建过程中可以使用各种有效方法控制沿着引导线的截面形状。所述的引导线有时也被称为路径。

扫码观看视频

基本扫掠特征的创建示例如图 4-32 所示。

图 4-32 创建基本扫掠特征的示例

在功能区的"主页"选项卡的"特征"组中单击"更多"|"扫掠"按钮 ，打开如图 4-33 所示的"扫掠"对话框。从该对话框中可以看出，创建该类扫描特征需要指定截面、引导线（最多 3 条）、截面选项（内容包括截面位置、对齐方法、定位方法和缩放方法）等，如果需要可以选择曲线作为脊线。注意用于定义截面位置的选项有"沿引导线任何位置"和"引导线末端"。

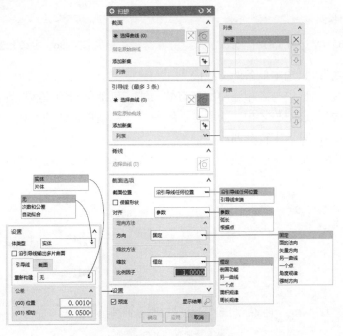

图 4-33 "扫掠"对话框

在绘图区域选择截面或引导线时，需要特别注意选择技巧。例如，选择扫掠截面后在"引导线（最多3条）"选项组中单击"选择曲线"按钮以激活引导线选择状态，此时为了正确选择所需的曲线作为引导线，可以在"选择条"工具栏中的"曲线规则"下拉列表框中选择合适的选项，如"单条曲线""相连曲线""相切曲线""特征曲线""面的边""片体边""区域边界曲线""组中的曲线"等，如图4-34所示，然后在图形窗口中单击所需的曲线来完成曲线选择。如果从"曲线规则"下拉列表框中选择了"单条曲线"选项，此时在图形窗口中单击整个曲线其中的一段（假设该曲线由多段组成），如图4-35所示，则会出现快捷符号按钮，单击快捷符号按钮，将弹出如图4-36所示的菜单，可以选择以下一种选项来定义所需要的曲线。

图4-34　使用"选择条"工具栏中的"曲线规则"下拉列表框

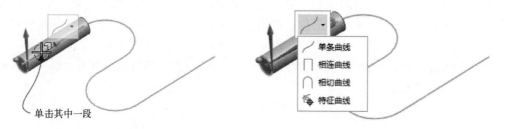

图4-35　单击曲线的一部分 　　　　　　　 图4-36　定义所选曲线

- "单条曲线"：只选中单条的曲线段。
- "相连曲线"：选中与之相连的所有有效曲线（包括单击的曲线段在内）。
- "相切曲线"：选中与之相切的所有连续曲线（包括单击的曲线段在内）。
- "特征曲线"：只选中特征曲线。

如图4-37所示，给出了引导线选择设置的两种情况。练习文件为"bc_4_sl.prt"。

a)　　　　　　　　　　　　　　　　　　　b)

图4-37　引导线设置不同的两种扫描结果

a) 单条曲线　b) 相切曲线

4.5.2　沿引导线扫掠

"沿引导线扫掠"命令可通过沿指定的引导线扫掠截面来创建特征。引导线可以是多段光滑连接的，也可以是具有尖角的，但具有过小尖角（如某些锐角）的引导线可能会导致无法创建扫掠体。如果引导线为开放的（具有开口的），为了防止可能出现预料不到的扫掠结果，最好将截面线圈绘制在引导线开口端。沿引导线扫掠的典型示例如图 4-38 所示。

扫码观看视频

图 4-38　沿导引线扫掠的典型示例

沿引导线扫掠创建实体的操作方法及步骤如下。读者可以使用"bc_4x_yydxsl.prt"部件文件按照同样方法步骤进行相应的操作练习。

1 在功能区的"主页"选项卡的"特征"组中单击"更多"|"沿引导线扫掠"按钮，打开如图 4-39 所示的"沿引导线扫掠"对话框。

2 在图形窗口中选择曲线链定义截面。

3 在"引导"选项组中单击"曲线"按钮，借助设定的曲线规则选项来选择要作为引导线的曲线链。

4 在"偏置"选项组中分别输入"第一偏置"和"第二偏置"参数值。例如，在如图 4-40 所示的示例中，设置合适的偏置值后，通过动态预览可以看出该扫掠特征将形成中空形状。另外，在"设置"选项组中可以设置"体类型"（实体或片体）、尺寸链公差和距离公差。

图 4-39　"沿引导线扫掠"对话框

图 4-40　设置偏置值

⑤ 在"沿引导线扫掠"对话框中单击"应用"按钮或"确定"按钮,完成该扫掠特征的创建工作。

4.5.3 变化扫掠

扫码观看视频

"变化扫掠"命令可通过沿路径扫掠横截面来创建特征体,此时横截面形状沿路径改变。创建可变扫掠特征的示例如图 4-41 所示。

下面通过一个典型操作实例介绍如何创建变化截面的扫掠特征。

步骤 1 新建所需的文件。

① 按〈Ctrl+N〉快捷键,打开"新建"对话框。

② 在"模型"选项卡的"模板"列表中选择名称为"模型"的模板,在"新文件名"选项组的"名称"文本框中输入"bc_4x_bhsl.prt",并指定要保存到的文件夹。

③ 在"新建"对话框中单击"确定"按钮。

步骤 2 绘制一条将作为扫掠轨迹的曲线。

① 在功能区的"主页"选项卡的"直接草图"组中单击"草图"按钮 ,弹出"创建草图"对话框。

② 从"创建草图"对话框的"草图类型"下拉列表框中选择"在平面上"选项,从"平面方法"下拉列表框中选择"自动判断"选项,选择 *XY* 平面定义草图平面。

③ 在"创建草图"对话框中单击"确定"按钮,进入直接草图模式。

④ 绘制如图 4-42 所示的曲线,该曲线各相邻段相切,注意相关的约束关系。单击"完成草图"按钮 。

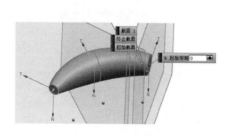

图 4-41 变化扫掠

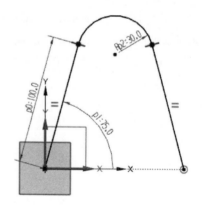

图 4-42 绘制草图

步骤 3 创建可变截面的扫掠特征。

① 在功能区的"主页"选项卡的"特征"组中单击"更多"|"变化扫掠"按钮 ,系统弹出如图 4-43 所示的"变化扫掠"对话框。

② 如果 NX 默认选中先前绘制的曲线链作为截面线,那么此时可以在按住〈Shift〉键的同时单击该曲线链以取消选中该曲线链。在"截面线"选项组中单击"绘制截面"按钮 ,系统弹出"创建草图"对话框,选择之前绘制的曲线链作为相切连续路径。在"创建草图"对话框的"平面位置"选项组中,从"位置"下拉列表框中选择"弧长百分比","弧长百分

比"值设为"0",从"平面方位"选项组的"方向"下拉列表框中选择"垂直于路径",如图 4-44 所示。

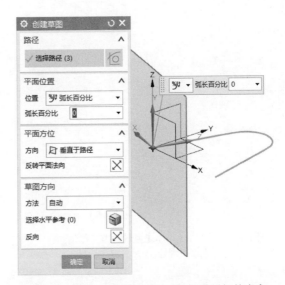

图 4-43 "变化扫掠"对话框   图 4-44 通过"创建草图"对话框设置相关内容

知识点拨: "平面位置"选项组的"位置"下拉列表框提供的选项有"弧长百分比""弧长"和"通过点"。"弧长百分比"选项用于将位置定位为曲线长度的百分比,"弧长"选项用于沿曲线的距离定义位置,"通过点"选项用于沿曲线的指定点定义位置。

③ 在"创建草图"对话框中单击"确定"按钮。

④ 绘制如图 4-45 所示的圆,并确保标注其直径尺寸(标注其直径尺寸很重要,可以单击"快速尺寸"按钮 或"径向尺寸"按钮 进行标注),然后单击"完成草图"按钮 。

⑤ 按<End>键快速调整模型视角,此时"变化扫掠"对话框和特征预览如图 4-46 所示。注意在"设置"选项组中要选中"显示草图尺寸"复选框,需要时还可以选中"尽可能合并面"复选框。

在"变化扫掠"对话框中展开"辅助截面"选项组,单击"添加新集"按钮 ,添加一个辅助截面集,从"定位方法"下拉列表框中选择"通过点"选项,在曲线链中选择如图 4-47 所示的一个中间点(即相邻直线和圆弧的一个重合点)。

⑥ 再次单击"添加新集"按钮 来添加一个新的辅助截面集。同样从"定位方法"下拉列表框中选择"通过点"选项,在曲线链中选择另一个中间点,如图 4-48 所示。

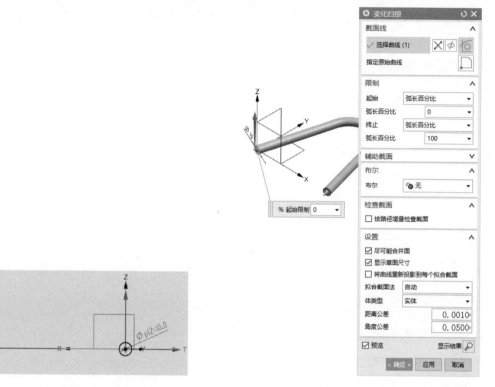

图 4-45 绘制圆并标注直径尺寸　　　　　图 4-46 "变化扫掠"对话框和特征预览

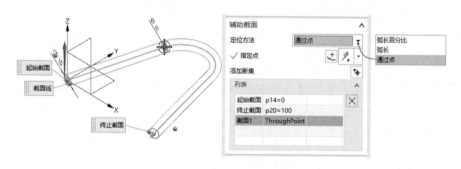

图 4-47 添加一个截面放置点

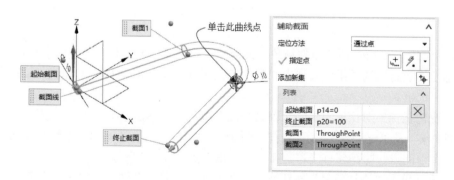

图 4-48 指定另一个截面放置点

7 在"辅助截面"选项组的截面列表中选择"截面 1"截面,此时在图形窗口中显示该截面的草图尺寸,单击该截面要修改的尺寸,如图 4-49a 所示。在屏显尺寸文本框中单击"启动公式编辑器"按钮 ▼,从其打开的下拉菜单中选择"设为常量"命令,然后将该尺寸修改为"20",如图 4-49b 所示。也可以不选择"设为常量"命令直接修改此尺寸值。

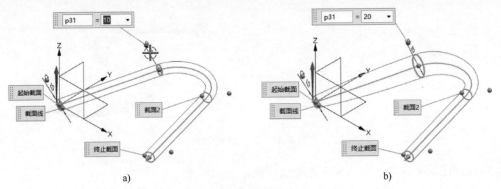

图 4-49 修改截面 1 的尺寸

a) 指定要修改的截面尺寸 b) 修改该截面尺寸

8 使用同样的方法,修改另一个中间截面(即"截面 2")的尺寸,将其圆直径也修改为"20"。此时的预览效果如图 4-50 所示。

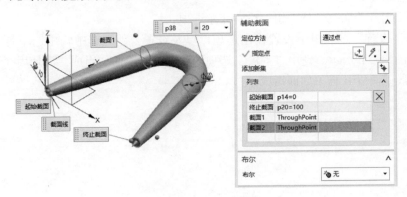

图 4-50 预览效果

9 在"变化扫掠"对话框中单击"确定"按钮。完成扫掠得到的实体效果如图 4-51 所示。

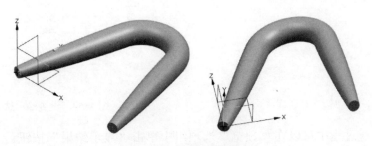

图 4-51 完成的实体效果

4.5.4 管道

NX 中的"管道"命令用于沿曲线扫掠圆形横截面创建实体，可以设置外径和内径参数。创建管道的示例如图 4-52 所示。

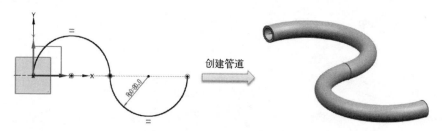

图 4-52　创建管道示例

可以按照以下的方法步骤来创建管道特征。

1 在功能区的"主页"选项卡的"特征"组中单击"更多"|"管道"按钮，打开如图 4-53 所示的"管"对话框。

2 选择曲线链作为管道中心线路径。所选曲线链应为光滑过渡的。

3 在"管"对话框的"横截面"选项组中，分别设置外径尺寸和内径尺寸。管道外径必须>0，内径可以为 0。

4 需要时在"布尔"选项组中设置布尔选项。

5 在"设置"选项组中设置输出选项，以及设置公差。其中输出选项有"多段"和"单段"，如图 4-54 所示。使用"多段"选项的管道由多段曲面组成，而使用"单段"选项的管道由一段或两段 B 样条曲面组成。

图 4-53　"管"对话框

图 4-54　设置输出选项

6 在创建过程中可以在"预览"选项组中单击"显示结果"按钮，预览管道特征。预览满意后，单击"管"对话框中的"确定"按钮或"应用"按钮。

4.6　布尔操作

对象间的布尔操作是指将两个或多个对象（实体或片体）组合成一个对象，布尔操作包括"求和（合并）""求差（减去）"和"求交（相交）"运算。

在进行布尔操作之前，需要了解一下目标体和工具体（也称刀具体）的基本概念。目标体是指需要与其他体组合的实体或片体，而工具体是指用来改变目标体的实体或片体，工具体可以有多个。目标体与工具体通常是接触或相交的。

4.6.1　求和运算

求和运算是指将两个或更多实体的体积合并为单个体。如图 4-55 所示的单一实体对象可以由一个长方体和一个圆柱体通过"求和"方式合并而成。

对相互接触或相交的两个实体进行求和操作，其方法和步骤如下。

❶ 在功能区的"主页"选项卡的"特征"组中单击"求和（合并）"按钮 ⬚，系统弹出如图 4-56 所示的"合并"对话框。

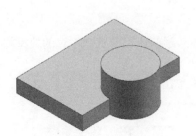

图 4-55　单一实体对象

图 4-56　"合并"对话框

❷ 选择其中一个实体作为目标体。

❸ 选择另一个实体作为工具体。

❹ 在"设置"选项组中，根据设计要求确定是否选中"保存目标"复选框和"保持工具"复选框，还可以设置公差值。如果选中"保存目标"复选框，则完成求和运算后目标体还保留；同样，如果选中"保存工具"复选框，则完成求和运算后工具体还保留。另外，在"区域"选项组中，通过"定义区域"复选框可以构造并允许选择要保留或移除的体区域。

❺ 单击"应用"按钮或"确定"按钮，完成两个实体的合并。

4.6.2　求差运算

求差运算是指从一个实体的体积中减去另外选定实体与之相交的体积。如图 4-57 所示，从长方体的体积中减去圆柱体与之相交的部分。求差运算的典型操作方法和步骤如下。

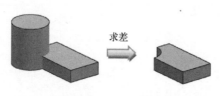

在功能区的"主页"选项卡的"特征"组中单击"求差（减去）"按钮 ，弹出如图 4-58 所示的"减去"对话框。

图 4-57　求差示例

图 4-58　"减去"对话框

选择目标体。

选择工具体。

在"设置"选项组中，根据设计要求设置"保存目标"复选框和"保存工具"复选框的状态，并可以设置公差值。如果选中"保存目标"复选框，则完成该布尔运算后目标体还保留；同样，如果选中"保存工具"复选框，则完成该布尔运算后工具体还保留。

单击"应用"按钮或"确定"按钮，完成求差操作。

4.6.3　求交运算

求交运算是指创建一个体，它包含两个不同的体共享的体积。求交运算的典型操作示例如图 4-59 所示。求交运算的一般操作方法和步骤如下。

在功能区的"主页"选项卡的"特征"组中单击"求交（相交）"按钮 ，弹出如图 4-60 所示的"求交"对话框。

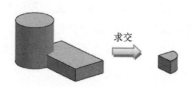

图 4-59　求交运算的示例

图 4-60　"求交"对话框

选择目标体。

选择工具体。

4 在"设置"选项组中，根据设计要求设置"保存目标"复选框和"保存工具"复选框的状态，并设置公差值。

5 单击"应用"按钮或"确定"按钮，完成求交操作。

4.7　综合设计范例——托脚零件设计

扫码观看视频

本节介绍一个三维实体设计综合范例，该范例要完成的三维实体模型为某托脚零件，其完成的模型效果如图 4-61 所示。该设计范例应用了本章所学的一些常用操作工具命令。注意在执行某些建模工具命令的操作过程中设置合适的布尔选项。

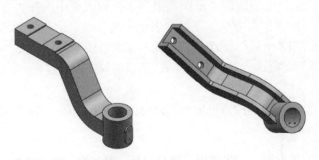

图 4-61　拖脚零件设计

本综合设计范例具体的操作步骤如下。

步骤 1　新建一个模型文件。

1 按〈Ctrl+N〉快捷键，弹出"新建"对话框。

2 在"模型"选项卡的"模板"选项组的模板列表中选择名称为"模型"的模板，在"新文件名"选项组的"名称"文本框中输入"bc_4_tj.prt"，并指定要保存到的文件夹目录路径。

3 在"新建"对话框中单击"确定"按钮。

步骤 2　绘制草图 1。

1 在功能区的"主页"选项卡的"直接草图"组中单击"草图"按钮，弹出"创建草图"对话框。

2 从"草图类型"选项组的"草图类型"下拉列表框中选择"在平面上"选项，在"平面方法"下拉列表框中选择"自动判断"选项，在图形窗口中选择已有基准坐标系的 *XZ* 坐标面（*XC-ZC* 平面）作为草图平面，单击"确定"按钮。

3 单击"轮廓"按钮，绘制如图 4-62 所示的相连轮廓线，注意曲线的一个端点落在坐标原点处。

4 单击"完成草图"按钮。

5 按〈End〉键以正等测图方位显示。

步骤 3　绘制草图 2。

1 在功能区的"主页"选项卡的"直接草图"组中单击"草图"按钮，弹出"创建草图"对话框。

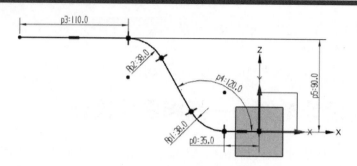

图 4-62　绘制相连轮廓线

2 从"草图类型"选项组的"草图类型"下拉列表框中选择"在平面上"选项，在"草图坐标系"选项组的"平面方法"下拉列表框中选择"自动判断"选项，在图形窗口中选择已有基准坐标系的 *YZ* 坐标面（*YC-ZC* 平面）定义草图平面，单击"确定"按钮。

3 单击"轮廓"按钮，绘制如图 4-63 所示的封闭轮廓线。

4 单击"完成草图"按钮。

5 按〈End〉键以正等测图方位显示，此时图形显示如图 4-64 所示。

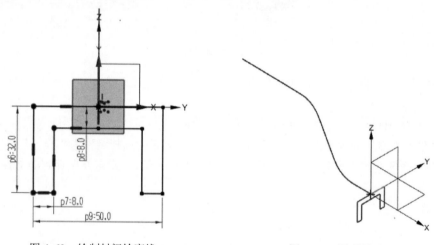

图 4-63　绘制封闭轮廓线　　　　图 4-64　图形显示

步骤 4　沿引导线扫掠。

1 在功能区的"主页"选项卡的"特征"组中单击"更多"|"沿引导线扫掠"按钮，弹出"沿引导线扫掠"对话框。

2 在"选择条"工具栏中的"曲线规则"下拉列表框中选择"相连曲线"选项，在图形窗口中选择草图 2 的曲线作为扫掠截面，如图 4-65 所示。

3 在"沿引导线扫掠"对话框的"引导"选项组中单击"选择曲线"按钮，选择草图 1 的相切曲线作为引导线，如图 4-66 所示。

4 在"偏置"选项组中设置"第一偏置"值为"0"，"第二偏置"值也为"0"，在"设置"选项组的"体类型"下拉列表框中选择"实体"选项。

5 单击"确定"按钮，完成创建一个扫掠特征。此时，可以将草图 1 和草图 2 隐藏。

步骤 5　创建旋转特征。

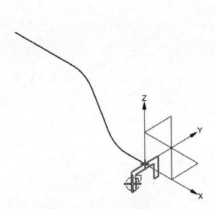

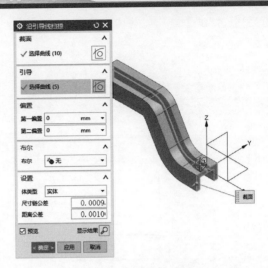

图 4-65　指定扫掠截面　　　　图 4-66　指定引导线

① 在功能区的"主页"选项卡的"特征"组中单击"旋转"按钮 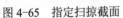，打开"旋转"对话框。

② 在"旋转"对话框的"截面线"选项组中单击"绘制截面"按钮，弹出"创建草图"对话框，从"草图类型"下拉列表框中选择"在平面上"选项，从"草图坐标系"选项组的"平面方法"下拉列表框中选择"自动判断"，在图形窗口中选择 XZ 坐标面（XC-ZC 平面），在"创建草图"对话框中单击"确定"按钮。

③ 确保"轮廓"按钮处于被选中的状态，绘制如图 4-67 所示的闭合图形。绘制好图形后，单击"完成草图"按钮。

④ 返回到"旋转"对话框，从"轴"选项组的"指定矢量"下拉列表框中选择"ZC 轴"图标选项 ZC，单击"点构造器"按钮，弹出"点"对话框，默认输出坐标为 (0,0,0)，单击"确定"按钮。

⑤ 返回到"旋转"对话框，在"限制"选项组中设置开始角度值为"0"，结束角度值为"360"，在"布尔"选项组的"布尔"下拉列表框中选择"合并"选项，在"偏置"选项组的"偏置"下拉列表框中选择"无"选项，在"设置"选项组的"体类型"下拉列表框中选择"实体"选项，如图 4-68 所示。

⑥ 单击"确定"按钮。

步骤6 创建基准平面。

① 在功能区的"主页"选项卡的"特征"组中单击"基准平面"按钮，弹出"基准平面"对话框。

② 从"类型"选项组的"类型"下拉列表框中选择"按某一距离"选项，在图形窗口中选择基准坐标系的 YZ 坐标面（YC-ZC 平面）作为平面参考，在"偏置"选项组的"距离"文本框中输入"31"，在"平面的数量"文本框中输入"1"，如图 4-69 所示。

③ 在"基准平面"对话框中单击"确定"按钮。

步骤7 创建拉伸特征。

① 在功能区的"主页"选项卡的"特征"组中单击"拉伸"按钮，弹出"拉伸"

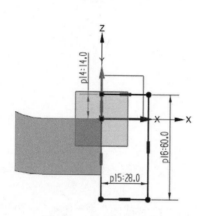

图 4-67 绘制闭合图形

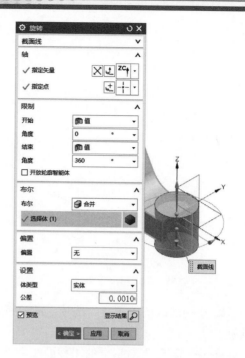

图 4-68 设置旋转的相关选项和参数

对话框。

② 在"截面线"选项组中单击"绘制截面"按钮 ，弹出"创建草图"对话框，从"草图类型"选项组的"草图类型"下拉列表框中选择"在平面上"选项，从"草图坐标系"选项组的"平面方法"下拉列表框中默认选择"自动判断"选项，选择步骤 6 创建的基准平面作为草图平面，单击"确定"按钮。绘制如图 4-70 所示的截面，单击"完成"按钮 。

图 4-69 "按某一距离"方式创建基准平面

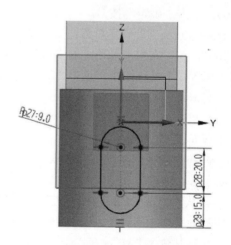

图 4-70 绘制截面

③ 返回到"拉伸"对话框，在"方向"选项组的"指定矢量"下拉列表框中选择"-XC 轴"图标选项 。

4 在"限制"选项组中，设置开始距离值为"0"，结束距离值为"30"。

5 在"布尔"选项组的"布尔"下拉列表框中选择"合并（求和）"选项，在"拔模"选项组的"拔模"下拉列表框中选择"无"选项，在"偏置"选项组的"偏置"下拉列表框中选择"无"选项，在"设置"选项组的"体类型"下拉列表框中选择"实体"选项。

6 单击"应用"按钮，完成该拉伸操作得到的模型效果如图 4-71 所示。

步骤 8 以拉伸的方式切除实体材料。

1 在"拉伸"对话框的"截面线"选项组中单击"绘制截面"按钮，弹出"创建草图"对话框，从"草图类型"选项组的"草图类型"下拉列表框中选择"在平面上"选项，在"草图坐标系"选项组的"平面方法"下拉列表框中选择"自动判断"选项，在图形窗口中选择之前创建的基准平面作为草图平面，如图 4-72 所示，单击"确定"按钮。

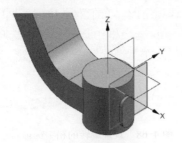

图 4-71 拉伸添加材料

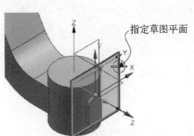

图 4-72 指定草图平面

2 单击"圆"按钮○，绘制如图 4-73 所示的两个圆（直径均为 4mm），单击"完成"按钮。完成截面绘制并返回"拉伸"对话框。

3 方向矢量选择"-XC 轴"，在"限制"选项组中设置开始距离值为"0"，结束距离值为"30"，在"布尔"选项组的"布尔"下拉列表框中选择"减去（求差）"选项，在"拔模"选项组的"拔模"下拉列表框中选择"无"选项，在"偏置"选项组的"偏置"下拉列表框中选择"无"选项，在"设置"选项组的"体类型"下拉列表框中选择"实体"选项。

4 在"拉伸"对话框中单击"确定"按钮，从而以拉伸的方式构建出如图 4-74 所示的两个孔。以后可在这两个孔处进行攻螺纹操作以形成螺纹孔。

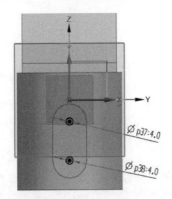

图 4-73 绘制截面

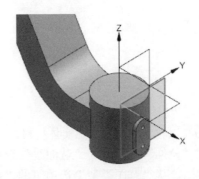

图 4-74 以拉伸的方式构建两个小孔

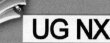

步骤 9 以拉伸的方式添加实体材料。

1 在功能区的"主页"选项卡的"特征"组中单击"拉伸"按钮，弹出"拉伸"对话框。

2 在"截面线"选项组中单击"绘制截面"按钮，弹出"创建草图"对话框，从"草图类型"选项组的"草图类型"下拉列表框中选择"在平面上"选项，从"草图坐标系"选项组的"平面方法"下拉列表框中选择"自动判断"选项，选择 *XZ* 平面（*XC-ZC* 坐标面）作为草图平面，单击"确定"按钮。绘制如图 4-75 所示的截面，单击"完成"按钮。

3 在"拉伸"对话框的"方向"选项组中，从"指定矢量"下拉列表框中选择"YC 轴"图标选项，在"限制"选项组的"结束"下拉列表框中选择"对称值"选项，在"距离"文本框中输入距离值为"25"，在"布尔"选项组的"布尔"下拉列表框中选择"合并（求和）"选项，在"拔模"选项组的"拔模"下拉列表框中选择"无"选项，在"偏置"选项组的"偏置"下拉列表框中选择"无"选项，在"设置"选项组的"体类型"下拉列表框中选择"实体"选项，如图 4-76 所示。

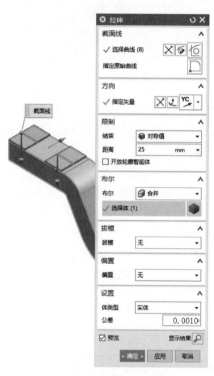

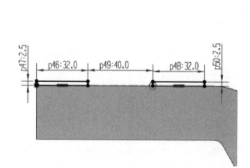

图 4-75 绘制截面 　　　　图 4-76 设置拉伸方向、限制和布尔选项等

4 单击"应用"按钮。

步骤 10 以拉伸的方式切除实体材料。

1 在"拉伸"对话框的"截面线"选项组中单击"绘制截面"按钮，弹出"创建草图"对话框，从"草图类型"选项组的"草图类型"下拉列表框中选择"在平面上"选项，在"草图坐标系"选项组的"平面方法"下拉列表框中选择"自动判断"选项，在图形窗口中选择如图 4-77 所示的实体平整面定义草图平面，单击"确定"按钮。也可以在此实体平面上单击以快速指定草绘平面并进入草图模式。

2 单击"圆"按钮〇，绘制如图 4-78 所示的两个圆，添加满足设计要求的几何约束和尺寸约束，然后单击"完成"按钮🏁，完成截面绘制并返回"拉伸"对话框。

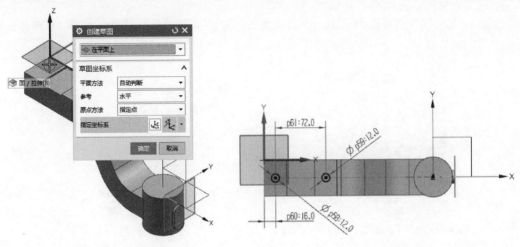

图 4-77 指定草图平面　　　　　　　　图 4-78 绘制两个圆

3 在"方向"选项组的"指定矢量"下拉列表框中选择"-ZC 轴"图标选项↴。

4 在"限制"选项组中，设置开始距离值为"0"，从"结束"下拉列表框中选择"贯通"选项。

5 在"布尔"选项组的"布尔"下拉列表框中选择"减去（求差）"选项，在"拔模"选项组的"拔模"下拉列表框中选择"无"选项，在"偏置"选项组的"偏置"下拉列表框中选择"无"选项，在"设置"选项组的"体类型"下拉列表框中选择"实体"选项。

6 单击"确定"按钮，此时模型效果如图 4-79 所示。

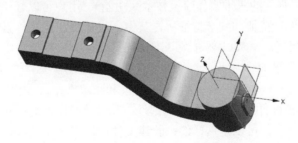

图 4-79 过程中的模型效果

步骤 11 创建圆柱体。

1 在功能区的"主页"选项卡的"特征"组中单击"更多"|"圆柱"按钮🛢，弹出"圆柱"对话框。

2 在"类型"选项组的"类型"下拉列表框中选择"轴、直径和高度"选项。

3 在"轴"选项组的"指定矢量"下拉列表框中选择"-ZC 轴"图标选项↴，在"指定点"下拉列表框中选择"圆弧中心/椭圆中心/球心"图标选项⊙，接着在模型中选择要取其中心的一个圆边，如图 4-80 所示。

4 在"尺寸"选项组的"直径"文本框中输入"35"，在"高度"文本框中输入"80"。

5 在"布尔"选项组的"布尔"下拉列表框中选择"减去（求差）"选项，在"设置"选项组中选中"关联轴"复选框。

6 在"预览"选项组中单击"显示结果"按钮，预览显示结果如图 4-81 所示，然后单击"确定"按钮。

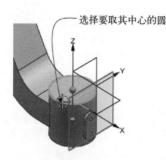
图 4-80 选择要取其中心的一个圆边

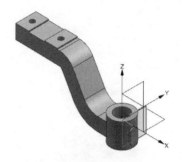
图 4-81 显示结果

步骤 12 保存部件文件。

1 在保存部件文件之前，可以通过部件导航器将基准平面和基准坐标系在图形窗口中隐藏起来。

2 在"快速访问"工具栏中单击"保存"按钮，或者按〈Ctrl+S〉快捷键，从而保存该部件文件。

4.8 本章小结与经验点拨

NX 为用户提供了强大的三维实体建模技术（功能）。用户可以轻松地根据设计要求创建所需要的基准特征、设计特征和细节特征等，其中，设计特征包括体素特征、拉伸特征、旋转特征和标准成形特征等。本章主要介绍基准特征与实体建模基础，内容包括实体建模应用概念、基准特征（基准平面、基准轴、基准坐标系和光栅图像）、体素特征（长方体、圆柱体、圆锥和球体）、拉伸特征、旋转特征、扫掠特征和布尔操作（求和、求差和求交）等。

在 NX 中设计单独部件或设计装配中的部件，其设计时所遵循的实体基本建模流程都是类似的。实体基本建模流程可以是这样的：新建文件后，定义建模策略，准备用于定位建模特征的基准（基准坐标系、基准平面和基准轴等），以及根据建模策略创建特征。可以从拉伸、旋转、扫掠等设计特征开始定义基本形状，也可以使用体素特征创建工具创建模型的初始毛坯形状，接着继续添加其他特征以设计模型（注意布尔操作的巧妙应用），并根据设计要求添加边倒圆、倒斜角和拔模等细节特征，直到完成整个实体模型设计。建模路程是非常灵活的，不能拘泥于具体的条条框框，否则设计工作在某种程度上就丧失了一定的创造性。这些都算是一个资深设计师给予初学者的经验点拨。还有就是有些特征模型或结构，使用多种方法都可以创建，这就要求用户根据实际情况灵活操作。

本章介绍的一些工具，既可以用于创建实体，也可以用于创建片体曲面对象。

4.9　思考与练习

1）基准特征主要用作哪些用途？基准特征主要包括哪些特征？

2）什么是体素特征？通常将哪些特征归纳在体素特征范围内？

3）分别总结长方体、圆柱体、球体和圆锥体的典型创建方法及应用特点。

4）如何理解拉伸操作？可举例说明。

5）如何理解旋转操作？可举例说明。

6）"扫掠"按钮 、"变化扫掠"按钮 、"沿引导线扫掠"按钮 和"管道"按钮 ，这些扫掠工具命令分别具有什么应用特点？试分析它们的异同之处。

7）什么是布尔操作？请分别举例以予说明。

8）上机练习：请使用旋转工具和拉伸工具完成如图 4-82 所示的三维实体模型，具体尺寸由读者根据效果图自行确定。

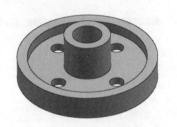

图 4-82　上机练习模型 A

9）上机练习：创建如图 4-83 所示的支架零件，具体尺寸由读者根据效果图自行确定。

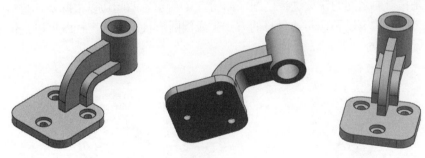

图 4-83　创建支架零件练习

10）**课外加油**：NX 提供了一个"扫掠体"命令 ，此命令的功能含义是使用各种选项沿着路径扫掠一个工具实体，来控制工具相对于路径的方向，然后从目标体中减去它或将其与目标体相交。请课外自行研习此命令的应用方法，并举例实际上机操作。

第5章　细节特征与其他设计特征

本章导读：

在已有实体对象上可以创建一些细节特征和其他设计特征。细节特征包括边倒圆、面倒圆、倒斜角、拔模和拔模体等，其他设计特征则主要包括孔、凸起、偏置凸起、筋板、晶格、槽和螺纹等（注意：在前面第4章介绍的体素特征、拉伸特征和旋转特征也属于设计特征）。

本章重点介绍一些常见的细节特征和其他设计特征。

5.1　细节特征

在 NX 中，通常将边倒圆、面倒圆、样式倒圆、倒斜角、拔模和拔模体等特征统称为细节特征或详细特征。在设计中使用此类特征有助于改善零件的制造和使用工艺等。

5.1.1　边倒圆

边倒圆是指对面之间的锐边进行倒圆，如图 5-1 所示。凸起边以去除实体材料的方式生成倒圆形状；而凹边则以添加实体材料的方式生成倒圆形状。圆角半径既可以是恒定的（常数），也可以是可变的（变量）。

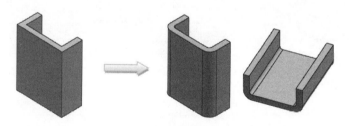

图 5-1　边倒圆的示例

在功能区的"主页"选项卡的"特征"组中单击"边倒圆"按钮 ⬛，打开如图 5-2 所示的"边倒圆"对话框。该对话框具有的选项组比较多，可供用户选择要倒圆的边并输入当前圆角半径，指定"变半径点"，设置"拐角倒角"及"拐角突然停止"，设定"长度限制（修剪）"方式，以及定义"溢出"等。

需要读者注意的是，在选择要倒圆的一条或多条边后，在"边"选项组中单击"添加新集"按钮，可以为所选的边创建一个边倒圆集。此时在"边"选项组中展开"列表"框，在"列表"框中可以对该边倒圆集进行编辑定义，包括从边倒圆集中添加或移除要倒圆的边（如果要从当前边倒圆集中移除某条要倒圆的边，可在按住〈Shift〉键的同时单击该条边即可）、编辑倒圆形状和半径值。使用同样的方法可以继续创建新的边倒圆集。不同的集，其倒圆半径可以不同，如图 5-3 所示。在设计中，巧妙地利用边倒圆集来管理边倒圆，可以给以后的更改设计带来方便。例如，由于设计更改了某边倒圆集的半径，则该集的所有边倒圆均发生一致变化，而其他集则不受影响。如果要删除某边倒圆集，在"边倒圆"对话框的集列表（即"边"选项组中的"列表"框）中选择该边倒圆集，然后单击"移除"按钮⊠即可。

图 5-2　"边倒圆"对话框

图 5-3　边倒圆集应用示例

对于恒定半径的常规圆角，其创建方法很简便，即选择"边倒圆"创建命令后，选择要倒圆的边，指定边连续性选项和形状选项，并在"半径#"文本框中设置当前圆角集的半径，需要时可以利用"边倒圆"对话框设置其他一些参数和选项，然后单击"应用"按钮或"确定"按钮。

对于可变倒圆角，则需要在多个控制点处设置半径。在如图 5-4 所示的边倒圆示例中，一共设置有 4 个控制点，为该 4 个控制点分别指定不同的位置和半径，便可形成可变倒圆角的设计效果。

要为当前选定边添加一个圆角控制点，可在"边倒圆"对话框中展开"变半径"选项组，使用"点构造器"按钮▦或使用位于该按钮右侧的下

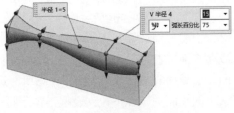

图 5-4　可变半径的边倒圆

拉列表框中的相应图标选项来辅助添加一个控制点，如图 5-5 所示。在添加控制点时，有时

需要在出现的"位置"下拉列表框中选择所需的一个选项，如"弧长""弧长百分比"或"通过点"，如图 5-6 所示，然后设置相应的位置参数和半径参数。

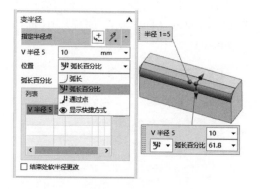

图 5-5 指定新位置的相关选项   图 5-6 选择控制点的位置选项

必要时，可以根据设计要求，在"拐角倒角""拐角突然停止""长度限制""溢出"和"设置"选项组中进行相关设置，由于这些选项不常用，在这里不作具体介绍。

5.1.2 面倒圆

所谓的面倒圆是指在选定面组之间添加相切圆角面，其圆角形状可以是圆形、二次曲线或规律控制。

在功能区的"主页"选项卡的"特征"组中单击"面倒圆"按钮 ，打开如图 5-7 所示的"面倒圆"对话框。"面倒圆"对话框根据不同的类型提供相应的选项组。例如，当从"类型"选项组的下拉列表框中选择"双面"选项时，该对话框提供"类型"选项组、"面"选项组、"横截面"选项组、"宽度限制"选项组、"修剪"选项组、"设置"选项组和"预览"选项组；而当选择"三面"选项时，该对话框提供的选项组没有"宽度限制"选项组；当选择"特征相交边"选项时，可以创建共享一条边的两个面之间的圆角，需要分别使用"横截面"选项组、"宽度限制"选项组、"设置"选项组和"预览"选项组来进行相关操作。使用该对话框的一般方法很简单，即从"类型"选项组的下拉列表框中选择"双面"选项、"三面"选项或"特征相交边"选项，接着分别选择所需的面链（选择"双面"选项时，需要分别选择面 1 和面 2；选择"三面"选项时，需要分别指定面 1、面 2 和中间面）或两个面的共享边，以及设置相应方向（如要求两组面矢量方向一致），然后定制倒圆横截面，必要时设置"宽度限制""修剪"选项和相关公差等。在选择相关的面时，要巧用选择条上的"面规则"下拉列表框，该下拉列表框提供的选项主要有"单个面""相切面""特征面""车身面"和"区域面"，不同的面规则会影响面选择的正确与否和效率。

面倒圆的示例如图 5-8 所示，从"面倒圆"对话框的"类型"选项组的下拉列表框中选择"双面"，指定面 1（面链 1）和面 2（面链 2）后，从"横截面"选项组的"方位"下拉列表框中选择"滚球"，从"宽度方法"下拉列表框中选择"自动"选项，从"形状"下拉列表框中选择"圆形"，从"半径方法"下拉列表框中选择"可变"选项，从"规律类型"下拉列表框中选择"线性"选项，将"半径起点"值设置为"5"，"半径终点"值设为"15" 选择边线定义脊线。NX 软件系统提供的"形状""半径方法"和"规律类型"的选项组合较多，应用比较灵活。

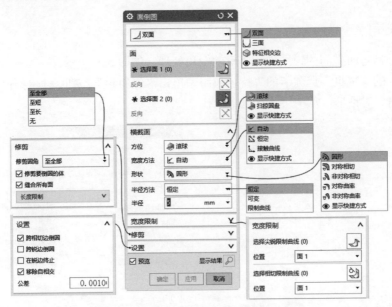

图 5-7　"面倒圆"对话框

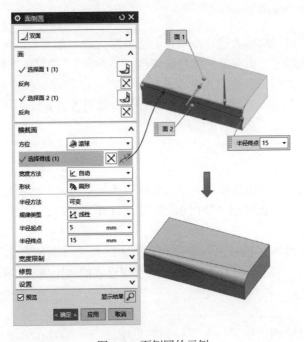

图 5-8　面倒圆的示例

知识点拨: 单击"菜单"按钮 ≡ 菜单(M) ▾ ，从"插入"|"细节特征"级联菜单中可以找到"样式倒圆"和"美学面倒圆"等命令。"样式倒圆"命令用于倒圆曲面并将相切和曲率约束应用到圆角的相切曲线；"美学面倒圆"命令用于在圆角的圆角切面处施加相切或曲率约束时倒圆曲面，圆角截面形状可以是圆形、锥形或切入类型。

5.1.3 倒斜角

倒斜角是指对面之间的锐边进行倾斜的倒角处理，如图 5-9 所示。

在功能区的"主页"选项卡的"特征"组中单击"倒斜角"按钮 ◇ ，打开如图 5-10 所示的"倒斜角"对话框，从中可执行以下操作。

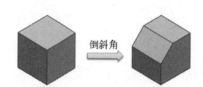

图 5-9　倒斜角示例　　　　　　　图 5-10　"倒斜角"对话框

通过"边"选项组，选择要进行倒斜角的边参照。在"偏置"选项组中设置"横截面"的偏置选项。可供选择的"横截面"偏置选项包括"对称""非对称"和"偏置和角度"，根据所选选项输入相应的参数。在"设置"选项组中，可以指定"偏置方法"（"偏置方法"可以为"沿面偏置边"或"偏置面并修剪"），以及可以设置公差。在"预览"选项组中，可以选中"预览"复选框来预览倒斜角操作等。

下面介绍倒斜角的 3 种横截面偏置方法。

1. 对称

从"偏置"选项组的"横截面"下拉列表框中选择"对称"选项时，只需设置一个"距离"参数，从边开始的两个偏置距离相同，如图 5-11 所示。

2. 非对称

从"偏置"选项组的"横截面"下拉列表框中选择"非对称"选项时，需要分别定义"距离 1"和"距离 2"，如图 5-12 所示。如果发现设置的"距离 1"和"距离 2"偏置方向不对，可以单击"反向"按钮 ⊠ 来调整。

3. 偏置和角度

从"偏置"选项组的"横截面"下拉列表框中选择"偏置和角度"选项时，需要分别制定一个偏置"距离"和一个"角度"参数，如图 5-13 所示。可以单击"反向"按钮 ⊠

来切换该倒斜角的另一个解。当将角度设置为 45°时，得到的倒斜角效果和对称倒斜角的效果相同。

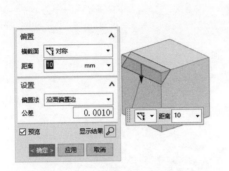

图 5-11 "对称"方式偏置

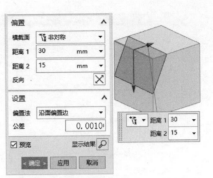

图 5-12 "非对称"方式偏置

5.1.4 拔模

拔模是指通过更改相对于脱模方向的角度来修改面。在模型中创建合适的拔模特征有助于改进模型生产工艺和提高生产效率。

在功能区的"主页"选项卡的"特征"组中单击"拔模"按钮 ，系统弹出如图 5-14 所示的"拔模"对话框。拔模类型包括"面""边""与面相切"和"分型边"。

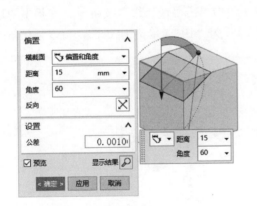

图 5-13 "偏置和角度"方式偏置

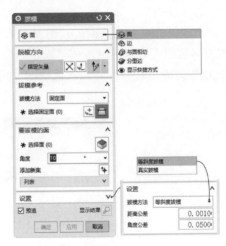

图 5-14 "拔模"对话框

1. 面（从平面或曲面）

"面"方式拔模是指相对于固定面和/或分型面拔模，其典型示例如图 5-15 所示，需要分别定义脱模方向、拔模参考（包括拔模方法，此拔模方法可以为"固定面""分型面"或"固定面和分型面"）、要拔模的面和拔模角度等。这里，"固定面"拔模方法是指从固定面拔模，包含拔模面的固定面的相交曲线将用作计算拔模的参考；"分型面"拔模方法是指从固定分型面拔模，包含拔模面的固定面的相交曲线将用作计算拔模的参考，要拔模的面在与固定面的相交处将进行细分，可根据需要将拔模添加到两侧；"固定面和分型面"拔模方法是指从固定面向分型面拔模，包含拔模面的固定面的相交曲线将用作计算拔模的参考，要拔模的面在与分型面的相交处将进行细分。

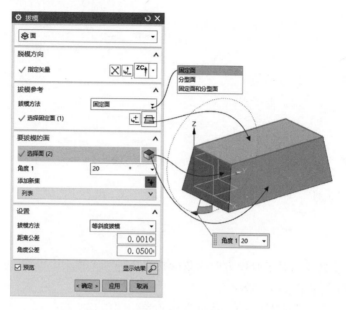

图 5-15 "面"方式拔模典型示例

2. 边（从边）

"边"拔模（也称边缘拔模）是表示从固定边起拔模，其典型示例如图 5-16 所示。指定 ZC 轴方向为脱模方向矢量，在"固定边"选项组中单击"选择边"按钮◇，在模型中选择所需的边作为固定边缘，并输入拔模的"角度 1"为"10"（单位为 deg），可以添加新的拔模集。

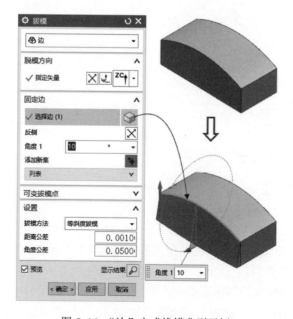

图 5-16 "边"方式拔模典型示例

"边"拔模的一个优点是可以进行变角度拔模（可变拔模）。如果要创建可变的"边"拔模，即具有多个拔模控制点的拔模特征（各控制点的拔模角度可以不同），则需要展开"可变拔模点"选项组，利用"点构造器"按钮或相应的点类型命令在边上指定控制点，并分别设置其位置和对应的拔模角度值。可以设置多个控制点（控制点将列在"可变拔模点"列表中，在该列表中选定某一个控制点时，可以修改该控制点的位置和拔模角度等），创建具有多个拔模点的可变"边"拔模，如图5-17所示。

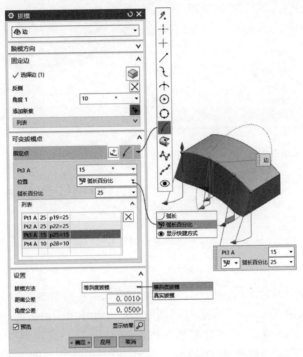

图5-17　创建具有多个拔模点的可变"边"拔模

知识点拨： 对于"面"拔模和"边"拔模两种拔模类型，在"拔模"对话框的"设置"选项组中，拔模方法分为"等斜度拔模"和"真实拔模"两种。"等斜度拔模"方法的特点是构造一个直纹曲面，其中该曲面的任何相切点斜率相同，且其中的斜率是按相对于脱模方向的角度来测量的，如图5-18a所示。"真实拔模"方法针对给定脱模方向和分型曲线、沿曲线的曲线相切角度小于拔模角度的工况构造一个直纹曲面，如图5-18b所示。当存在后者这种情形时，则不可能进行等斜度拔模。

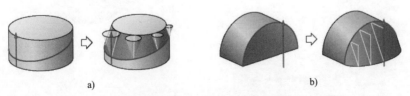

图5-18　"等斜度拔模"方法与"真实拔模"方法图例

a) 等斜度拔模　b) 真实拔模

3. 与面相切

"与面相切"拔模一般针对具有相切面的实体表面进行拔模。从"拔模"对话框的"类型"下拉列表框中选择"与面相切"选项时，此时对话框中出现的选项组如图 5-19 所示，从中分别定义脱模方向和相切面（包括选择相切面参照和设置角度）。

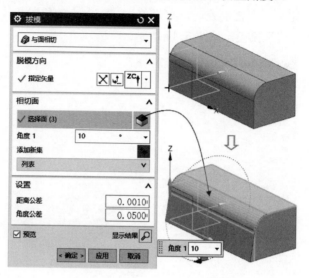

图 5-19 "与面相切"方式拔模

4. 分型边

"分型边"拔模是指从分型边起相对于固定平面拔模，其典型示例如图 5-20 所示。该示例首先选择 Z 轴指定脱模方向矢量，接着在"固定平面"选项组中单击"选择平面"按钮，选择模型顶面作为固定面，然后在"分型边（Parting Edges）"选项组中单击"选择边"按钮，分别单击模型固定面上的所需的轮廓边，最后设置拔模的"角度1"即可。

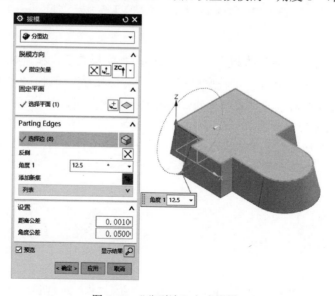

图 5-20 "分型边"方式拔模

5.1.5　拔模体

"拔模体"命令用于在分型面的两侧添加并匹配拔模，用材料自动填充底切区域。

在上边框条中单击"菜单"按钮三菜单(M)▼，从"插入"|"细节特征"级联菜单中选择"拔模体"命令，弹出如图 5-21 所示的"拔模体"对话框。从该对话框来看，拔模体的类型分为"边"和"面"两种，前者是向从选定的固定边自动判断的面添加拔模，后者则是从自动判断的固定边向选定面添加拔模。

1．向从选定的固定边自动判断的面添加拔模

下面通过一个简单范例介绍此类型（"边"类型）的拔模体操作。打开本书配套的"\CH5\bc_5_bmt_a.prt"文件，该文件已经存在一个拉伸实体模型和一个基准平面等对象。在上边框条中单击"菜单"按钮三菜单(M)▼，并从"插入"|"细节特征"级联菜单中选择"拔模体"命令，从"拔模体"对话框的"类型"下拉列表框中选择"边"选项，在图形窗口中选择已有的一个基准平面对象作为分型对象，接受默认的脱模方向。在"固定边"选项组的"位置"下拉列表框中选择"上方和下方"选项（可供选择的选项有"上方和下方""仅分型上方"和"仅分型下方"），分别单击"上面边"按钮和"下面边"按钮来选择分型上面的边和分型下面的边。在"拔模角"选项组的"角度"文本框中设置拔模角度为"10"（单位为"°"），在"匹配分型对象处的面"选项组中将"匹配类型"设置为"无"，如图 5-22 所示，然后单击"应用"按钮或"确定"按钮完成拔模体操作。读者可以在"匹配分型对象处的面"选项组中将匹配类型切换为"从边"，并设定相应的匹配范围和修复分型边选项，然后观察拔模体有何变化。

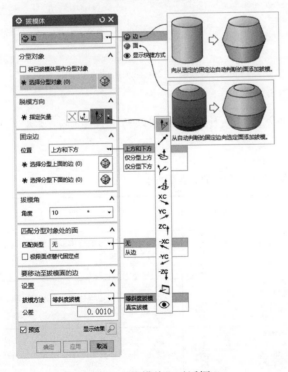

图 5-21　"拔模体"对话框

图 5-22　"边"类型的拔模体操作

2. 从自动判断的固定边向选定面添加拔模

下面也是通过一个简单范例介绍此类型（"面"类型）的拔模体操作。打开本书配套的"\CH5\bc_5_bmt_b.prt"文件，选择"拔模体"命令后，利用打开的"拔模体"对话框进行相关操作，如图 5-23 所示。在选择面时注意利用选择条的"面规则"选项来辅助选择所需的面，本例的面规则选项设为"相切面"，如图 5-24 所示。

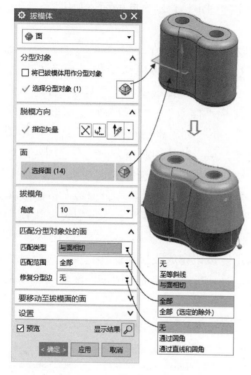

图 5-23　"面"类型的拔模体操作

图 5-24　巧用面规则选项

知识点拨： 在拔模体中，对于匹配分型对象处的面，可以为其设置匹配类型，见表 5-1。

表 5-1　关于拔模体的分型对象处的面匹配类型

拔模体类型	拔模体类型图例	分型对象处的面匹配类型	匹配类型图例	说　明
边		无		如果上方和下方的边未以分型对象为中心对称，拔模面将不匹配，阶梯面将桥接间隙
		从边		通过从其固定边桥接至分型对象上较长面的边来匹配较短面
面		无		如果上方和下方的边未以分型对象为中心对称，拔模面将不匹配，阶梯面将桥接间隙

（续）

拔模体类型	拔模体类型图例	分型对象处的面匹配类型	匹配类型图例	说　明
面		至等斜线		通过从其等斜线边桥接至分型对象上较长面的边来匹配较短面
		与面相切		通过从输入面桥接相切至分型对象上较长面的边来匹配较短面

5.2　其他设计特征

在第 4 章介绍了诸如拉伸、旋转等一些主要的设计特征，在本章的本小节将介绍其他的一些设计特征，包括"孔""凸起""偏置凸起""槽""筋板""晶格"和"螺纹"等。

5.2.1　孔

孔特征在机械金属零件、注塑件中较为常见。

在功能区的"主页"选项卡的"特征"组中单击"孔"按钮 ，打开如图 5-25 所示的"孔"对话框。系统提供的孔类型包括"常规孔""钻形孔""螺钉间隙孔""螺纹孔"和"孔系列"。孔特征的默认"布尔"选项为"减去（求差）"。

扫码观看视频

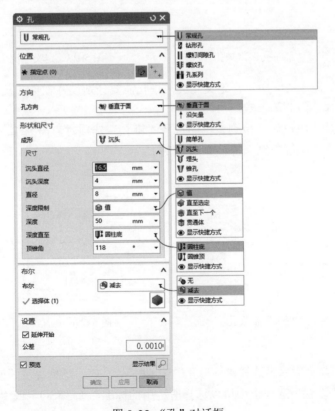

图 5-25　"孔"对话框

创建孔特征基本上要定义这些方面：孔类型、放置位置、孔方向、形状和尺寸（或规格）等。要指定形状和尺寸（或规格）这些参数很直观、简单，即只需在"孔"对话框中指定相关的有效值和选项即可。

有关定义孔放置位置和孔方向的典型操作将通过实例辅助讲解。下面先分别介绍"常规孔""钻形孔""螺钉间隙孔""螺纹孔"和"孔系列"各类型的特定内容。

1．常规孔

常规孔的成形方式包括"简单孔""沉头""埋头"和"锥孔"。

- "简单孔"：如图 5-26 所示，简单的常规孔只需设置直径尺寸和"深度限制"条件即可。"深度限制"可以采用"值""直至选定""直至下一个"或"贯通体"方式。
- "沉头"：如图 5-27 所示，定义此类常规孔需要分别设置沉孔直径、沉孔深度、孔直径和深度限制等参数。

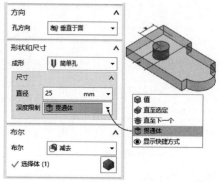

图 5-26　定义"简单孔"常规孔

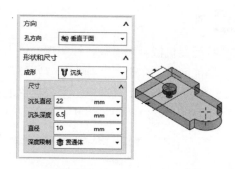

图 5-27　定义"沉头"常规孔

- "埋头"：如图 5-28 所示，定义此类常规孔需要分别设置埋头孔直径、埋头孔角度、孔直径和深度限制等参数。
- "锥孔"：从"成形"下拉列表框中选择"锥孔"选项时，需要输入"直径""锥角"参数和设置"深度限制"等，如图 5-29 所示。

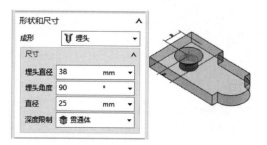

图 5-28　定义"埋头"常规孔

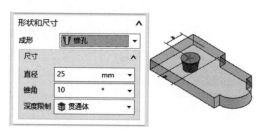

图 5-29　定义"锥孔"常规孔

2．钻形孔

在"类型"下拉列表框中选择"钻形孔"选项时，"孔"对话框提供的设置内容如图 5-30 所示。注意：在"设置"选项组中可以选择所适用的标准，如"ISO"或"ANSI"。

3. 螺钉间隙孔

选择孔类型为"螺钉间隙孔"时，可在"形状和尺寸"选项组的"成形"下拉列表框中选择"简单孔""沉头"或"埋头"选项，接着设置相应的形状和尺寸参数，如图 5-31 所示。在"设置"选项组中可从"标准"下拉列表框中选择所需的一个标准。

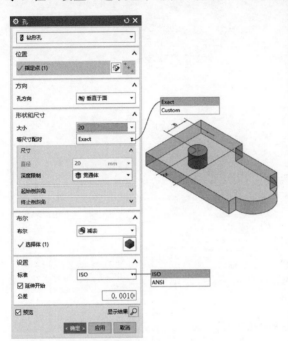

图 5-30 定义"钻形孔"的参数及设置   图 5-31 定义"螺钉间隙孔"参数及设置

4. 螺纹孔

螺纹孔是一种常见的连接结构。在"设置"选项组的"标准"下拉列表框中可以选择所需的一种适用标准。在"形状和尺寸"选项组中设置"螺纹尺寸""退刀槽""起始倒斜角"和"终止倒斜角"等参数，如图 5-32 所示。

5. 孔系列

当从"类型"下拉列表框中选择"孔系列"选项时，需要利用"规格"选项组来分别设置"起始""中间"和"端点"3 个选项卡上的内容，如图 5-33 所示。

下面介绍一个创建孔特征的操作示例，在该示例中要重点学习如何定义孔位置和方向，以及孔形状和尺寸。

步骤1 新建所需的文件。

1️⃣ 按〈Ctrl+N〉快捷键，弹出"新建"对话框。

2️⃣ 在"模型"选项卡的"模板"列表中选择名称为"模型"的模板，在"新文件名"选项组的"名称"文本框中输入"bc_5_ktz.prt"，并指定要保存到的文件夹。

3️⃣ 在"新建"对话框中单击"确定"按钮。

步骤2 创建长方体模型。

在功能区的"主页"选项卡的"特征"组中单击"更多"|"长方体"按钮 🔲，以"原点和边长"类型方式创建一个长为"150"，宽为"130"，高为"20"的长方体模型，其原点

位置为（0,0,0），创建的长方体模型如图5-34所示。

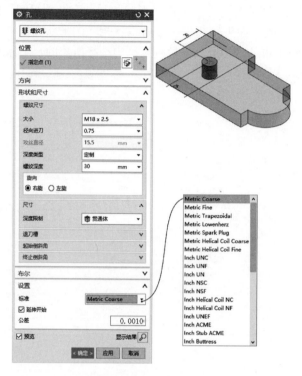

图5-32 定义"螺纹孔"

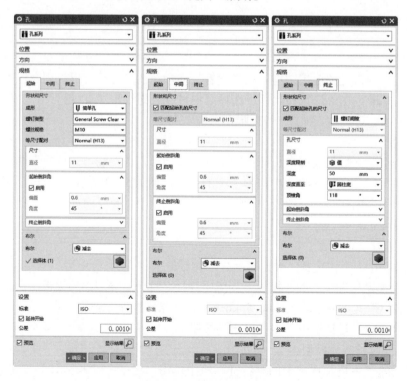

图5-33 "孔系列"设置

步骤3 创建一个常规的沉头孔。

① 在功能区的"主页"选项卡的"特征"组中单击"孔"按钮⬡，打开"孔"对话框。

② 在"孔"对话框的"类型"选项组中，从下拉列表框中选择"常规孔"选项。

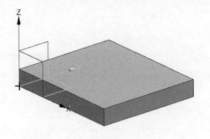

图5-34 创建长方体模型

③ 指定点位置。在"位置"选项组中单击"绘制截面"按钮 ✍，弹出"创建草图"对话框，设置"草图类型"选项为"在平面上"，"平面方法"选项为"自动判断"，单击模型的上表面，如图5-35所示，然后在"创建草图"对话框中单击"确定"按钮。也可不必在"位置"选项组中单击"绘制截面"按钮 ✍，而是直接在图形窗口中单击要作为草图平面的模型上表面。

④ 确认草图平面后，弹出"草图点"对话框。在"草图点"对话框中单击"点构造器"按钮 ⊞，弹出"点"对话框，指定点位置，如图5-36所示。然后单击"点"对话框中的"确定"按钮，并单击"草图点"对话框中的"关闭"按钮。

图5-35 指定草图平面

图5-36 指定点位置

⑤ 单击"完成草图"按钮 ▦，返回到"孔"对话框。

⑥ 在"孔"对话框的"形状和尺寸"选项组中，从"成形"下拉列表框中选择"沉头"选项，接着将沉头孔直径设置为"25"，沉头孔深度为"5"，直径为"12"，"深度限制"选项为"贯通体"，如图5-37所示。

⑦ 在"孔"对话框中单击"确定"按钮，完成一个常规沉头孔的创建，其效果如图5-38所示。

步骤4 创建一个螺纹孔。

① 在功能区的"主页"选项卡的"特征"组中单击"孔"按钮⬡，打开"孔"对话框。

② 在"孔"对话框的"类型"选项组中，从下拉列表框中选择"螺纹孔"选项。

③ 在模型上表面上单击，如图5-39所示，注意单击位置。

④ 系统弹出"草图点"对话框，直接在"草图点"对话框中单击"关闭"按钮，接着修改单击点的位置尺寸如图5-40所示，然后单击"完成草图"按钮▦。

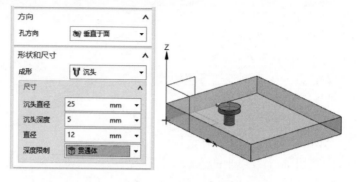

图 5-37 设置沉头孔形状和尺寸参数

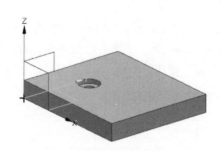

图 5-38 完成创建一个常规沉头孔

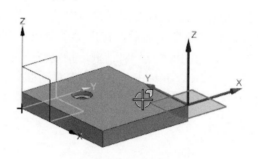

图 5-39 单击模型上表面

在"孔"对话框的"形状和尺寸"选项组中，设置螺纹尺寸规格为"M10×1.5"，"深度类型"为"定制"，"螺纹深度"值为"15"，"深度限制"选项为"值"，"深度"值为"19"，"深度直至"为"圆柱底"，"顶锥角"值为"118"（单位为"°"），如图 5-41 所示。

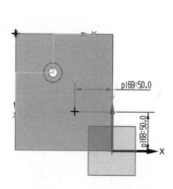

图 5-40 指定点位置

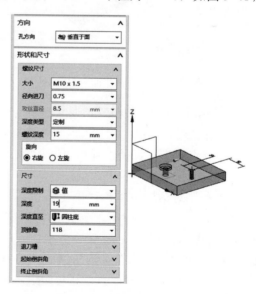

图 5-41 设置螺纹尺寸

分别设置启用退刀槽（止裂口）、让位槽倒斜角（起始倒斜角）和终止倒斜角，如

图 5-42 所示。另外要注意在"设置"选项组中，默认螺纹孔"标准"选项为"Metric Coarse"。

在"孔"对话框中单击"确定"按钮，完成创建如图 5-43 所示的螺纹孔。

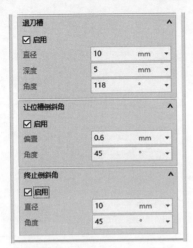

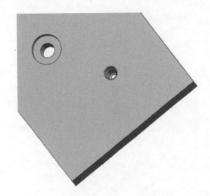

图 5-42　分别选中相关复选框　　　　　　图 5-43　完成创建螺纹孔

5.2.2　凸起

扫码观看视频

使用"凸起"命令，用沿着矢量投影截面形成的面修改体，可以选择端盖位置和形状。可以这么理解，执行"凸起"工具命令，可以在指定的曲面或实体表面上创建凸起的特征，"凸起"特征的创建需要有两个基本条件，一是曲面或实体曲面，二是要有满足条件的曲线，如指定平面上的曲线或曲面上的曲线。

下面介绍创建"凸起"特征的一个典型范例。

步骤1　创建第 1 个凸起特征。

打开本书配套的素材模型文件"bc_5_tq.prt"，该模型文件存在一个拉伸实体、一条位于曲面上的投影曲线，以及一行位于实体曲面上的沿着曲线分布的文字曲线，如图 5-44 所示。

在功能区"主页"选项卡的"特征"组中单击"更多"|"凸起"按钮 ，弹出如图 5-45 所示的"凸起"对话框。

由于本例原始模型文件中已有所需的文字曲线，因此不用使用"截面线"选项组中的"绘制截面"按钮 来绘制曲线。在本例中，先选择实体曲面上的一个文字曲线，如在图形窗口中选择"H"文字曲线。

在"要凸起的面"选项组中单击"选择面"按钮 ，从上边框条"面规则"下拉列表框中选择"单个面"选项，在图形窗口中单击要凸起的一个面，如图 5-46 所示。

在"凸起方向"选项组的方向矢量下拉列表框中选择"ZC 轴"图标选项 ，在"端盖"选项组的"几何体"下拉列表框中选择"凸起的面"选项，从"位置"下拉列表框中选择"偏置"选项，设置距离值为"2mm"，分别设置"拔模"选项组、"自由边修剪"选项组和"设置"选项组中的选项及参数内容，如图 5-47 所示。

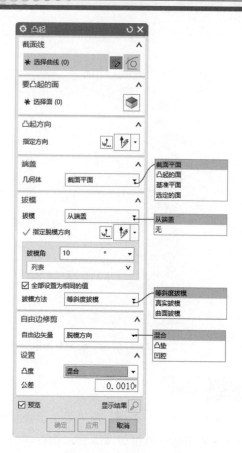

图 5-45 "凸起"对话框

图 5-44 原始模型及相应曲线

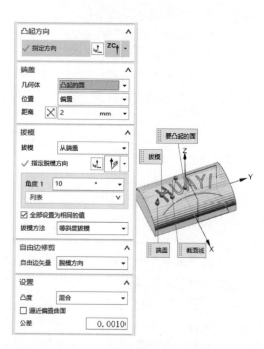

图 5-46 选择要凸起的面

图 5-47 设置相关选项及参数内容

知识点拨：在"设置"选项组中可以设置凸度，凸度的选项为"混合""凸垫"或"凹腔"，这从字面上很容易理解，例如要形成凹下去的形状效果，可选择"凹腔"选项。

6 在"凸起"对话框中单击"应用"按钮，完成的第一个凸起特征如图 5-48 所示。

步骤2 创建其他几个凸起特征。

使用同样的方法创建其他 4 个凸起特征，如图 5-49 所示，其中"A"还有一部分没有完成。要凸起的面是相同的，端盖"几何体"选项均为"凸起的面"，偏距凸起的距离为"2mm"，凸度为"混合"。

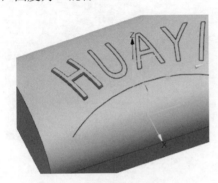
图 5-48 创建第一个凸起特征

图 5-49 创建其他 4 个凸起特征

步骤3 最后创建一个"凹腔"凸度的凸起特征。

1 设置以"静态线框"模式 显示模型，确保"凸起"对话框的"截面线"选项组的"曲线"按钮 处于被选中的状态，在图形窗口中选择"A"曲线中的三角形部分，如图 5-50 所示。

2 设置以"带边着色"模式 显示模型，在"要凸起的面"选项组中单击"要凸起的面"按钮 ，选择如图 5-51 所示的面作为要凸起的面。

图 5-50 选择"A"曲线中的三角形部分

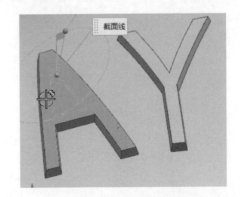
图 5-51 选择要凸起的面

3 在"设置"选项组的"凸度"下拉列表框中选择"凹腔"选项，并在"端盖"选项组中单击"反向"按钮 ，其他选项默认，如图 5-52 所示。

4 单击"确定"按钮，完成该"凹腔"形式的凸起特征，结果如图 5-53 所示。

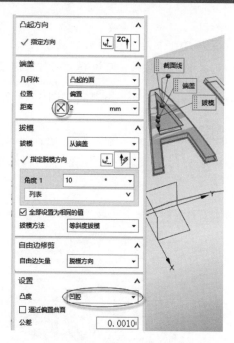

图 5-52　设置相关选项及参数　　　　　　图 5-53　完成全部凸起特征

5.2.3　偏置凸起

　　单击"偏置凸起"按钮，可以通过点或曲线来偏置面，从而修改体。要偏置的面为片体类，涉及的轨迹线多要求为非封闭的。

　　下面以范例的形式介绍如何创建偏置凸起特征。该范例素材模型文件为"hy_pztq.prt"，文件中已经存在着如图 5-54 所示的片体曲面和一条位于曲面上的曲线。

　　1．创建"曲线"类型的偏置凸起

　　❶ 在功能区"主页"选项卡的"特征"组中单击"更多" | "偏置凸起"按钮，弹出如图 5-55 所示的"偏置凸起"对话框。

扫码观看视频

图 5-54　已有片体曲面和曲面上的曲线　　　图 5-55　"偏置凸起"对话框

2　从"类型"下拉列表框中选择"曲线"选项，在图形窗口中单击已有曲面作为要偏置的片体。

3　此时，"要遵循的轨迹"选项组中的"选择曲线"按钮处于被选中的状态，在图形窗口中选择位于曲面上的一条曲线，在"偏置"选项组中设置"侧偏置"值为"3mm"，"高度"值为"2mm"，在"宽度"选项组中设置"右侧宽度"值为"8mm"，"左侧宽度"值为"5mm"，如图 5-56 所示。

4　单击"应用"按钮，完成创建第一个偏置凸起特征，如图 5-57 所示。

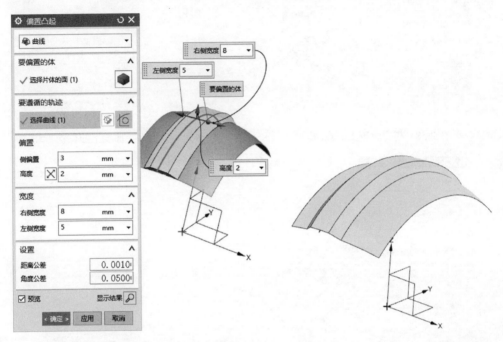

图 5-56　选择轨迹线并设置相关的参数　　　　图 5-57　完成创建第一个偏置凸起特征

2．创建"点"类型的偏置凸起

1　在"偏置凸起"对话框的"类型"下拉列表框中选择"点"选项，以"体的面"面规则来选择已有曲面片体作为要偏置的片体。

2　在"轨迹上的点"选项组中选择"曲线/边上的点"按钮，在图形窗口中单击如图 5-58 所示的边线以初步获取轨迹上的一个点。此时可单击"点构造器"按钮，弹出"点"对话框，在"曲线上的位置"选项组的"位置引用"下拉列表框中选择"曲线起点"选项，从"位置"下拉列表框中选择"弧长百分比"选项，在"%曲线长度"文本框内输入"35"，如图 5-59 所示，然后单击"点"对话框的"确定"按钮。

3　在"偏置凸起"对话框中分别设置如图 5-60 所示的偏置、距离和宽度参数等，并在"偏置"选项组的"高度"行中单击"反向"按钮，以使默认的高度方向反转，如图 5-61 所示。

4　在"偏置凸起"对话框中单击"确定"按钮，完成第二个偏置凸起特征的创建，完成效果如图 5-62 所示。

图 5-58　指定轨迹上的点

图 5-59　设置点在曲线上的位置

图 5-60　"偏置凸起"对话框参数设置

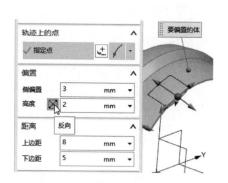

图 5-61　反向高度

图 5-62　完成第二个偏置凸起特征

5.2.4 筋板

使用"筋板"命令，可以通过一个平的截面与实体相交来添加薄壁筋板或网格筋板，示例如图 5-63 所示。该示例的创建步骤如下，配套原始模型文件为"hy_jb_1.prt"。

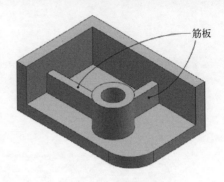

扫码观看视频

图 5-63 筋板示意

▌1▐ 在功能区"主页"选项卡的"特征"组中单击"更多"|"筋板"按钮◉，系统弹出"筋板"对话框，如图 5-64 所示，从"目标"选项组可以看到 NX 系统已经自动选择了实体。

▌2▐ 由于素材模型文件中没有存在可用的曲线，可在"截面线"选项组中单击"绘制截面"按钮🖉，弹出"创建草图"对话框。选择"在平面上"选项，从"平面方法"下拉列表框中选择"新平面"选项，选择模型的一个平整实体面作为参考，设置偏移距离为"25mm"，指定水平参考矢量，以及指定草图原点，如图 5-65 所示，然后单击"确定"按钮。

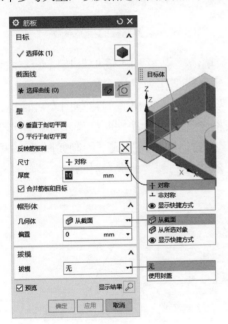

图 5-64 弹出"筋板"对话框

图 5-65 指定草图平面等

绘制如图 5-66 所示的两条直线，单击"完成"按钮🏁，返回到"筋板"对话框。

▌3▐ 在"壁"选项组中选择"垂直于剖切平面"单选项，从"尺寸"下拉列表框中选择"对称"选项，厚度为"10mm"，选中"合并筋板和目标"复选框；从"帽形体"选项组的"几何体"下拉列表框中选择"从截面"选项，其偏置值为"0mm"；从"拔模"下拉列表框中选择"使用封盖"选项，角度为"2°"，如图 5-67 所示。

▌4▐ 单击"确定"按钮，完成该筋板特征的创建。

"筋板"命令可以替代以前的"三角形加强筋"命令。下面是一个范例，该范例源文件"hy_jb_2.prt"存在着如图 5-68 所示的实体模型。

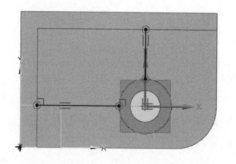

图 5-66 绘制两条直线

图 5-67 设置筋板的相关参数

1 在功能区"主页"选项卡的"特征"组中单击"更多"|"筋板"按钮 🔩,系统弹出"筋板"对话框,此时 NX 系统已经自动选择了实体模型作为目标实体。

2 在"截面线"选项组中单击"绘制截面"按钮 📝,弹出"创建草图"对话框,草图类型为"在平面上",从"平面方法"下拉列表框中选择"自动判断"选项,在图形窗口中选择基准坐标系(0)的 XZ 平面,单击"确定"按钮,在草图模式下绘制如图 5-69 所示的可形成封闭区域的筋板截面,单击"完成"按钮 📝,返回到"筋板"对话框。

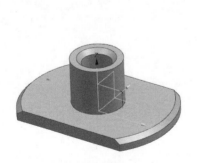

图 5-68 原始实体模型

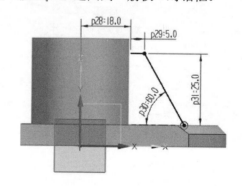

图 5-69 绘制截面

3 在"壁"选项组中选择"平行于剖切平面"单选项,从"尺寸"下拉列表框中选择"对称"选项,设置"厚度"为"6mm",选中"合并筋板和目标"复选框,如图 5-70 所示。

4 单击"确定"按钮,完成传统三角形加强筋形式的筋板特征,如图 5-71 所示。

5.2.5 晶格

要创建晶格体,可以在功能区"主页"选项卡的"特征"组中单击"更多"|"晶格"按

钮 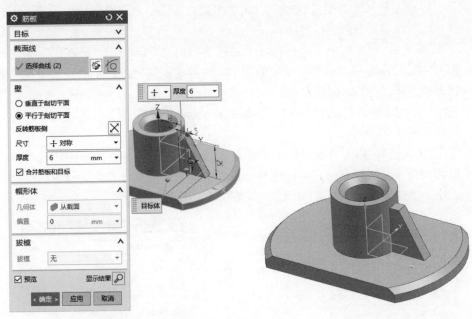，弹出如图 5-72 所示的"晶格"对话框。从晶格创建类型下拉列表框中可以看出晶格创建类型分 4 类，分别是"单位填充""正形单位""曲面"和"四面体填充"。

图 5-70　设置筋板相关选项及参数

图 5-71　完成三角形加强筋形式的筋板

图 5-72　"晶格"对话框

- "单位填充"：用于将单元晶格在所有三个方向上进行阵列，然后将其修剪回体，以此使用晶格填充包容体。选择此创建类型时，需要选择实体作为晶格的边界，为单元晶格指定单元格类型及其相应的尺寸参数，还需要分别定义种子放置、图、创建体、边界修剪等方面的内容。

- "正形单位"：用于将单元晶格在面上沿指定方向进行阵列，以此在面上创建晶格。需要定义的内容和"单位填充"的类似，主要的不同之处在于"正形单位"需要选择面或片体以在其上创建晶格。

- "曲面"：用于将晶格的网格小平面边用作节点，以此在面上创建晶格，需要定义的内容如图5-73所示。

- "四面体填充"：用于将晶格的小平面边在外部用作节点并在内部添加四面体结构，以此使用该晶格填充包容体。选择此创建类型时，需要分别定义基本网格、小平面大小、创建体，和"曲面"创建类型类似，如图5-74所示。

图5-73　选择"曲面"创建类型时

图5-74　选择"四面体填充"创建类型时

5.2.6 槽

使用"槽"工具命令，可以将一个外部或内部槽添加到实体的圆柱形或锥形面上，如图5-75所示，所创建的设计特征通常被称为"开槽特征"或"槽特征"。

扫码观看视频

在功能区"主页"选项卡的"特征"组中单击"更多"|"槽"按钮，系统弹出如图5-76所示的"槽"对话框。使用该对话框可以创建3种类型的环形槽，即"矩形"环形槽、"球形端槽"环形槽和"U形槽"环形槽。在该对话框中选择开槽的类型后，选择放置面（圆柱面或圆锥表面），设置槽的特征参数，然后定位该环形槽特征（也称开槽特征）。

下面结合图例形象地介绍环形槽类型。

1. "矩形"环形槽

矩形槽如图5-77所示，它需要两个参数，即"槽直径"和"宽度"。

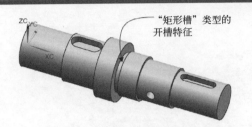

图 5-75 开槽特征创建示例

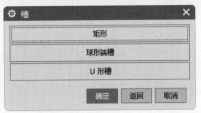

图 5-76 "槽"对话框

图 5-77 矩形槽

2. "球形端槽" 环形槽

球形端槽如图 5-78 所示,它需要"槽直径"和"球直径"两个参数。

图 5-78 球形端槽

3. "U 形槽" 环形槽

U 形槽如图 5-79 所示,它需要"槽直径""宽度"和"角半径(拐角半径)"3 个参数。需要注意的是,U 形槽宽度应该大于两倍的拐角半径。

图 5-79 U 形槽

下面介绍一个应用"槽"命令的操作实例。假设模型中已经存在着如图 5-80 所示的轴模型,给该轴添加一个矩形环形槽(本书提供配套的素材模型文件"bc_5_pkh.prt")。该操作实例的操作步骤如下。

1 在功能区"主页"选项卡的"特征"组中单击"更多"|"槽"按钮 ⬢,弹出"槽"对话框。

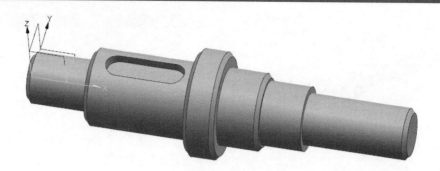

图 5-80　轴零件

在"槽"对话框中单击"矩形"按钮。

选择放置面，如图 5-81 所示（鼠标指针所指的圆柱面）。

在"矩形槽"对话框中设置矩形槽的"槽直径"和"宽度"参数，如图 5-82 所示。然后单击"确定"按钮。

图 5-81　选择圆柱面作为放置面

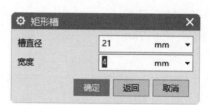

图 5-82　定义矩形槽参数

系统弹出如图 5-83 所示的"定位槽"对话框，并且系统提示："选择目标边或"确定"接受初始位置"。在轴零件上选择如图 5-84 所示的目标边。

图 5-83　"定位槽"对话框

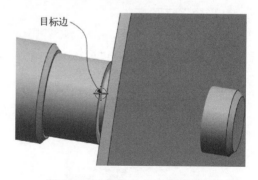

图 5-84　在轴零件上指定目标边

系统提示"选择刀具边"，选择如图 5-85 所示的边。

系统弹出"创建表达式"对话框。在"创建表达式"对话框中设置新的定位值为"0"，如图 5-86 所示。

在"创建表达式"对话框中单击"确定"按钮，完成在该零件上创建矩形槽，效果如图 5-87 所示。最后在"矩形槽"对话框中单击"关闭"按钮 X 关闭该对话框。

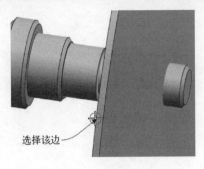

图 5-85 选择刀具边

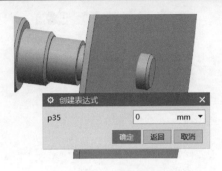

图 5-86 设置定位距离

图 5-87 创建矩形槽

5.2.7 螺纹

在 NX 中可以创建符号螺纹和详细螺纹，即可以将符号螺纹或详细螺纹添加到实体的指定圆柱面处。符号螺纹是在被创建螺纹的位置处以虚线显示，而不显示螺纹实体造型，它的生成速度快，用于表示螺纹和标注螺纹。符号螺纹的参数有大径、小径、螺距、角度、标注、螺纹钻尺寸、螺纹头数和长度等；而详细螺纹真实感强。

下面结合一个典型实例介绍如何创建螺纹特征。读者可以打开该实例的配套源模型文件"bc_5_lw.prt"，按照如下步骤上机操作。

① 在功能区的"主页"选项卡的"特征"组中单击"更多"|"螺纹"按钮 ，打开如图 5-88 所示的"螺纹切削"对话框。

② 在"螺纹切削"对话框的"螺纹类型"选项组中选择"符号"单选项或"详细"单选项，在"旋转"选项组中选择"右旋"单选项或"左旋"单选项。在本实例中选择"符号"单选项，以及选择"右旋"单选项。

③ 在模型窗口中单击要操作的圆柱面，并指定螺纹起始面，如图 5-89 所示。

④ 此时出现如图 5-90 所示的一个对话框可以指定螺纹轴方向，本例中默认的螺纹轴方向应该反向，因此单击"螺纹轴反向"按钮。

⑤ NX 将根据所选的圆柱面给出适合的螺纹参数，用户可以根据设计要求修改其中一些参数，如螺纹长度、轴尺寸等，如图 5-91 所示。如有必要，可以单击"选择起始"按钮重新指定螺纹起始位置和螺纹轴方向，还可以从表格中选择标准螺纹规格参数，以及手工输入全部螺纹参数值。

图 5-88 "螺纹切削"对话框

图 5-89 选择圆柱面

图 5-90 指示定义螺纹轴方向

图 5-91 指定螺纹参数

6 在"螺纹切削"对话框中单击"确定"按钮,添加螺纹符号如图5-92所示。

知识点拨：如果在本例中，在"螺纹切削"对话框的"螺纹类型"选项组中选择"详细"单选项，并选择圆柱面和指定螺纹起始面，确定螺纹轴方向、深度以及其他螺纹参数，最后单击"确定"按钮或"应用"按钮，则完成添加的螺纹结构如图 5-93 所示。详细螺纹（细节螺纹）是外形逼真的螺纹，需要设置的参数比符号螺纹少，包括螺纹大径/螺纹小径、长度、螺距、角度和旋转方向等，其生成速度和更新速度相对较慢。

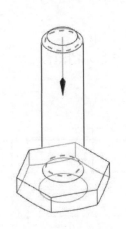

图 5-92　添加螺纹符号　　　　　　图 5-93　添加螺纹详细结构

5.3　阶梯轴设计

扫码观看视频

　　阶梯轴在机械设备中比较常见，其主体造型可以采用"旋转"工具命令来创建，阶梯轴上的键槽可以采用"拉伸"工具命令，并结合建立的基准平面来辅助创建，轴上的环形槽采用"槽"工具命令创建，轴上的通孔采用"孔"工具命令创建，轴上的螺纹结构可采用"螺纹"工具命令完成。

　　本范例要完成的模型为某阶梯轴零件，其模型效果如图 5-94 所示。该实例中应用到旋转、基准面、凸起、环形槽（开槽）、孔和螺纹特征等。

图 5-94　阶梯轴模型

该阶梯轴的设计方法和步骤如下。

步骤1 新建一个模型文件。

1 单击"新建"按钮，打开"新建"对话框。

2 在"模型"选项卡的"模板"列表中选择名称为"模型"的模板，在"新文件名"选项组的"名称"文本框中输入"bc_5x_jtz.prt"，并指定要保存到的文件夹。

3 在"新建"对话框中单击"确定"按钮。

步骤2 创建旋转实体。

1 在功能区的"主页"选项卡的"特征"组中单击"旋转"按钮，打开"旋转"对话框。

2 在图形窗口中选择基准坐标系的 *XY* 平面，快速进入草图模式。

3 确保"轮廓"按钮处于被选中状态，绘制如图 5-95 所示的闭合轮廓线。

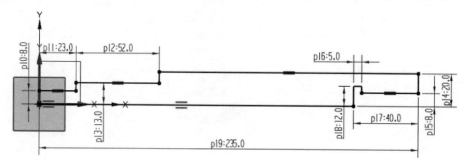

图 5-95 绘制闭合的旋转剖面

4 绘制图形并标注好尺寸和几何约束后，单击"完成草图"按钮。

5 返回"旋转"对话框，从"轴"选项组的"指定矢量"下拉列表框中选择"XC 轴"图标选项，定义轴矢量并指定轴点通过坐标原点。也可以从"指定矢量"下拉列表框中选择"自动判断的矢量"图标选项并确保"指定矢量"处于选择状态下，在图形窗口中单击与 *X* 轴重合的最长边来定义旋转轴。

6 在"限制"选项组中，设置开始角度值为"0"，结束角度值为"360"。在"偏置"选项组的"偏置"下拉列表框中选择"无"选项，在"设置"选项组的"体类型"下拉列表框中确保选择"实体"选项，其他接受默认值。

7 在"旋转"对话框中单击"确定"按钮，创建的旋转实体特征如图 5-96 所示。

步骤3 创建一个基准平面。

1 在功能区的"主页"选项卡的"特征"组中单击"基准平面"按钮，打开"基准平面"对话框。

2 从"类型"选项组的"类型"下拉列表框中选择"XC-YC 平面"选项，在"偏置和参考"选项组中选择"WCS"单选项，将偏置距离设置为"9"，如图 5-97 所示。

3 在"基准平面"对话框中单击"确定"按钮，从而创建一个新基准平面。

步骤4 创建一个键槽。

1 在功能区的"主页"选项卡的"特征"组中单击"拉伸"按钮，弹出"拉伸"对话框。

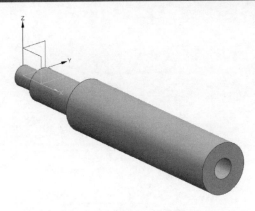
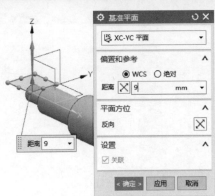

图 5-96 创建旋转实体特征　　　　　　图 5-97 创建基准平面

2️⃣ 在图形窗口中单击刚创建好的基准平面作为草图平面，绘制如图 5-98 所示的键槽截面，单击"完成"按钮 📮。

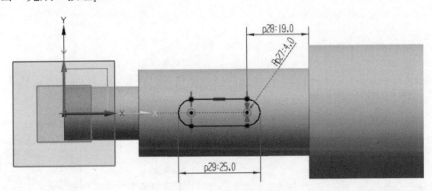

图 5-98 绘制键槽截面

3️⃣ 返回到"拉伸"对话框，默认方向矢量选项为"面/平面法向" ⚡️，或者选择"ZC轴" ᶻᶜ 定义拉伸方向矢量。在"布尔"选项组的"布尔"下拉列表框中选择"减去"选项，并在"限制"选项组中设置开始距离值为"0mm"，从"结束"下拉列表框中选择"贯通"选项，如图 5-99 所示。

4️⃣ 在"拔模"选项组的"拔模"下拉列表框中选择"无"选项，"偏置"选项组的"偏置"下拉列表框中选择"无"选项，"设置"选项组的"体类型"下拉列表框中默认选择"实体"选项，接受默认的公差值，如图 5-100 所示。

5️⃣ 在"拉伸"对话框中单击"确定"按钮，从而完成以拉伸的方式创建一个键槽，如图 5-101 所示。

步骤 5 隐藏之前创建的基准平面。

1️⃣ 在图形区域中右击之前创建的基准平面的显示边框，弹出一个右键快捷菜单。

2️⃣ 在该右键快捷菜单中选择"隐藏"命令，如图 5-102 所示，隐藏创建的基准平面。

步骤 6 创建"矩形"类型的开槽特征。

1️⃣ 在功能区的"主页"选项卡的"特征"组中单击"更多"|"槽"按钮 🥁，弹出"槽"对话框。

图 5-99 设置拉伸布尔、限制等参数

图 5-100 设置拔模、偏置和体类型等

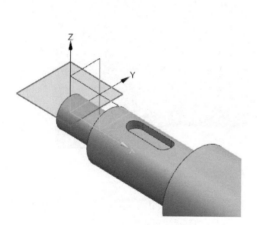

图 5-101 完成创建一个键槽

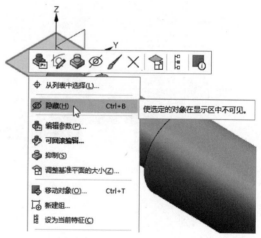

图 5-102 隐藏基准平面

图 5-103 "槽"对话框

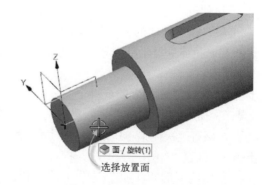

图 5-104 选择矩形槽的放置面

2 在"槽"对话框中单击"矩形"按钮，如图 5-103 所示。

3 选择放置面，如图 5-104 所示。

4 在弹出的"矩形槽"对话框中将"槽直径"值设置为"12",将"宽度"值设置为"3.5",如图 5-105 所示,然后单击"确定"按钮。

5 翻转模型视角,选择如图 5-106 所示的一条圆边作为目标边。

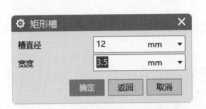

图 5-105 "矩形槽"对话框

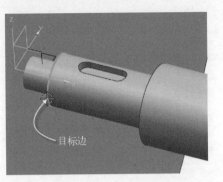

图 5-106 指定目标边

6 选择如图 5-107 所示的一条圆边作为刀具边。

7 在弹出的"创建表达式"对话框中将该定位尺寸的值设置为"0",如图 5-108 所示,然后单击"确定"按钮。

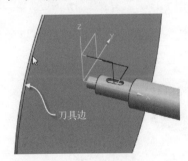

图 5-107 指定刀具边

图 5-108 "创建表达式"对话框

8 隐藏基准坐标系,可以看到完成创建的"矩形"环形槽(开槽)如图 5-109 所示。在如图 5-110 所示的"环形槽"对话框中单击"关闭"按钮 ✕ 。

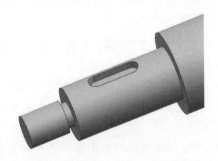

图 5-109 完成创建"矩形"环形槽

图 5-110 "矩形槽"对话框

步骤 7 创建倒斜角。

1 在功能区的"主页"选项卡的"特征"组中单击"倒斜角"按钮 ◈ ,弹出"倒斜角"对话框。

 在"偏置"选项组的"横截面"下拉列表框中选择"对称"选项,在"距离"文本框中输入"1.5",在"设置"选项组的"偏置法"下拉列表框中选择"沿面偏置边"选项,如图 5-111 所示。

 在图形窗口中选择要倒斜角的边(共 5 条边),如图 5-112 所示。

图 5-111 "倒斜角"对话框

图 5-112 选择要倒斜角的边

 在"倒斜角"对话框中单击"确定"按钮,完成倒斜角的模型效果如图 5-113 所示。

图 5-113 完成倒斜角的模型效果

步骤 8 创建螺纹孔特征。

 在功能区"主页"选项卡的"特征"组中单击"孔"按钮 ⬡,打开"孔"对话框。

 在"类型"选项组的"类型"下拉列表框中选择"螺纹孔"选项。

 调整模型视角,选择如图 5-114 所示的一个内孔端面作为要草绘的平的面,弹出"草图点"对话框,关闭该"草图点"对话框,单击位置点的尺寸修改为如图 5-115 所示尺寸,单击"完成草图"按钮 ▦,返回到"孔"对话框。

 在"形状和尺寸"选项组中,从"螺纹尺寸"子选项组的"大小"下拉列表框中选择"M6×1.0","径向进刀"值为"0.75",从"深度类型"下拉列表框中选择"定制"选项,设置"螺纹深度"值为"20",旋向为"右旋";在"尺寸"子选项组的"深度限制"下拉列表框中选择"值"选项,设置其"深度"值为"80","深度直至"选择"圆柱底","顶锥角"值为"118",并设置启用起始倒斜角,如图 5-116 所示。

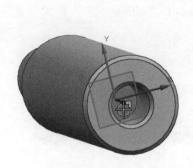

图 5-114 选择要草绘的平的面

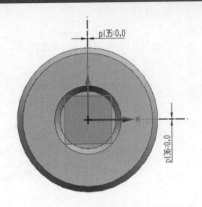

图 5-115 修改后的位置点尺寸

⑤ 在"孔"对话框中单击"应用"按钮，完成创建螺纹孔特征。

步骤 9 创建一个"埋头"形式的常规孔。

① 在"孔"对话框的"类型"选项组的"类型"下拉列表框中选择"常规孔"选项。

② 在"位置"选项组中单击"绘制截面"按钮 ⚃，弹出"创建草图"对话框。从"草图类型"下拉列表框中选择"在平面上"选项，在"平面方法"下拉列表框中选择"新平面"选项，从"指定平面"下拉列表框中选择"YC-ZC 平面"图标选项 ⚃，在屏显"距离"文本框中输入"-20"；在"草图方向"选项组的"参考"下拉列表框中选择"水平"选项，选择"XC 轴" ⚃ 定义草图方向矢量；在"草图原点"选项组的"原点方法"下拉列表框中选择"使用工作部件原点"选项，如图 5-117 所示，然后单击"确定"按钮。

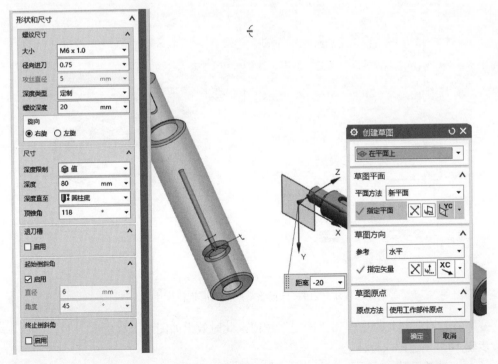

图 5-116 设置螺纹孔的"形状和尺寸"参数

图 5-117 指定草图平面

⑧ 系统弹出"草图点"对话框，在模型中指定一个草图点，关闭"草图点"对话框，以及修改该草图点的尺寸，如图 5-118 所示。然后单击"完成草图"按钮，返回到"孔"对话框。

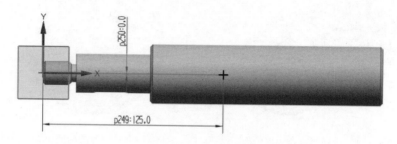

图 5-118　创建一个草图点并修改其尺寸

④ 在"形状和尺寸"选项组的"成形"下拉列表框中选择"埋头"选项，设置"埋头直径"值为"8"，"埋头角度"值为"90"，"直径"值为"5"，"深度限制"类型为"值"，"深度"值为"20"，"顶锥角"值为"118"，如图 5-119 所示。

图 5-119　设置该常规孔的形状和尺寸

⑤ 在"孔"对话框中单击"确定"按钮，此时效果如图 5-120 所示。

步骤 10　创建螺纹特征。

① 在功能区的"主页"选项卡的"特征"组中单击"更多"|"螺纹"按钮，弹出"螺纹切削"对话框。

图 5-120 完成创建一个常规埋头孔

2 在"螺纹类型"选项组中选择"详细"单选项，在"旋转"选项组中选择"右旋"单选项，如图 5-121 所示。

3 选择要创建螺纹的圆柱面，如图 5-122 所示。

图 5-121 "螺纹切削"对话框

选择圆柱面

图 5-122 选择要创建螺纹的圆柱面

4 单击如图 5-123 所示的端面以设定螺纹起始面。

5 设置"起始条件"为"延伸通过起点"，并单击"螺纹轴反向"按钮以获得所需的螺纹轴方向，如图 5-124 所示。

指定起始面

图 5-123 指定螺纹起始面

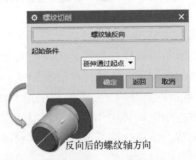

反向后的螺纹轴方向

图 5-124 螺纹轴反向

⑥ 设置螺纹参数，如图5-125所示。

⑦ 单击"确定"按钮，创建的详细螺纹如图5-126所示。

图 5-125　设置螺纹参数

图 5-126　完成创建详细螺纹

步骤 11　保存文件。

至此，完成了本阶梯轴的建模工作，其模型效果如图5-127所示，最后单击"保存"按钮圖将该模型文件保存。

图 5-127　完成的阶梯轴模型效果

5.4　本章小结与经验点拨

在很多实体模型上都可以看到细节特征和其他一些设计特征。细节特征包括边倒圆、面倒圆、倒斜角、拔模和拔模体等，而其他设计特征则主要包括孔、凸起、偏置凸起、筋板、晶格、槽和螺纹等（注意：在前面第4章介绍的体素特征、拉伸特征和旋转特征也属于设计特征）。本章重点介绍了一些常见的细节特征和其他设计特征。

用户在实际设计工作中，可以灵活应用这些细节特征和设计特征。细节特征更多地体现在模型细节上，这些细节通常是"有据可循"的，它们与模型的制造工艺、使用工艺、产品安全性等方面息息相关。孔、凸起、偏置凸起、筋板、晶格、槽和螺纹等这些设计特征有一个基本共同点，就是除了需要设置形状尺寸参数（尺寸规格）之外，还需要指定安放表面和定位尺寸等相关内容。

5.5 思考与练习

1）细节特征主要包括哪些？

2）在什么情况下需要设计拔模特征？

3）凸起与偏置凸起是指什么？如何创建？

4）想一想：有多少种方法可以构建孔结构？

5）如何创建筋板特征？可以举例说明。

6）螺纹特征分哪两种？请举例说明。

7）上机操作：请按照如图 5-128 所示的工程图信息对主轴进行建模。

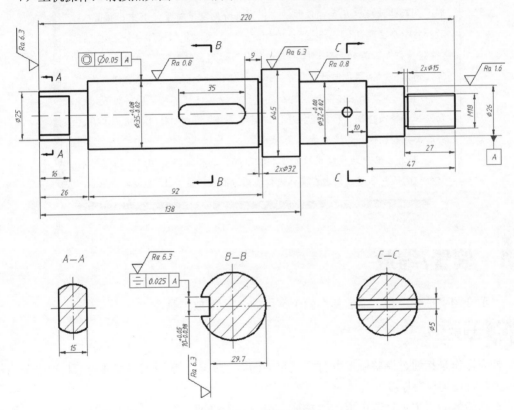

图 5-128 主轴工程图

8）上机操作：请自行设计一个实体模型，要求至少应用到本章所介绍的 5 个特征。

第6章 模型进阶处理与特征编辑

本章导读：

在已有实体模型或已有特征的基础上，可以进行一些进阶的操作和编辑处理，以获得所需的模型效果。本书将与实体相关的偏置/缩放、关联复制和体处理这几类操作归纳在模型进阶处理范畴里，其中，偏置/缩放操作命令主要包括"抽壳"和"缩放体"，关联复制操作命令主要包括"阵列特征""阵列面""阵列几何特征""镜像特征""镜像面""镜像几何体""抽取几何特征"等，体处理操作命令则主要包括"修剪体""拆分体"和"删除体"等。特征编辑包括编辑特征参数、编辑位置、移动特征、替换特征、特征重排序、抑制特征、取消抑制特征、特征重播、移除参数和编辑实体密度等。

本章主要介绍模型进阶处理和特征编辑的相关实用知识。通过对本章知识的认真学习，读者在实体设计能力方面应该能更上一层楼。

6.1 偏置/缩放

本节介绍"抽壳"和"缩放体"两个常用的偏置/缩放工具命令。

6.1.1 抽壳

抽壳操作是指通过调整壁厚并打开选定的面修改实体，常用于将实体内部材料去除而使之成为具有设定材料厚度的壳体。

在功能区的"主页"选项卡的"特征"组中单击"抽壳"按钮⬤，弹出如图 6-1 所示的"抽壳"对话框。从该对话框可以看出"抽壳"共有两种类型，即"移除面，然后抽壳"和"对所有面抽壳"；可以为抽壳对象设置只具有均一厚度，也可以为抽壳对象的其他选定面设置备选厚度（此时需要使用"备选厚度"选项组）；在"设置"选项组中设置相切边处理方式（分"相切延伸面"和"在相切边添加支撑面"两种），设置是否使用补片解析自相交，以及指定公差。

1. 移除面，然后抽壳

"移除面，然后抽壳"选项是以选取实体一个面为移除面（开口的面），其他表面通过设置相关厚度参数形成一个非封闭的有指定厚度的腔体薄壁。下面介绍具体的操作步骤。

在"抽壳"对话框的"类型"下拉列表框中选择"移除面，然后抽壳"选项。

在"要穿透的面"选项组中确保选中"选择面"工具命令，在模型中选择要穿透的面，即该面作为移除面（开口的面）。

在"厚度"选项组的"厚度"文本框中指定抽壳的厚度。必要时，可以展开"备选厚度"选项组，单击"选择面"按钮，选择要设置不同厚度的面，以及为所选面设置相应的不同厚度值。

在"设置"选项组中设置相切边处理方式等，然后单击"确定"按钮，从而完成壳体的创建。

图 6-2 所示为"移除面，然后抽壳"类型的抽壳示例，在该示例中指定了一个要穿透的面，以及设置壳体为均一厚度（没有定义备选厚度）。

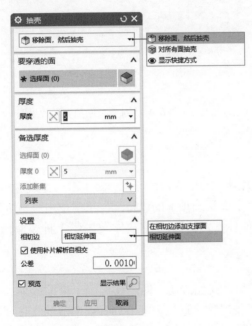

图 6-1 "抽壳"对话框

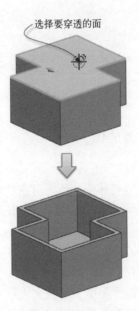

图 6-2 "移除面，然后抽壳"选项图例

2. 对所有面抽壳

"对所有面抽壳"选项是指按照某个设定的厚度抽空实体，其结果形成一个全封闭的有固定厚度的壳体。此类型抽壳与"移除面，然后抽壳"的不同之处在于：前者是选取实体直接进行抽壳操作，后者则是选取要移除的面来进行抽壳操作。下面介绍以单一厚度对所有面抽壳的操作步骤。

在"抽壳"对话框的"类型"下拉列表框中选择"对所有面抽壳"选项，如图 6-3 所示。

在"要抽壳的体"选项组中确保选中"选择体"工具命令，在图形窗口中选择要抽壳的体。

在"厚度"选项组的"厚度"文本框中设定抽壳的厚度。在"设置"选项组中可以接受默认设置（除非有特别的设计要求）。

在"抽壳"对话框中单击"确定"按钮，完成壳体的创建。

"对所有面抽壳"典型示例的效果如图 6-4 所示（为了便于观察抽壳效果，可选择以"静态线框"⬡方式显示）。

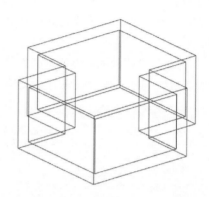

图 6-3 "抽壳"对话框　　　　　　　　图 6-4 "对所有面抽壳"效果图

6.1.2 缩放体

"缩放体"工具命令用于缩放实体或片体。

要缩放实体或片体，可在功能区的"主页"选项卡的"特征"组中单击"更多"|"缩放体"按钮⬠，弹出如图 6-5 所示的"缩放体"对话框，"缩放体"共有 3 种类型，下面分别进行介绍。

1. 轴对称

"轴对称"类型需要设定"沿轴向"和"其他方向"两个比例因子来缩放体。具体操作步骤是：在"类型"下拉列表框中选择"轴对称"选项，接着选择要缩放的实体或片体，利用"缩放轴"选项组设定缩放轴矢量和轴通过点，然后在"比例因子"选项组中设置"沿轴向"和"其他方向"两个比例因子值，最后单击"应用"按钮或"确定"按钮即可。

使用"轴对称"类型来缩放实体的典型示例如图 6-6 所示。在该示例中，缩放轴为 ZC 轴，"沿轴向"比例因子为"0.25"，"其他方向"比例因子为"1"。

2. 均匀

"均匀"类型需要设置一个"均匀"比例因子，按照该比例因子相对于设定的缩放点来均匀地缩放体。从"类型"下拉列表框中选择"均匀"选项时，"缩放体"对话框提供该类型的设置内容如图 6-7 所示。

3. 不均匀（常规）

"不均匀（常规）"类型需要指定一个缩放 CSYS，以及"X 向""Y 向"和"Z 向"3 个比例因子，可以将所选体在"X 向""Y 向"和"Z 向"3 个方向上按照各自比例因子缩放。从"类型"下拉列表框中选择"不均匀（常规）"选项时，"缩放体"对话框提供该类型的设置内容如图 6-8 所示。

图 6-5 "缩放体"对话框 图 6-6 "轴对称"类型缩放体示例

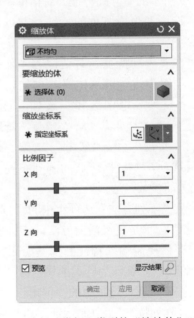

图 6-7 选择"均匀"类型的"缩放体"对话框 图 6-8 选择"常规"类型的"缩放体"对话框

6.2 关联复制

关联复制操作是指对已有的特征进行关联编辑或复制以获得所需要的实体或片体，可以避免对单一实体的重复建模，从而提高设计效率。关联复制操作命令主要包括"阵列特征""阵列面""阵列几何特征""镜像特征""镜像面""镜像几何体""抽取几何特征"等。本节对关联复制的主要操作进行介绍。

6.2.1 阵列特征

使用"阵列特征"工具命令,可以将指定的特征复制到多个阵列或布局(如"线性""圆形""多边形""螺旋"等)中,并有"对应阵列边界""实例方位""旋转"和"变化"等选项,输出结果可以是"阵列特征""复制特征"或"特征复制到特征组中"(通常将输出结果设置为"阵列特征")。

要创建阵列特征,可以按照以下的方法和步骤进行。

1 在功能区的"主页"选项卡的"特征"组中单击"阵列特征"按钮 🥀,弹出如图 6-9 所示的"阵列特征"对话框。

2 选择要形成阵列的特征,并可更改特征参考点。

3 在"阵列特征"对话框的"阵列定义"选项组中进行阵列定义。例如,从"布局"下拉列表框中选择"线性" ⠿、"圆形" ◯、"多边形" ⬠、"螺旋" 🌀、"沿" 〰、"常规" ⠿、"参考" ⠿ 或"螺旋线" 🐚 选项,并根据所选的阵列布局类型进行相关的参数、选项设置等。

图 6-9 "阵列特征"对话框

4 从"阵列方法"选项组中的"方法"下拉列表框中选择"变化"选项或"简单"选项。"变化"选项是更灵活的方法,支持多个输入,可以检查每个实例位置,还允许在每个实例位置评估控制输入特征的那些引用;"简单"选项是最快的创建方法,但很少检查实例,只允许一个特征作为阵列的输入。

5 在"设置"选项组的"输出"下拉列表框中设置输出结果方式,可供选择的输出结果方式有"阵列特征""复制特征"和"特征复制到特征组中"。在这里,可以从"输出"下拉列表框中选择"阵列特征"选项。

6 预览满意后,单击"应用"按钮或"确定"按钮,从而完成创建所需的阵列特征。

下面对相关的阵列布局进行介绍。

1. 线性阵列(采用"线性"布局的阵列)

从"阵列定义"选项组的"布局"下拉列表框中选择"线性" ⠿ 选项,可以以线性阵列的形式来复制所选的特征。所谓的线性阵列是指使用一个或两个线性方向定义布局。

下面结合一个操作实例来辅助介绍创建矩形阵列的方法及步骤。

1 假设在一个打开的模型文件中,已创建如图 6-10 所示的模型,该模型由一块长方形拉伸特征和圆柱体组成。读者也可以打开位于附赠资料包"CH6"文件夹中的配套素材模型文件"bc_6_zltz_xx.prt"。在功能区的"主页"选项卡的"特征"组中单击"阵列特征"按钮 ，弹出"阵列特征"对话框。

2 在"阵列特征"对话框的"要形成阵列的特征"选项组中，"特征"按钮 处于被选中的状态，在图形窗口中或部件导航器中选择"圆柱"特征作为要形成阵列的特征，如图 6-11 所示。

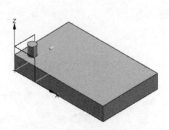

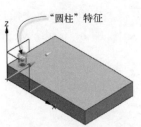

图 6-10　已有模型特征　　　　　图 6-11　选择要形成阵列的特征

3 在"阵列定义"选项组的"布局"下拉列表框中选择"线性" 选项，在"方向 1"子选项组的"指定矢量"下拉列表框中选择"XC 轴"图标选项 ，从"间距"下拉列表框中选择"数量和间隔"选项，设置"数量"为"4"，"节距"值为"27"；在"方向 2"子选项组中选中"使用方向 2"复选框，从"指定矢量"下拉列表框中选择"YC 轴"图标选项 ，从"间距"下拉列表框中选择"数量和间隔"选项，设置"数量"为"3"，"节距"值为"16.8"，如图 6-12 所示。

4 在"阵列方法"选项组的"方法"下拉列表框中选择"变化"选项，从"设置"选项组的"输出"下拉列表框中选择"阵列特征"选项。

5 在"阵列特征"对话框中单击"确定"按钮，完成创建该线性阵列特征后的模型效果如图 6-13 所示。

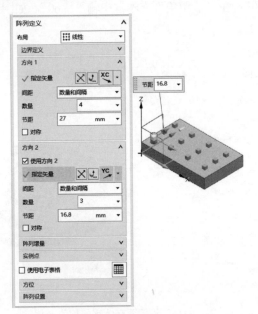

图 6-12　阵列定义　　　　　　　图 6-13　完成线性阵列特征

2．圆形阵列（采用"圆形"布局的阵列）

从"阵列特征"对话框的"阵列定义"选项组的"布局"下拉列表框中选择"圆形" ⚪ 选项，可以创建圆形阵列。所谓的"圆形阵列"是指通过使用旋转和可选的径向间距参数来定义布局。"圆形"布局常用于盘类零件上重复性特征的创建。

创建圆形阵列的操作方法和创建线性阵列的操作方法类似。圆形阵列的创建示例如图 6-14 所示。下面介绍该示例的创建方法和步骤，所用到的源文件为位于附赠资料包"CH6"文件夹中的"bc_6_zltz_yx.prt"。

图 6-14　圆形阵列示例

🔟 在功能区的"主页"选项卡的"特征"组中单击"阵列特征"按钮 ⚙，弹出"阵列特征"对话框。

🔟 在图形窗口中选择小的拉伸切口特征作为要形成阵列的特征。

🔟 在"阵列特征"对话框的"阵列定义"选项组的"布局"下拉列表框中选择"圆形" ⚪ 选项，从"旋转轴"子选项组的"指定矢量"下拉列表框中选择"ZC 轴"图标选项 ZC↑，并从"指定点"下拉列表框中选择"圆弧中心/椭圆中心/球心"图标选项 ⊙，然后在模型中选择要取其中心点的一条圆弧，如图 6-15 所示。

🔟 在"阵列定义"选项组的"斜角方向"子选项组中，从"间距"下拉列表框中选择"数量和间隔"，在"数量"文本框中输入"6"，在"节距角"文本框中输入"60"，如图 6-16所示。

图 6-15　定义旋转轴

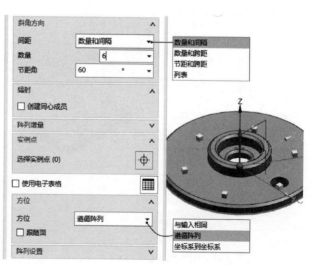

图 6-16　设置圆形阵列的相关参数

知识点拨： 针对一些设计场合，在"方位"子选项组的"方位"下拉列表框中有两个选项需要用户注意，这就是"遵循阵列"与"与输入相同"。前者在进行绕轴阵列时，阵列成员的方位也绕轴变化，如图 6-27a 所示；后者在进行圆形阵列时，阵列成员的方位仍然与原特征方位保持相同，如图 6-27b 所示。

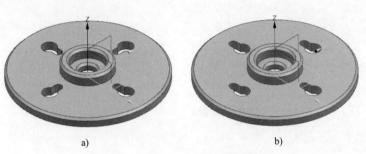

图 6-17　阵列的方位选项效果对比

a) 遵循阵列　b) 与输入相同

⑤　在"阵列特征"对话框中单击"确定"按钮，完成该圆形阵列的创建。

3. 采用"沿"布局的阵列

"沿"选项布局遵循一个连续的曲线链和可选的第二曲线链或矢量，用于沿所选曲线路径进行阵列。操作范例如下。

①　打开本书配套的"bc_6_zltz_yqx.prt"文件，原始模型如图 6-18 所示。

②　在功能区的"主页"选项卡的"特征"组中单击"阵列特征"按钮，弹出"阵列特征"对话框。

③　在"阵列定义"选项组的"布局"下拉列表框中选择"沿"选项。

④　确保"要形成阵列的特征"选项组中的"特征"按钮处于被选中的状态，在图形窗口中选择模型中的圆柱特征作为要形成阵列的特征。

⑤　在"阵列定义"选项组的"方向 1"子选项组中，从"路径方法"下拉列表框中选择"刚性"选项，单击"选择路径"按钮，在图形窗口中选择已有的一条样条曲线作为方向 1 的路径，并注意该路径的起点方向如图 6-19 所示（如果起点方向不对，可通过单击"反向"按钮来切换）。

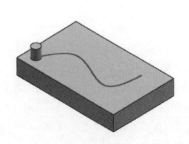

图 6-18　原始模型

图 6-19　选择路径及指定其起点方向

⑥ 在"方向 1"子选项组的"间距"下拉列表框中选择"数量和跨距"选项,在"数量"文本框中输入"5",在"位置"下拉列表框中选择"弧长百分比"选项,在"跨距百分比"文本框中输入"100",如图 6-20 所示。

⑦ 单击"确定"按钮,结果如图 6-21 所示。

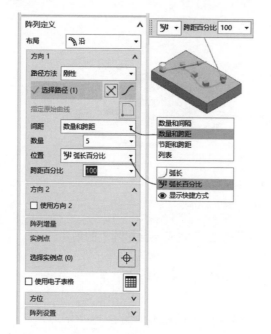

图 6-20　设置相关参数　　　　　　图 6-21　采用"沿"选项布局的阵列结果

4．其他布局的阵列特征

在"阵列特征"对话框的"阵列定义"选项组的"布局"下拉列表框中还提供了其他的阵列布局选项,如"多边形"✿、"螺旋"✿、"常规"▥、"参考"▦或"螺旋线"✿,这些布局的阵列操作与前面介绍的 3 种类似,在此不再赘述,只简要地介绍它们的功能含义。

- ●"多边形"✿:使用正多边形和可选的径向间距参数定义布局。
- ●"螺旋"✿:使用平面螺旋路径定义布局。
- ●"常规"▥:按一个或多个目标点或坐标系定义的位置来定义布局。
- ●"参考"▦:使用现有阵列的定义来定义布局。
- ●"螺旋线"✿:使用三维螺旋路径定义布局。

6.2.2 　阵列面

阵列面是指使用阵列边界、实例方位、旋转和删除等各种选项将一组面复制到多个阵列或布局("线性""圆形""多边形"等),然后将它们添加到体。

在功能区的"主页"选项卡的"特征"组中单击"更多"|"阵列面"按钮✿,系统弹出如图 6-22 所示的"阵列面"对话框,选择所需的面,并进行阵列定义等即可。阵列面的阵列布局同样有"线性""圆形""多边形""螺旋✿""沿""常规""参考"和"螺旋✿"等选项,相关设置和创建阵列特征时的设置相似,在此不再赘述。

6.2.3 阵列几何特征

"阵列几何特征"工具命令用于将几何体复制到多个阵列或布局（"线性""圆形""多边形"等）中，并有"对应阵列边界""实例方位""旋转"和"删除"等各种选项。

在功能区的"主页"选项卡的"特征"组中单击"更多"|"阵列几何特征"按钮 ，系统弹出如图 6-23 所示的"阵列几何特征"对话框。通过该对话框选择要形成阵列的对象（几何特征），指定参考点，进行阵列定义和设置相关选项等，然后单击"应用"按钮或"确定"按钮来完成创建阵列几何特征。"阵列几何特征"对话框的设置内容和 6.2.1 节介绍过的"阵列特征"对话框的设置内容类似，在此不再赘述。

图 6-22 "阵列面"对话框　　　　图 6-23 "阵列几何特征"对话框

下面介绍使用"阵列几何特征"命令完成环链设计的范例，范例操作示意如图 6-24 所示。

1 打开本书配套的"CH6\bc_6_zljhtz.prt"部件文件。

2 在功能区的"主页"选项卡的"特征"组中单击"更多"|"阵列几何特征"按钮 ，打开"阵列几何特征"对话框。

3 "要形成阵列的几何特征"选项组中的"选择对象"按钮 应处于活动状态，在图形窗口中选择环状的扫掠实体作为要形成阵列的对象（可以借助"快速拾取"对话框辅助选择）。

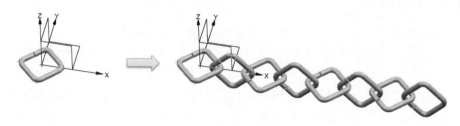

图 6-24　范例操作示意

4 在"阵列定义"选项组的"布局"下拉列表框中选择"螺旋" 选项。

5 在"阵列定义"选项组的"旋转轴"子选项组中，从"指定矢量"下拉列表框中选择"XC 轴"图标选项 ，从"指定点"下拉列表框中选择"自动判断的点"图标选项 ，选择基准坐标系的原点。

6 在"螺旋定义"子选项组中，从"方向"下拉列表框中选择"右手"，从"螺旋线大小定义依据"下拉列表框中选择"数量、角度、距离"选项，在"数量"文本框中输入"8"，在"角度"文本框中输入"90"（单位为"°"），在"距离"文本框中输入"50"（单位为 mm），如图 6-25 所示。

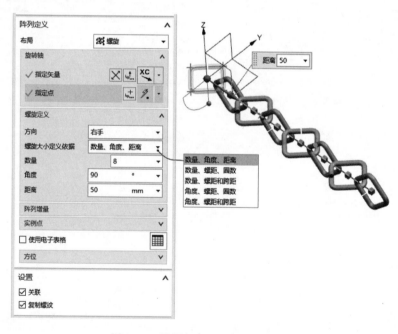

图 6-25　设置角度、距离和副本数

7 在"设置"选项组中确保选中"关联"复选框和"复制螺纹"复选框。

8 在"阵列几何特征"对话框中单击"确定"按钮，完成本例操作。

6.2.4　镜像特征、镜像面与镜像几何体

本节介绍"镜像特征""镜像面"与"镜像几何体"工具命令的应用。

1. 镜像特征

使用"镜像特征"工具命令可以复制选定特征并根据指定的平面进行镜像。创建镜像特征的典型示例如图 6-26 所示。

镜像特征

图 6-26 创建镜像特征的典型示例

可以按照以下的方法步骤来创建镜像特征。

① 在功能区的"主页"选项卡的"特征"组中单击"更多"|"镜像特征"按钮 ，弹出如图 6-27 所示的"镜像特征"对话框。

② 选择要镜像的特征。必要时可另行指定输入特征的参考点。

③ 在"镜像平面"选项组中，从"平面"下拉列表框中选择"现有平面"选项，在"平面"按钮 处于活动状态（可单击此按钮激活）下选择所需的平面作为镜像平面。如果模型中没有所需的镜像平面，则可以从"平面"下拉列表框中选择"新平面"选项，接着通过相关的平面工具选项创建新的平面来定义镜像平面，如图 6-28 所示。

图 6-27 "镜像特征"对话框

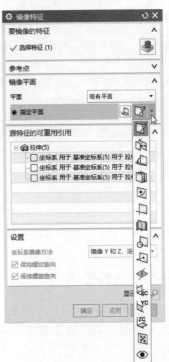

图 6-28 定义新平面

④ 需要时，可以在"源特征的可重用引用"选项组和"设置"选项组中进行相关的

设置。

⑤ 在"镜像特征"对话框中单击"应用"按钮或"确定"按钮，从而完成镜像特征操作。

2. 镜像面

"镜像面"工具命令用于复制一组面并可跨平面进行镜像。在功能区的"主页"选项卡的"特征"组中单击"更多"|"镜像面"按钮，打开如图 6-29 所示的"镜像面"对话框，选择要镜像的面（可以使用面查找器选择所需的面），指定镜像平面（现有平面或新平面），然后单击"应用"按钮或"确定"按钮。

3. 镜像几何体

"镜像几何体"工具命令用于复制几何体并可跨平面进行镜像。在功能区的"主页"选项卡的"特征"组中单击"更多"|"镜像几何体"按钮，弹出如图 6-30 所示的"镜像几何体"对话框，选择要生成实例的对象（即要镜像的几何体），指定镜像平面，以及在"设置"选项组中设置是否具有关联性等，然后单击"应用"按钮或"确定"按钮。

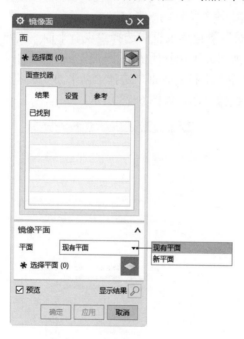

图 6-29 "镜像面"对话框

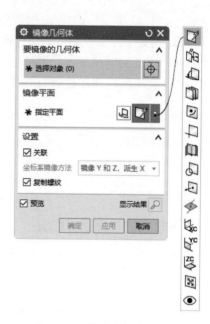

图 6-30 "镜像几何体"对话框

6.2.5 抽取几何特征

使用"抽取几何特征"工具命令，可以为同一部件中的体、面、曲线、点和基准创建关联副本，并为体创建关联镜像副本。

在功能区的"主页"选项卡的"特征"组中单击"更多"|"抽取几何体"按钮，打开如图 6-31 所示的"抽取几何特征"对话框，从"类型"选项组中设置抽取几何体的类型，可将类型设置为"复合曲线""点""基准""草图""面""面区域""体"或"镜像体"，然后根据所设置的类型指定相应的内容（如参考对象和相关参数等），并在"设置"选

项组中设置相关复选框的状态等。

图 6-31　"抽取几何特征"对话框

　　例如，将抽取几何特征的类型选定为"面"，在"面"选项组的"面选项"下拉列表框中选择"单个面"选项（注意选择的面选项不同，则选择的要复制的对象不同），接着选择要复制的单个面，并在"设置"选项组中选中"关联"复选框、"隐藏原先项"复选框和"不带孔抽取"复选框，从"表面类型"下拉列表框中选择"与原先相同"，然后单击"确定"按钮完成该抽取操作。操作图解如图 6-32 所示。

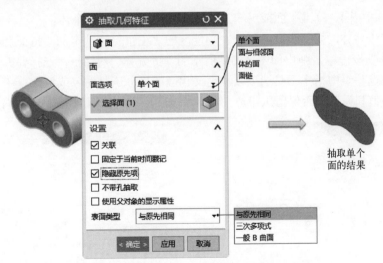

图 6-32　抽取几何特征的典型示例（抽取单个面）

6.3　体处理

　　本节介绍体处理操作的几个实用工具命令，包括"修剪体""拆分体""删除体"。

6.3.1 修剪体

修剪体是指使用面或基准平面修剪掉一部分体。修剪体的示意如图 6-33 所示，图中使用 *XZ* 坐标面（*XC-ZC* 平面）将实体修剪掉一部分体。修剪体的一般操作步骤如下。

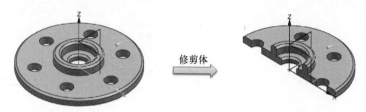

图 6-33 修剪体的示意

1 在功能区的"主页"选项卡的"特征"组中单击"修剪体"按钮，弹出如图 6-34 所示的"修剪体"对话框。

2 选择要修剪的目标体。

3 在"修剪体"对话框的"工具"选项组的"工具选项"下拉列表框中选择"面或平面"选项，并单击"面或平面"按钮，接着选择修剪所用的工具面或基准平面。也可以从"工具选项"下拉列表框中选择"新平面"选项，使用创建平面工具新建所需的一个平面用作修剪工具面。如果希望修剪工具面的另一侧体为保留体，则单击"反向"按钮即可。

4 在"设置"选项组中指定公差，然后单击"应用"按钮或"确定"按钮。

6.3.2 拆分体

拆分体是指用面、基准平面或另一几何体将一个体分割为多个体。

拆分体和修剪体的操作步骤类似。在功能区的"主页"选项卡的"特征"组中单击"更多"|"拆分体"按钮，弹出如图 6-35 所示的"拆分体"对话框，选择要拆分的目标体，并在"工具"选项组中指定工具选项以及定义相应的拆分工具对象或参数，在"设置"选项组中指定公差值和设置是否保留压印边，然后单击"应用"按钮或"确定"按钮。

图 6-34 "修剪体"对话框

图 6-35 "拆分体"对话框

6.3.3　删除体

"删除体"命令可删除一个或多个体的特征，其操作方法为：在功能区的"主页"选项卡的"特征"组中单击"更多"|"删除体"按钮，弹出如图 6-36 所示的"删除体"对话框，选择要删除的体，需要时还可以从选定要删除的体中选择要保留的体（可选），然后单击"应用"按钮或"确定"按钮。

6.4　特征编辑

特征创建好了之后，可以对特征进行某些编辑操作。本节介绍的特征编辑操作包括编辑特征参数、编辑位置、移动、替换、特征重排序、抑制特征、取消抑制特征、特征重播和编辑实体密度等。编辑特征的命令基本上位于上边框条的"菜单"|"编辑"|"特征"级联菜单中，用户也可以在选定目标特征后，通过单击鼠标右键的方式，调出快捷菜单，从快捷菜单中选择特征编辑的某些命令。

6.4.1　编辑特征参数

编辑特征参数是指在当前模型状态下编辑特征的参数值。编辑特征参数最简单的方法就是直接双击要编辑的目标特征。模型一般由多个特征构成，通常可以先在上边框条中单击"菜单"按钮 ≡ 菜单(M) ▾ 并选择"编辑"|"特征"|"编辑参数"命令，弹出如图 6-37 所示的"编辑参数"对话框。从该对话框的列表中选择要编辑的一个特征，单击"确定"按钮，然后利用弹出的对话框编辑特征参数。对于不同类型的特征，NX 软件弹出的用于编辑特征参数的对话框会有所不同。

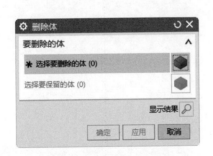

图 6-36　"删除体"对话框

图 6-37　"编辑参数"对话框

6.4.2　编辑位置

这里所谓的"编辑位置"是指通过编辑特征的定位尺寸来移动特征。

在上边框条中单击"菜单"按钮 ≡ 菜单(M) ▾ 并选择"编辑"|"特征"|"编辑位置"命

令，弹出"编辑位置"对话框，如图 6-38 所示。从该对话框的列表框中选择要编辑位置的一个目标特征对象后，单击"确定"按钮，通常可打开如图 6-39 所示的"编辑位置"对话框（对于已经创建有定位尺寸的目标特征，系统将弹出"编辑位置"对话框），或"定位"对话框（对于先前没有创建有定位尺寸的目标特征，系统将弹出相应的"定位"对话框）。下面针对"编辑位置"对话框，介绍其提供的 3 个实用按钮。

图 6-38 "编辑位置"对话框

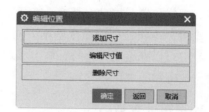

图 6-39 "编辑位置"对话框

- "添加尺寸"按钮：该按钮用于为某些设计特征添加定位尺寸约束。
- "编辑尺寸值"按钮：该按钮用于编辑所选特征的定位尺寸。单击该按钮，并选择要编辑的定位尺寸，NX 软件将会打开如图 6-40 所示的"编辑表达式"对话框，输入所需的值，单击"确定"按钮，即可修改所选的定位尺寸数值。
- "删除尺寸"按钮：该按钮用于删除不需要的定位尺寸约束。单击该按钮，NX 软件会打开如图 6-41 所示的"移除定位"对话框，选择要删除的定位尺寸，单击"确定"按钮，即可将所选的定位尺寸删除。

图 6-40 "编辑表达式"对话框

图 6-41 "移除定位"对话框

6.4.3 移动特征

移动特征是指将非关联的特征移动到指定的位置处，该操作不能对存在定位尺寸的特征进行编辑。

在上边框条中单击"菜单"按钮 ☰ 菜单(M) ▾ 并选择"编辑"|"特征"|"移动"命令，在打开的对话框中选择要移动的无关联目标特征，单击"应用"按钮或"确定"按钮，系统弹出如图 6-42 所示的"移动特征"对话框。在该对话框中，可以分别设置"DXC""DYC"和"DZC"移动距离增量，这 3 个参数分别表示沿 X、Y 和 Z 方向移动的增量值。在该对话框中，还可以根据设计实际情况使用以下 3 个实用按钮。

● "至一点"按钮：将所选特征按照从原位置到目标点所确定的方向与距离移动。单击此按钮，利用弹出的"点"对话框分别指定参考点位置和目标点位置，即可完成移动。

● "在两轴间旋转"按钮：将所选特征以一定角度绕指定枢轴点从参考轴旋转到目标轴。单击此按钮，弹出"点"对话框，指定一点定义枢轴点，再利用弹出的"矢量"对话框分别构造矢量以定义参照轴和目标轴即可。

● "坐标系到坐标系"按钮：将所选特征从参考坐标系中的相对位置移至目标坐标系中的同一位置。单击此按钮，系统弹出"坐标系"对话框，先构造一坐标系作为参考坐标系，再构造另一坐标系作为目标坐标系即可。

需要读者特别注意的是：如果要移动具有约束定位等相关性的特征，可以单击"菜单"按钮 三 菜单(M) ▾ 并选择"编辑"｜"移动对象"命令（该命令的功能是移动或旋转选定的对象，其快捷键为〈Ctrl+T〉），打开如图 6-43 所示的"移动对象"对话框，选择要移动的对象，进行变换设置和结果设置等操作，最后单击"应用"按钮或"确定"按钮。

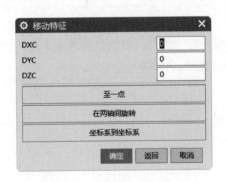

图 6-42　"移动特征"对话框

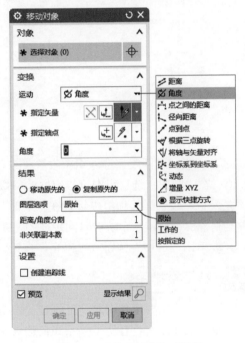

图 6-43　"移动对象"对话框

6.4.4　替换特征

替换特征操作是指将一个特征替换为另一个并更新相关特征。在设计中，巧用替换特征可以快速更改部分特征，而不必推倒重来地按常规方法构建特征。

在上边框条中单击"菜单"按钮 三 菜单(M) ▾ 并选择"编辑"｜"特征"｜"替换"命令，打开如图 6-44 所示的"替换特征"对话框。利用该对话框，执行以下操作。

① 选择要替换的特征，可以设置添加相关特征、体中的所有特征和体的原有特征（一项或多项），选择替换特征并设置其相关特征。

图 6-44 "替换特征"对话框

2️⃣ 在"自动匹配"选项组中设置"自动执行几何匹配"复选框的状态，设置几何匹配容差值；在"映射"选项组中可指定原始父级等。

3️⃣ 在"设置"选项组中设置在映射时是否仅显示唯一输入，设置是否删除原始特征，是否复制替换特征，是否映射时同步视图，是否在映射期间自动递进。

4️⃣ 单击"应用"按钮或"确定"按钮。

6.4.5 特征重排序

特征重排序主要用作调整特征创建先后顺序，编辑后的特征可以位于所选特征之后或之前。不能对相互之间具有父子关系和依赖关系的特征进行特征间的重排序操作。特征排序不同，可能会影响到模型的最终设计效果。

要对特征进行重新排序，可在上边框条中单击"菜单"按钮 ☰ 菜单(M) ▾ 并选择"编辑"|"特征"|"重排序"命令，弹出"特征重排序"对话框，如图 6-45 所示的。在"参考特征"列表框中显示了当前过滤器规定范围内的所有可用参考特征，从中选择所需的参考特征；在"选择方法"选项组中选择"之前"单选项或"之后"单选项。此时在"重定位特征"列表框中显示可重定位特征，从中指定所需的重定位特征，如图 6-46 所示，然后单击"应用"按钮或"确定"按钮。特征重排序图例解析如图 6-47 所示，"壳"特征和"简单孔"特征互换生成顺序，注意比较两者重排序后的模型变化情况。

如果不能将要重排序的特征排序到指定特征的前面或后面，系统会弹出如图 6-48 所示的"消息"对话框，提示不能被重排序的原因。

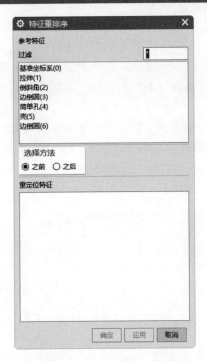

图 6-45　"特征重排序"对话框

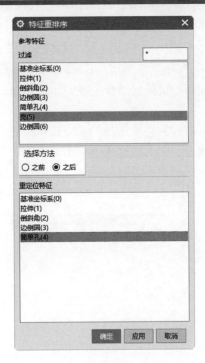

图 6-46　重排序特征

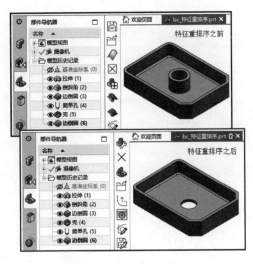

图 6-47　重排序图例解析

图 6-48　"消息"对话框

6.4.6　抑制特征与取消抑制特征

抑制特征是指从模型上临时移除一个特征，可将与该特征存在关联性的其他特征也一同临时移除。在复杂模型设计中，抑制特征十分有用，可以使模型当前有用部分的显示更新加快，提高设计效率。

要抑制特征，可在上边框条中单击"菜单"按钮 并选择"编辑"|"特征"|"抑制"命令，弹出如图 6-49 所示的"抑制特征"对话框，在"过滤"下方的第一个列表框

中选择一个或多个要抑制的特征，确保选中"列出相关对象"复选框，则在"选定的特征"列表框中列出当前选定的一个或多个要抑制的特征以及与其相关联的其他特征，然后单击"应用"按钮或"确定"按钮。已抑制的特征将不在实体中显示，也不在工程图中显示，但是已抑制的特征仍然在实体中保留数据，并可以通过解除抑制恢复，这是与删除特征的不同之处。

取消抑制特征是与抑制特征相反的操作，该操作根据需要将已抑制的特征恢复到特征原来的状态。在上边框条中单击"菜单"按钮 ☰ 菜单(M) ▾ 并选择"编辑"|"特征"|"取消抑制"命令，弹出"取消抑制特征"对话框，如图 6-50 所示，选择要解除抑制状态的已抑制特征，单击"应用"按钮或"确定"按钮，则所选已抑制特征在图形窗口中重新显示。

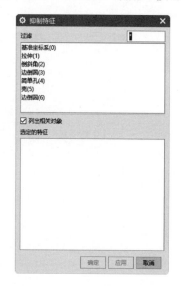

图 6-49 "抑制特征"对话框

图 6-50 "取消抑制特征"对话框

6.4.7 特征重播

特征重播是指按特征逐一审核模型是如何创建的。使用特征重播功能有助于了解模型的构造，以及分析模型合理性和修改特征参数等。

在上边框条中单击"菜单"按钮 ☰ 菜单(M) ▾ 并选择"编辑"|"特征"|"重播"命令，打开"特征重播"对话框，如图 6-51 所示，利用该对话框进行特征重播的相关设置与操作。

6.4.8 编辑实体密度

可以为一个或多个现有实体更改密度或密度单位，其方法是在上边框条中单击"菜单"按钮 ☰ 菜单(M) ▾ 并选择"编辑"|"特征"|"实体密度"命令，打开如图 6-52 所示的"指派实体密度"对话框，选择没有材料属性的实体对象，更改其密度单位和实体密度值。

6.4.9 移除参数

移除参数是指从实体或片体移除所有参数，以形成一个非关联的体。也可以移除曲线或点的参数。

图 6-51　"特征重播"对话框

图 6-52　"指派实体密度"对话框

在上边框条中单击"菜单"按钮 三 菜单(M) ▾ 并选择"编辑"|"特征"|"移除参数"命令，打开如图 6-53 所示的"移除参数"对话框，选择要移除参数的实体或片体后，单击"应用"按钮或"确定"按钮，系统弹出如图 6-54 所示的对话框，警告该操作将从选定的所有对象上移除参数。若单击"是"按钮，则移除全部特征参数；若单击"否"按钮，则取消移除参数操作。

图 6-53　"移除参数"对话框

图 6-54　警告信息，询问是否继续

6.4.10　特征编辑的其他操作命令

特征编辑的其他操作命令还包括"可回滚编辑""特征尺寸""替换""由表达式抑制""替换为独立草图""指派特征颜色""指派特征组颜色"和"更新特征"等。这些编辑操作都较为简单，在此不一一介绍。

- "可回滚编辑"：回滚到特征之前的模型状态，以编辑该特征。
- "特征尺寸"：编辑选定的特征尺寸。
- "替换"：将一个特征替换为另一个并更新相关特征。
- "由表达式抑制"：使用表达式来抑制特征。
- "替换为独立草图"：将链接的曲线特征替换为独立草图。
- "指派特征颜色"：为某个特征产生的面指派颜色。
- "指派特征组颜色"：为组的新成员特征或现有成员特征指派颜色。
- "更新特征"：通过最新版本的特征代码重新计算特征。

6.5　玩具车的车轮模型设计

本节以玩具车的车轮模型为例，进行模型处理与特征编辑等操作，主要应用到抽壳、拉伸、阵列特征、编辑特征参数、镜像特征和移除特征参数等。本范例要完成的车轮模型如图 6-55 所示。

该综合范例的具体操作步骤如下。

扫码观看视频

图 6-55　玩具车的车轮模型

步骤1　打开文件。

① 启动 NX 软件。

② 按〈Ctrl+O〉快捷键，弹出"打开"对话框，选择本书配套的"bc_6_zhfl.prt"文件，单击"OK"按钮，该文件中已有的原始实体模型如图 6-56 所示。

图 6-56　原始实体模型

步骤2　创建抽壳特征。

① 在功能区的"主页"选项卡的"特征"组中单击"抽壳"按钮 ⬡，弹出"抽壳"对话框。

② 从"类型"下拉列表框中选择"移除面，然后抽壳"选项。

③ 在模型中单击如图 6-57 所示的单个面作为要移除的面。

④ 在"厚度"选项组的"厚度"文本框中输入"2.5"，在"设置"选项组的"相切边"下拉列表框中选择"相切延伸面"选项，选中"使用补片解析自相交"复选框，如图 6-58 所示。

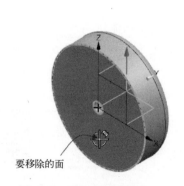

要移除的面

图 6-57　选择要移除的面

图 6-58　设置抽壳厚度及其他内容

5 在"抽壳"对话框中单击"确定"按钮。

步骤3 创建拉伸特征。

1 在功能区的"主页"选项卡的"特征"组中单击"拉伸"按钮，弹出"拉伸"对话框。

2 在模型中单击如图 6-59 所示的实体面作为草图平面，单击"确定"按钮。绘制如图 6-60 所示的拉伸剖面，单击"完成草图"按钮。

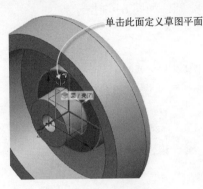

图 6-59 指定草图平面

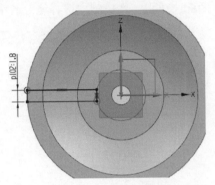

图 6-60 绘制拉伸剖面

3 返回到"拉伸"对话框，默认选择"面/平面法向"图标选项定义方向矢量，在"限制"选项组的"开始"下拉列表框中选择"直至选定"选项，在模型中选择壳体内的一个面，如图 6-61 所示。从"结束"下拉列表框中选择"值"选项，在"距离"文本框中输入"2"，取消选中"开放轮廓智能体"复选框，并注意布尔、拔模、偏置和体类型的正确设置。

4 单击"确定"按钮，完成创建该拉伸特征后的模型效果如图 6-62 所示。

图 6-61 定义拉伸限制条件等

图 6-62 完成拉伸特征

步骤4 阵列操作。

1 在功能区的"主页"选项卡的"特征"组中单击"阵列特征"按钮，弹出"阵列特征"对话框。

2 选择刚创建的拉伸特征作为要形成阵列的特征。

3 在"阵列定义"选项组的"布局"下拉列表框中选择"圆形"选项，"旋转轴"子选项组中的"指定矢量"选择"YC 轴"图标选项，"指定点"选择"圆弧中心/椭圆中心/球心"图标选项，在模型中选择要取其中心点圆弧/圆，如图 6-63 所示。

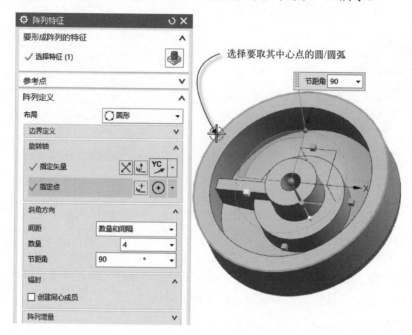

图 6-63　指定旋转轴和轴点等

4 在"阵列定义"选项组的"斜角方向"子选项组中，从"间距"下拉列表框中选择"数量和间隔"选项，在"数量"文本框中输入"4"，在"节距角"文本框中输入"90"；并在"辐射"子选项组中取消选中"创建同心成员"复选框。

5 在"方位"子选项组的"方位"下拉列表框中选择"遵循阵列"选项；在"阵列方法"选项组的"方法"下拉列表框中选择"简单"选项，在"设置"选项组中选中"创建参考图样"选项，如图 6-64 所示。

6 单击"确定"按钮，阵列结果如图 6-65 所示。

步骤5 编辑孔特征参数。

1 在上边框条中单击"菜单"按钮 三 菜单(M) ▾ 并选择"编辑"|"特征"|"编辑参数"命令，弹出"编辑参数"对话框，。

2 在"编辑参数"对话框的列表中选择"沉头孔（2）"特征，如图 6-66 所示，单击"确定"按钮。

3 系统弹出"孔"对话框，将"形状和尺寸"选项组的"尺寸"子选项组中的"直径"值修改为"3.5"，其他参数内容不变，如图 6-67 所示，然后单击"确定"按钮。

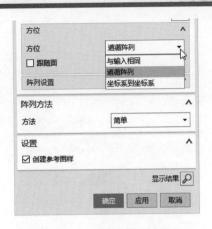

图 6-64 设置阵列方法等

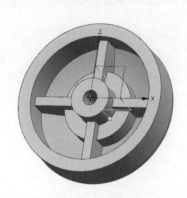

图 6-65 阵列结果

图 6-66 "编辑参数"对话框

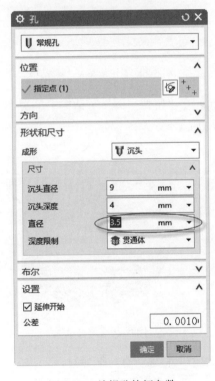

图 6-67 编辑孔特征参数

④ 在"编辑参数"对话框中单击"确定"按钮。

步骤 6 镜像特征。

① 在功能区的"主页"选项卡的"特征"组中单击"更多"|"镜像特征"按钮⌧，弹出如图 6-68 所示的"镜像特征"对话框。

② 选择如图 6-69 所示的原始实体模型已有特征作为要镜像的特征。

③ 在"镜像平面"选项组的"平面"下拉列表框中选择"现有平面"选项，单击"选择平面"按钮⌧，在图形窗口中选择基准坐标系的 *YZ* 平面，如图 6-70 所示。

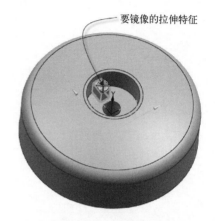

图 6-68 "镜像特征"对话框　　　　　图 6-69 选择要镜像的拉伸特征

 在"镜像平面"对话框中单击"确定"按钮，完成创建该镜像特征后的模型效果如图 6-71 所示。

图 6-70 指定镜像平面　　　　　图 6-71 创建镜像特征

步骤 7 移除所有特征参数。

在上边框条中单击"菜单"按钮 三 菜单(M) ▼ 并选择"编辑"|"特征"|"移除参数"命令，打开"移除参数"对话框。

选择要移除参数的实体，如图 6-72 所示，接着在"移除参数"对话框中单击"确定"按钮。

NX 软件系统弹出如图 6-73 所示的对话框提示此操作将从选定的所有对象上移除参数，从中单击"是"按钮。

步骤 8 保存文件。

至此，基本完成了该玩具车车轮模型的建模工作，最后单击"保存"按钮 🖫 将该模型文件保存。

图 6-72　选择要移除参数的实体　　　　　图 6-73　确认要移除参数

6.6　本章小结与经验点拨

本章主要讲解了对已有特征或实体进行的一些操作处理与编辑。操作处理主要包括偏置/缩放、关联复制和体处理 3 个方面，其中，偏置/缩放方面包括抽壳和缩放体等，关联复制方面则主要有阵列特征、阵列面、阵列几何特征、镜像特征、镜像面、镜像几何体和抽取几何特征，体处理方面则有修剪体、拆分体和删除体等。特征编辑知识有编辑特征参数、编辑位置、移动特征、替换特征、特征重排序、抑制特征与取消抑制特征、特征重播、编辑实体密度和移除参数等。

在某些产品模型的设计过程中，关联复制方面的工具命令是很有用的。例如，使用"阵列特征""阵列几何特征""镜像特征"等工具命令可以对实体进行多个成组的阵列复制或镜像复制，避免对单一实体的重复建模操作，大大节省了设计时间。在 NX 中修剪体和拆分体是很方便的，特征编辑也是灵活实用的。

读者应该熟练掌握本章所介绍的模型进阶处理与特征编辑等知识，从而在设计过程中灵活使用，提高建模效率。

6.7　思考与练习

1）如何对实体进行抽壳操作？

2）如何缩放实体？

3）使用"阵列特征"工具命令可以有哪些阵列布局方法？请分别举例进行说明。

4）如何创建镜像特征？可以举例进行说明。

5）如何进行修剪体操作？

6）如何进行拆分体操作？

7）请分别列举常用的特征编辑命令，并说明它们的功能含义。

8）上机操作：创建如图 6-74 所示的链环，可根据效果图自行确定相关尺寸。

图 6-74　创建链环

9）上机操作：请自行设计一个减速器箱体零件，参考效果如图 6-75 所示。

图 6-75　减速器箱体零件

第7章　曲面建模

本章导读:

> 曲面在现代产品外形设计中应用较为普遍，通常巧妙地将曲面元素应用到产品造型中，可以使产品具有流动飘逸的造型美。例如，在很多的电器产品、通信消费电子产品和家居产品中，就常设计有曲面元素，既美观又突出使用功能。
>
> 曲面建模是 NX 软件的一个重要组成部分。本章先概述曲面基础，接着介绍依据点创建曲面、由曲线构造曲面和由曲面构造曲面，然后介绍典型的曲面编辑、曲面加厚、曲面分割与缝合等，最后介绍一个曲面综合应用实例。

7.1　曲面基础概述

　　片体和实体的自由表面都可以被称为曲面，曲面实际上是指一个或多个没有厚度概念的面的集合。而所谓的片体是由一个或多个表面组成的并且具有零厚度和零质量的几何体。一个曲面可以包含一个或多个片体。

　　在 NX 中很多实体建模工具也具有直接设计曲面片体的功能，这需要在打开的建模对话框中，从"体类型"下拉列表框中选择"片体"选项，设置生成的体对象为曲面片体。

　　如果按照曲面的构造原理来划分，可以将一般的曲面分为 3 类，见表 7-1。

表 7-1　NX 中一般曲面的分类

序号	构造原理类别	说　　明	命令举例
1	依据点创建曲面	通过现有的点或点集创建曲面，设计的曲面光顺性较差但是精密度高，在逆向造型过程中建议酌情使用	通过点、从极点、拟合曲面和四点曲面
2	通过曲线创建曲面	通过现有的曲线或曲线串创建曲面，生成的曲面与曲线是相关联的	直纹面、通过曲线组、通过曲线网格、拉伸、扫掠和 N 边曲面等
3	由曲面创建新曲面	通过现有的曲面创建新的曲面	修剪片体、延伸曲面、规律延伸、偏置曲面、过渡和桥接

　　了解了一般曲面的分类之后，读者还需要大致了解一下曲面建模的基本思路。在开始曲面建模之前，应该充分考虑产品中曲面形状的特点，分析其可能的构建方法，以便从中选择

最适合的曲面创建方法。对于一些外形较为复杂的实体模型，通常可以按照这样的基本设计思路来进行：先创建好相关的点、曲线等，通过点、曲线等创建所需的曲面，或通过拉伸、旋转和扫掠等方式创建基本曲面，创建的这些曲面将构成产品外形曲面，然后对曲面进行编辑修改，最后通过曲面构造成实体，或者使用曲面编辑已有实体，直到获得满意的模型效果。在曲面建模的过程中，也常与其他实体特征结合使用。

7.2 依据点创建曲面

依据点创建曲面的典型方式主要有"通过点""从极点""拟合曲面"和"四点曲面"等。

7.2.1 通过点

使用"通过点"方式创建曲面，是指通过矩形阵列点创建曲面，这些点可以是已经存在的或新创建的点，也可以是从点阵文件中读取的点。

在上边框条中单击"菜单"按钮 ☰ 菜单(M) ▼，并选择"插入"|"曲面"|"通过点"命令，系统弹出如图 7-1 所示的"通过点"对话框，该对话框中各组成的功能含义如下。

- "补片类型"下拉列表框：从该下拉列表框中选择"单个"或"多个"选项。当选择"单个"选项时，创建的曲面由一个补片构成；当选择"多个"选项时，创建的曲面由多个补片构成。
- "沿以下方向封闭"下拉列表框：当补片类型为"多个"时，"沿以下方向封闭"下拉列表框可用（激活），该下拉列表框用于确定曲面是否封闭以及在哪个方向封闭。该下拉列表框提供的选项有"两者皆否""行""列"和"两者皆是"。其中，"两者皆否"选项用于定义曲面沿行与列方向都不封闭，"行"选项用于定义曲面沿行方向封闭，"列"选项用于定义曲面沿列方向封闭，"两者皆是"选项用于定义曲面沿行和列方向都封闭。
- "行次数（行阶次）"：用来指定曲面行方向的阶次。所述的"阶次"是指曲线表达式幂指数的最高次数，阶次越高，则曲线表达式越复杂，运算速度也越慢。系统初始默认的阶次为 3。
- "列次数（列阶次）"：用来指定曲面列方向的阶次。
- "文件中的点"：通过选择包含点的文件来创建曲面。单击"文件中的点"按钮，可打开一个对话框，由用户指定从后缀为.dat 的数据文件中读取点阵列数据。

下面介绍一个使用"通过点"命令创建曲面的范例，让读者在实战演练中掌握该命令的一般操作方法和技巧。

1 打开配套的"BC_7_TGD.prt"文件，该文件中已经存在着如图 7-2 所示的点集。

2 在上边框条中单击"菜单"按钮 ☰ 菜单(M) ▼，选择"插入"|"曲面"|"通过点"命令，系统弹出"通过点"对话框。

3 在"通过点"对话框的"补片类型"下拉列表框中选择"多个"选项，从"沿以下方向封闭"下拉列表框中选择"两者皆否"选项，将"行阶次"和"列阶次"均设为"3"，单击"确定"按钮，弹出如图 7-3 所示的"过点"对话框。

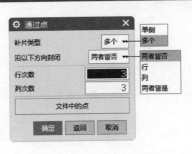

图 7-1 "通过点"对话框

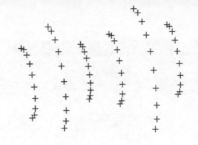

图 7-2 已有点集

知识点拨： 该对话框提供了以下几个实用的按钮。

- "全部成链"按钮：单击此按钮，可根据提示在绘图区选择一个点作为起始点，接着再选择一个点作为终点，系统自动将起始点和终点之间的点连接成链。
- "在矩形内的对象成链"按钮：单击此按钮，指定成链矩形，并分别指定起点和终点，位于成链矩形内的点连接成链。
- "在多边形内的对象成链"按钮：单击此按钮，指定成链多边形，指定顶点，位于成链多边形内的点将连接成链。
- "点构造器"按钮：单击此按钮，弹出"点"对话框（点构造器），利用"点"对话框来选择用于构造曲面的点。

▲ 单击"在矩形内的对象成链"按钮，接着分别单击两个对角点来指定如图 7-4 所示的矩形选择框（注意一定要把第一排有效的点都选择在矩形框内），然后单击选择该排第一个点作为起点，再单击选择该排的终点。

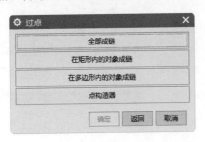

图 7-3 "过点"对话框（1）

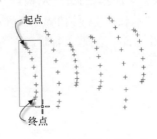

图 7-4 选择要成链的点

▲ 完成第一排点的选择（包括指定成链矩形框和指定起点、终点）后，依次按照步骤 4 的方法继续选择第二排的点、第三排的点和第四排的点。

▲ 当完成指定第四排的终点后弹出如图 7-5 所示的"过点"对话框。本例单击"指定另一行"按钮，继续按照步骤 4 所述的方法指定第五排的点集。

▲ 再次弹出如图 7-5 所示的"过点"对话框，单击"指定另一行"按钮，按照步骤 4 所述的方法指定第六排的点集。

▲ 又一次弹出如图 7-5 所示的"过点"对话框，单击"所有指定的点"按钮，完成曲面创建，曲面结果如图 7-6 所示。

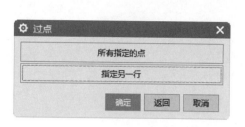

图 7-5 "过点"对话框（2）

图 7-6 使用"通过点"命令创建的曲面

7.2.2 从极点

从极点创建曲面是指用定义曲面极点的矩形阵列点创建曲面。从极点创建曲面的操作方法和通过点创建曲面的操作方法基本类似，主要区别在于"从极点"选项是通过极点来控制曲面形状的。

在上边框条中单击"菜单"按钮 三 菜单(M) ▾，选择"插入"|"曲面"|"从极点"命令，打开如图 7-7 所示的"从极点"对话框。"从极点"对话框的组成元素和 7.2.1 节介绍的"通过点"对话框的组成元素相同，在此不再赘述。在"从极点"对话框中设置补片类型、"沿以下方向封闭"方式、"行阶次"和"列阶次"等，单击"确定"按钮，打开"点"对话框，利用"点"对话框指定所需的一系列点来创建曲面。

下面介绍采用"从极点"选项创建曲面的一个操作示例（源文件为"BC_7_CJD.prt"，该文件的已有点集和 7.2.1 节的范例源文件的已有点集是一样的）。

1️⃣ 打开源文件后，在上边框条中单击"菜单"按钮 三 菜单(M) ▾，选择"插入"|"曲面"|"从极点"命令，打开"从极点"对话框。

2️⃣ 在"从极点"对话框中设置补片类型为"多个"，从"沿以下方向封闭"下拉列表框中选择"两者皆否"选项，"行阶次"为"3"，"列阶次"为"3"，单击"确定"按钮，系统弹出如图 7-8 所示的"点"对话框，从"类型"下拉列表框中选择"自动判断的点"选项。

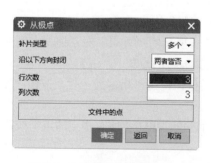

图 7-7 "从极点"对话框（1）

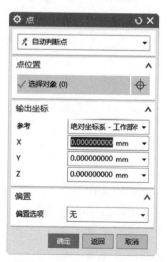

图 7-8 "点"对话框（点构造器）

③ 在第一行点集中按照顺序依次单击选择所需的点，如图 7-9 所示，直到选择该行中的最后一个点，接着在"点"对话框中单击"确定"按钮，系统弹出如图 7-10 所示的"指定点"对话框，单击"是"按钮以确认指定的点。

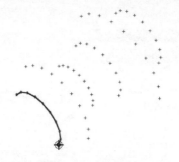

图 7-9　依次选择点　　　　　　图 7-10　"指定点"对话框

④ 系统再次弹出"点"对话框，点类型默认为"自动判断的点"，按照步骤 3 的方法按顺序依次选择第二行的点。使用同样的方法，分别依次选择第三行、第四行的点。

⑤ 当确认完成选择第四行的点后，系统弹出如图 7-11 所示的"从极点"对话框。如果此时已经完成所有点的选择，则单击"所有指定的点"按钮来完成曲面创建。如果要继续选择更多的点，可单击"指定另一行"按钮。在本实例中，单击"指定另一行"按钮，继续选择第五行的点。使用同样的方法，继续选择第六行的点。

⑥ 确认完成选择第六行（最后一行）的点后单击"所有指定的点"按钮，完成曲面的创建，完成效果图如图 7-12 所示。将"从极点"选项创建的曲面与"通过点"选项创建的曲面进行效果对比，注意两者之间的曲面效果差异之处，"从极点"选项创建的曲面是将点作为极点参考来完成的，而"通过点"选项创建的曲面则是完全依靠（通过）点来生成精密度高的曲面。

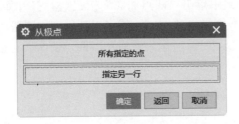

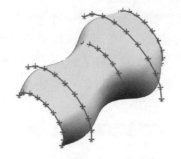

图 7-11　"从极点"对话框（2）　　图 7-12　使用"从极点"选项创建曲面的效果

7.2.3 拟合曲面

　　拟合曲面是通过将自由曲面、平面、球、圆柱或圆锥拟合到指定的数据点或小平面体来创建曲面的。在功能区的"曲面"选项卡的"曲面"组中单击"更多"|"拟合曲面"按钮，系统弹出如图 7-13 所示的"拟合曲面"对话框。在"类型"选项组的"类型"下拉列表框中提供了关于拟合曲面类型的多个选项，包括"拟合自由曲面""拟合平面""拟合球"

"拟合圆柱"和"拟合圆锥"。在"拟合曲面"对话框中指定所需的拟合类型后,选择小平面体、点集或点组作为拟合目标,并设置相应的拟合方向或拟合条件,以及设置其他参数和选项等。注意:选择的拟合类型不同,需要设置的参数和选项也将有所差异,图 7-14 所示为"拟合圆柱"类型和"拟合平面"类型的对比示例。

图 7-13 "拟合曲面"对话框

图 7-14 不同的拟合类型的示例

a) "拟合圆柱"类型 b) "拟合平面"类型

7.2.4 四点曲面

"四点曲面"工具命令用于通过指定 4 个拐角点来创建曲面。

在功能区的"曲面"选项卡的"曲面"组中单击"四点曲面"按钮◇,打开如图 7-15 所示的"四点曲面"对话框,在图形窗口中分别指定 4 个点(均可以使用点构造器定义相关曲面拐角点的坐标位置)来创建曲面,如图 7-16 所示,然后在"四点曲面"对话框中单击"确定"按钮。

图 7-15 "四点曲面"对话框

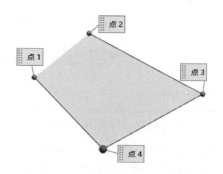

图 7-16 用"四点曲面"命令创建曲面

7.3 由曲线构造曲面

由曲线构造曲面应用较多，也比较直观，创建曲线的好坏通常会直接或间接地影响到曲面的质量和形状。利用拉伸、旋转等方式可以创建片体。本节介绍的由曲线构造曲面的典型方法主要包括直纹、通过曲线组、通过曲线网格、扫掠、艺术曲面、填充曲面、N 边曲面、条带片体和有界平面。

7.3.1 直纹曲面

可以在直纹形状为线性转换的两个截面之间创建体，如创建直纹曲面。创建直纹曲面的典型示例如图 7-17 所示。

创建直纹曲面的典型操作方法如下。

1 在功能区"曲面"选项卡中单击"更多"|"直纹"按钮，打开如图 7-18 所示的"直纹"对话框。该对话框具有"截面线串 1""截面线串 2""对齐""设置"和"预览"选项组。

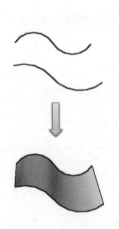

图 7-17 创建直纹曲面的典型示例

图 7-18 "直纹"对话框

2 利用"截面线串 1"选项组，为截面 1 选择曲线，需要时可以单击"反向"按钮调整该截面线串的方向。通常截面线串应连续。截面线串 1 可以为曲线或点。

3 在"截面线串 2"选项组中单击"截面 2"按钮，为截面 2 选择曲线，可根据设计实际情况来调整截面线串 2 的方向等。

4 设置对齐方式和是否保留形状。对齐方式是指截面线串上连接点的分布规律和两条截面线串的对齐设置。在"对齐"选项组中，从"对齐"下拉列表框中选择所需的一种对齐方式，如图 7-19 所示。其中"参数"对齐方式是系统初始默认的对齐方式，选择该对齐方式时，系统在指定的截面线串上等参数分布连接点。

5 展开"设置"选项组，如图 7-20 所示。从"体类型"下拉列表框中选择"片体"选项（可供选择的体类型有"片体"和"实体"），以及设置位置公差等。

6 预览满意后，单击"确定"按钮，完成直纹曲面的创建。

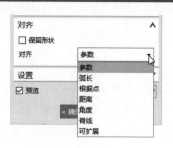

图 7-19　设置对齐方式　　　　　　图 7-20　设置体类型等

7.3.2 通过曲线组

通过曲线组创建曲面是指通过多个截面创建片体，此时直纹形状改变以穿过各截面。各截面线串之间可以线性连接，也可以非线性连接。通过曲线组创建曲面的典型示例如图 7-21 所示，该曲面由指定的 3 个截面线串以参数对齐的方式创建，在创建时注意 3 个截面线串的起始方向。

在功能区的"曲面"选项卡的"曲面"组中单击"通过曲线组"按钮 ◇，弹出"通过曲线组"对话框，如图 7-22 所示。该对话框的主要选项组介绍如下。

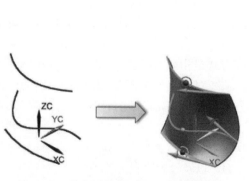

图 7-21　通过曲线组创建曲面的典型示例　　　　图 7-22　"通过曲线组"对话框

1. "截面"选项组

"截面"选项组主要用于选取创建面的线串（曲线或点）。用"选择曲线"工具命令选择截面线串时，务必要注意截面线串的选择次序，当选择完一个截面线串后可单击"添加新集"按钮 或单击鼠标中键切换到添加新截面线串的状态。此时选择新的截面线串（即定义新截面集），注意各截面线串的起点方向要满足设计要求。添加的截面集显示在"截面"选项组的列表框中，如图7-23所示。单击位于该列表框右侧的"移除"按钮 ⊠，可以删除在列表中选定的截面；单击"向上移动"按钮 ⇧，可以将指定截面的顺序提前一位；单击"向下移动"按钮 ⇩，可以将指定截面的顺序后移一位。截面顺序不同，构造的曲面也将不同。

图7-23　使用截面集列表

2. "连续性"选项组

"连续性"选项组用于定义曲面的连续方式。曲面的连续方式是指创建的曲面与指定的体边界之间的过渡形式。在该选项组中可以根据设计要求分别为第一截面和最后截面指定连续性选项，如"G0（位置）""G1（相切）"和"G2（曲率）"，可以设置第一截面和最后截面全部应用相同的连续性设置，必要时还可定义曲面流向。

3. "对齐"选项组

"对齐"选项组用于设置对齐方式，以及在设置某些对齐方式时确定"保留形状"复选框的状态。NX软件提供了以下7种对齐方式。

- "参数"：按等参数间隔沿着截面对齐等参数曲线。
- "弧长"：按等弧长间隔沿着截面对齐等参数曲线。
- "根据点"：按截面间的指定点对齐等参数曲线，用户可以添加、删除和移动点来优化曲面形状。
- "距离"：按指定方向的等距离沿每个截面对齐等参数曲线。
- "角度"：按相等角度绕指定的轴线对齐等参数曲线。
- "脊线"：按选定截面与垂直于选定脊线的平面的交线来对齐等参数曲线。
- "根据段"：按相等间隔沿截面的每个曲线段对齐等参数曲线。

4. "输出曲面选项"选项组

"输出曲面"选项组用于设置补片类型和构造形式。

补片类型可以为"单侧""多个"或"匹配线串"。当将补片类型设为"单侧"时，创建的曲面片体由单个补片组成，此时"V向封闭"复选框和"垂直于终止截面"复选框不可用；当将补片类型设为"多个"时，创建的曲面片体由多个补片组成；当选择补片类型为"匹配线串"时，系统将根据用户选择的剖面线串的数量来决定组成曲面的补片数量。

在"构造"下拉列表框中可选择"法向""样条点"或"简单"选项，它们的功能含义如下。

- "法向"：指定系统按照正常的法向方向构造曲面，补片较多。
- "样条点"：指定系统根据样条点构造曲面，产生的补片较少。

●"简单"：指定系统采用简单构造曲面的方法生成曲面，产生的曲面补片较少。

5."设置"选项组

在"设置"选项组中设置创建曲面常用的数据。在某些设计情况下，如各截面线串是封闭的，可以在"设置"选项组的"体类型"下拉列表框中选择"片体"或"实体"选项，以设置创建的体对象是曲面片体还是实体。

下面通过一个典型示例介绍如何使用"通过曲面组"命令创建所需的曲面。

1 按〈Ctrl+O〉快捷键，弹出"打开"对话框，选择配套的文件"BC_7_TGQXZ.prt"，单击"OK"按钮。

2 在功能区的"曲面"选项卡的"曲面"组中单击"通过曲线组"按钮◢，弹出"通过曲线组"对话框。

3 在图形窗口中单击如图7-24所示的曲面边界以定义截面线串1。

4 在"截面"选项组中单击"添加新集"按钮⊞或单击鼠标中键，在图形窗口中单击如图7-25所示的曲面边界定义截面线串2。注意截面线串2与截面线串1的起点方向要一致。

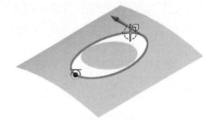

图7-24 指定截面线串1

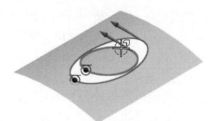

图7-25 指定截面线串2

5 在"连续性"选项组中选中"全部应用"复选框，从"第一个截面"下拉列表框中选择"G1（相切）"选项，确保"第一个截面"对应的"选择面"按钮◨处于被选中的状态，在图形窗口中单击截面线串1所在的大曲面，以约束新曲面的第一截面与所选的大曲面相切。此时"最后一个截面"下拉列表框中会自动选择"G1（相切）"选项，单击"最后一个截面"对应的"选择面"按钮◨，在图形窗口中选择小曲面以约束新曲面的最后截面与其相切，然后从"流向"下拉列表框中选择"未指定"选项，如图7-26所示。

6 在"对齐"选项组中取消选中"保留形状"复选框，从"对齐"下拉列表框中选择"参数"选项。在"输出曲面选项"选项组的"补片类型"下拉列表框中选择"多个"选项，取消选中"V向封闭"复选框，从"构造"下拉列表框中选择"法向"选项。在"设置"选项组的"体类型"下拉列表框中选择"片体"选项，其他内容采用默认设置。

7 单击"确定"按钮，完成的曲面效果如图7-27所示。

知识点拨： 本示例所完成的曲面效果实际上是一种在很多产品造型上常见的渐消面，使用"通过曲线组"命令便可以创建，当然也可以使用其他工具命令创建。

7.3.3 通过曲线网格

可以根据所指定的两组截面线串来创建曲面，其中构成曲线网格的第一组截面线串称为主曲线（或主线串），第二组截面线串称为交叉曲线（或交叉线串）。通过曲线网格创建曲面可以更好地控制曲面的形状。

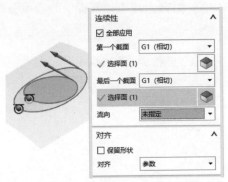 

图 7-26 设置曲面连续性　　　　图 7-27 "通过曲线组"创建的曲面效果

在功能区的"曲面"选项卡的"曲面"组中单击"通过曲线网格"按钮 ，系统弹出如图 7-28 所示的"通过曲线网格"对话框。该对话框包含"主曲线"选项组、"交叉曲线"选项组、"连续性"选项组、"输出曲面选项"选项组、"设置"选项组和"预览"选项组等。下面介绍这些选项组的应用。

1. "主曲线"选项组

"主曲线"选项组用于选择主曲线，所选主曲线会显示在列表中，一般需要选择两条或两条以上的主曲线。需要时可以单击"反向"按钮 切换当前主曲线的起点方向等。如果需要多条主曲线，可在选择一条主曲线后，单击"添加新集"按钮 ，即可继续选择另一条主曲线，直至主曲线选择完毕。注意主曲线也可以为点，并需要注意各主曲线的起点方向是否满足设计要求。

2. "交叉曲线"选项组

在"交叉曲线"选项组中单击"曲线"按钮 ，接着选择所需的交叉曲线，并可进行反向设置。选择一条交叉曲线后，可根据设计要求并通过单击"添加新集"按钮 或单击鼠标中键来继续选择另外的一条交叉曲线，可根据需要使用同样方法继续选择其他的交叉曲线，所选交叉曲线将显示在其列表中。

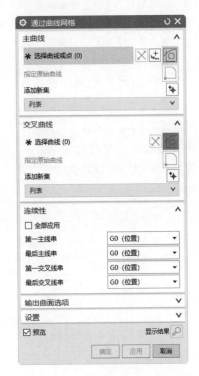

图 7-28 "通过曲线网格"对话框

3. "连续性"选项组

可以将曲面连续性设置应用于全部，即选中"全部应用"复选框。在"第一主线串"下拉列表框、"最后主线串"下拉列表框、"第一交叉线串"下拉列表框和"最后交叉线串"下拉列表框中分别指定曲面与体边界的过渡连续性方式，如设置为"G0（位置）""G1（相切）"或"G2（曲率）"。

4."输出曲面选项"选项组

"输出曲面选项"选项组包括两方面的内容,即"着重"和"构造",如图 7-29 所示。"着重"下拉列表框用来设置创建的曲面更靠近哪一组截面线串,其提供的选项有"两者皆是""主线串"和"交叉线串"。

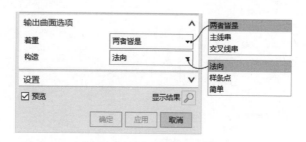

图 7-29 "输出曲面选项"选项组设置

- "两者皆是":用于设置创建的曲面既靠近主线串也靠近交叉线串,即主线串和交叉线串具有同等效果。
- "主线串":用于设置创建的曲面靠近主线串,即创建的曲面尽可能通过主线串。
- "交叉线串":用于设置创建的曲面靠近交叉线串,即创建的曲面尽可能通过交叉线串。
- "构造"下拉列表框:用于指定曲面的构建方法,包括"法向""样条点"和"简单"。

5."设置"选项组

"设置"选项组如图 7-30a 所示,从中可以设置体类型,并且可以设置主线串或交叉线串的重新构建方式,重新构建的方式有"无""次数和公差"或"自动拟合"。例如,当将重新构建的方式设置为"次数和公差"时,可设置次数(阶次),如图 7-30b 所示。在"设置"选项组中可以设置相关公差,以控制有关输入曲线、构建曲面的精度。

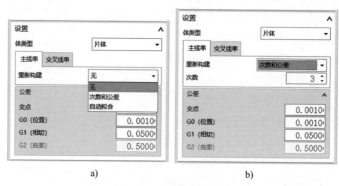

a)   b)

图 7-30 "设置"选项组

a)"设置"选项组 b) 重新构建方式设置示例

6."预览"选项组

"预览"选项组用于启用预览,并设置显示结果。

在有些情况下,"通过曲线网格"对话框还提供了"脊线"选项组,在"脊线"选项组中单击"脊线"按钮,可选择要作为脊线串的曲线。

下面介绍"通过曲面网格"命令创建曲面的一个典型案例。

1️⃣ 按〈Ctrl+O〉快捷键, 弹出"打开"对话框, 选择配套的文件"BC_7_TGQXWG. prt", 单击"OK"按钮。该文件中已有的曲线如图 7-31 所示。

2️⃣ 在功能区的"曲面"选项卡的"曲面"组中单击"通过曲线网格"按钮🔖, 系统弹出"通过曲线网格"对话框。

3️⃣ 选择曲线 1 作为第一条主曲线, 单击鼠标中键（这里单击鼠标中键的作用等同于在"主曲线"选项组中单击"添加新集"按钮🔲）, 接着选择曲线 2 作为第二条主曲线, 单击鼠标中键, 再选择曲线 3 作为的三条组曲线。注意这 3 条主曲线的起点方向要一致, 如图 7-32 所示。

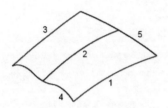

图 7-31 已有的曲线

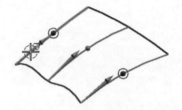

图 7-32 按顺序选择 3 条主曲线

4️⃣ 在"交叉曲线"选项组中单击"曲线"按钮🔲, 在位于上边框条中的"选择条"工具栏的"曲线规则"下拉列表框中选择"相切曲线", 在如图 7-33 所示的大致位置处单击曲线以选中整条相切的曲线（即曲线 4）作为第一条交叉曲线, 单击鼠标中键（这里单击鼠标中键的作用等同于在"交叉曲线"选项组中单击"添加新集"按钮🔲）, 选择曲线 5 作为第二条交叉曲线。注意所选的两条交叉曲线的起点方向要一致。

5️⃣ 接受默认的连续性设置; 在"输出曲面选项"选项组的"着重"下拉列表框中选择"两者皆是"选项, 在"构造"下拉列表框中选择"法向"选项; 在"设置"选项组的"体类型"下拉列表框中选择"片体"选项, 并将"交点"公差设置为"0.05", "G0（位置）"公差设置为"0.001", "G1（相切）"公差设置为"0.05"。

6️⃣ 单击"确定"按钮, 完成创建的曲面如图 7-34 所示。

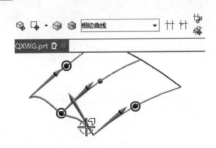

图 7-33 指定第一条交叉曲线

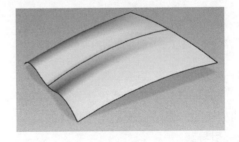

图 7-34 "通过曲线网格"命令生成的曲面

7.3.4 通过扫掠创建曲面

通过扫掠创建曲面是指将轮廓曲线（截面线）沿空间中的一条或多条引导线（路径曲线）扫掠, 在扫掠过程中可以使用各种方法控制沿着引导线的形状, 然后形成曲面, 典型示例如图 7-35 所示。

在功能区的"曲面"选项卡的"曲面"组中单击"扫掠"按钮 ，打开如图 7-36 所示的"扫掠"对话框。利用该对话框，分别定义截面、引导线（最多 3 条）、脊线和截面选项等。采用"扫掠"工具命令创建曲面的方法和创建实体特征的方法是基本一样的，体类型的设置决定生成曲面片体还是生成实体。下面只重点地介绍在创建扫掠曲面的过程中，截面线、引导线和截面选项的应用设置。

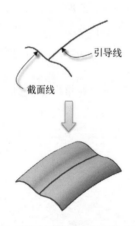

图 7-35 通过扫掠创建曲面的典型示例　　　　图 7-36 "扫掠"对话框

1. 截面线

截面线可以是单条曲线，也可以是由多条曲线段组成的连续曲线，各曲线段之间不一定是连续相切的，但是必须是连续相接的。

2. 引导线

引导线可以是单条曲线，也可以由连续性的曲线段组成（曲线段之间不一定是连续相切的，但是必须是连续的）。NX 只允许最多选择 3 条引导线。

3. 截面选项

"截面选项"选项组的"截面位置"下拉列表框用来设置截面在扫掠过程中的位置，其可供选择的截面位置选项有"沿引导线任何位置"和"引导线末端"。对齐方法有"参数""弧长"和"根据点"；定位方法的方向设置包括"固定""面的法向""矢量方向""另一曲线""一个点""角度规律"和"强制方向";缩放方法包括"恒定""倒圆功能""另一曲线""一个点""面积规律"和"周长规律",选择不同的缩放方法,所要定义的参数或参照等会有所不同。例如,当选择缩放方法为"倒圆功能"时,需要从"倒圆功能"下拉列表框中选择"线性"或"三次"选项,以及分别设置"起点"值和"终点"值,如图 7-37 所示。需要读者注意的是,NX 软件会根据所选定引导线的数目来确定"截面选项"选项组提供全部设置内容或部分设置内容。

下面介绍一个使用一条截面线和一条引导线创建扫掠曲面的操作示例。

① 按〈Ctrl+O〉快捷键,弹出"打开"对话框,选择配套的文件"BC_7_SLQM. prt",单击"OK"按钮,该文件已经创建好两条线串。在功能区的"曲面"选项卡的"曲面"组中单击"扫掠"按钮 🔲,打开"扫掠"对话框。

② 指定截面线串。在"选择条"工具栏的"曲线规则"下拉列表框中选择"相连曲线",在模型窗口中单击一条线串的其中一段曲线段以选择整条线串,如图 7-38 所示。

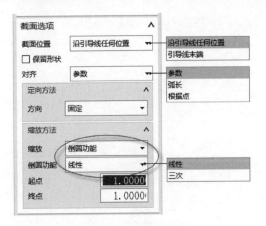

图 7-37 设置缩放方法

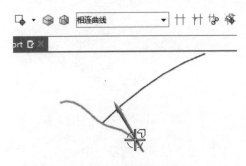

图 7-38 指定截面线串

③ 在"引导线"选项组中单击"引导线"按钮 🔲,选择另一条圆弧线作为引导线,如图 7-39 所示,NX 将根据默认的截面选项设置给出预览的扫掠曲面效果。

④ 展开"截面选项"选项组,从"截面位置"下拉列表框中选择"沿引导线任何位置"选项,取消选中"保留形状"复选框,从"对齐"下拉列表框中选择"参数"选项,从"定位方法"子选项组的"方向"下拉列表框中选择"固定"选项,从"缩放方法"子选项组的"缩放"下拉列表框中选择"倒圆功能"选项,从"倒圆功能"下拉列表框中选择"线性"选项,并设置"起点"值为"1","终点"值为"1.5",如图 7-40 所示。

⑤ 在"设置"选项组的"体类型"下拉列表框中选择"片体"选项,然后单击"确定"按钮,完成创建的曲面如图 7-41 所示(图中隐藏了相关曲线)。

下面再介绍一个扫掠示例,在该示例中使用了封闭的截面线和 3 条引导线。

① 按〈Ctrl+O〉快捷键,弹出"打开"对话框,选择配套的文件"BC_7_SLQM2. prt",单击"OK"按钮,该文件已有的曲线如图 7-42 所示。在功能区的"曲面"选项卡的"曲面"组中单击"扫掠"按钮 🔲,打开"扫掠"对话框。

② 在"选择条"工具栏的"曲线规则"下拉列表框中选择"相连曲线"选项,在图形

窗口中选择如图 7-43 所示的相连曲线作为截面线。

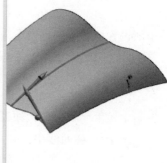

图 7-39　选择一条引导线

图 7-40　设置相关的截面选项

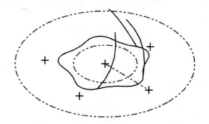

图 7-41　完成创建扫掠曲面

图 7-42　已有的曲线

　　③ 在"预览"选项组中取消选中"预览"复选框，在"引导线"选项组中单击"引导线"按钮，选择引导线 1，单击鼠标中键（等效于在"引导线"选项组中单击"添加新集"按钮），选择引导线 2，再单击鼠标中键，然后选择引导线 3，如图 7-44 所示。

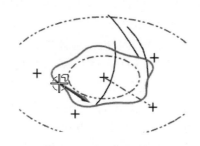

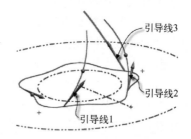

图 7-43　指定截面线

图 7-44　指定 3 条引导线

　　④ 选择好 3 条引线导线后，在"预览"选项组中选中"预览"复选框以观察扫掠预览效果。此时，"截面选项"选项组的"截面位置"选项默认为"沿引导线任何位置"，"对齐"选项默认为"参数"，"设置"选项组的"体类型"默认为"实体"，因此当前预览的是扫掠实体效果，如图 7-45 所示。

　　⑤ 要创建扫掠曲面，可在"设置"选项组的"体类型"下拉列表框中选择"片体"选项，然后单击"确定"按钮，完成创建的扫掠曲面如图 7-46 所示。

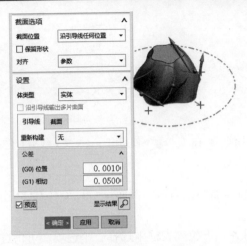

图 7-45 预览的扫掠实体效果

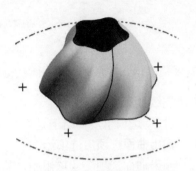

图 7-46 创建的扫掠曲面

7.3.5 艺术曲面

使用"艺术曲面"工具命令，可以用任意数量的截面和引导线串创建曲面。艺术曲面在实际设计中的应用较为灵活。

在功能区的"曲面"选项卡的"曲面"组中单击"艺术曲面"按钮，弹出"艺术曲面"对话框，如图 7-47 所示。该对话框各选项组的功能含义介绍如下。

1."截面（主要）曲线"选项组

"截面（主要）曲线"选项组用于指定艺术曲面的主要线串。如果要创建的艺术曲面需要两条主要线串，可以在选择一条主要线串后，在该选项组中单击"添加新集"按钮或者单击鼠标中键，然后再选择另一条主要线串。在选择主要线串时，一定要注意主要线串的方向。

2."引导（交叉）曲线"选项组

"引导（交叉）曲线"选项组用于指定艺术曲面的引导线串或交叉线串，这些线串将引导或影响艺术曲面的走向。引导线串或交叉线串的选择方法与主要线串（截面曲线）的选择方法相同，在进行选择时务必要注意箭头的方向。

在如图 7-48 所示的艺术曲面中，使用了两条截面线串（截面线 1 和截面线 2）和一条引导（交叉）曲线。然而，并不是所有的艺术曲面都需要引导线串或交叉线串。例如，在如图 7-49 所示的艺术曲面中，仅仅需要指定两条截面曲线（主要线串）来定义即可，没有指定引导（交叉）曲线。

图 7-47 "艺术曲面"对话框

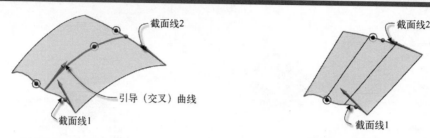

图 7-48　使用两条截面线和一条引导（交叉）曲线　　图 7-49　不使用引导（交叉）线串的艺术曲面

3．"连续性"选项组

"连续性"选项组主要用于设置如何将新曲面约束为与相邻面呈 G0、G1 或 G2 连续。

4．"输出曲面选项"选项组

在"输出曲面选项"选项组中，从"对齐"下拉列表框中选择一个选项（可供选择的选项有"参数""弧长"和"根据点"）来定义如何对齐等参数曲线，必要时可定义过渡控制方式。如果单击"切换线串"按钮，则交换当前的截面线与引导线，即当前截面线变为引导线，而当前引导线同时变为截面线。

5．"设置"选项组

在"设置"选项组中指定生成对象的体类型，设置截面和引导线的重新构建方式，以及设定相应的公差。

6．"预览"选项组

"预览"选项组用于启用预览，并设置显示结果。

艺术曲面的创建方法与"通过曲面组""通过曲线网格"创建曲面和扫掠曲面的创建方法类似，在此不再赘述。

7.3.6　填充曲面

"填充曲面"命令是指根据一组边界曲线和/或边创建曲面。

要创建填充曲面，可在功能区的"曲面"选项卡的"曲面"组中单击"填充曲面"按钮，弹出如图 7-50a 所示的"填充曲面"对话框。选择所需的曲线链作为边界，并指定形状控制方法、默认边连续性等选项、参数即可。形状控制方法包括"无""充满""拟合至曲线"和"拟合至小平面体"，其中，"无"选项表示曲面无更多约束，"充满"选项表示通过沿曲面指定点的局部法向拖动曲面来修改曲面，"拟合至曲线"选项表示将曲面拟合至选定的曲线，"拟合至小平面体"选项表示将曲面拟合至选定的小平面体。创建填充曲面的典型示例如图 7-50b 所示，该填充曲面由选定的 4 条曲线组成边界，其形状控制方法为"充满"。读者可以使用本书配套的"BC_7_TCQM.prt"文件上机练习。

7.3.7　N 边曲面

使用"N 边曲面"工具命令，可以创建由一组端点相连曲线封闭的曲面，在创建过程中可以进行形状控制等设置。创建 N 边曲面的简单示例如图 7-51 所示，该 N 边曲面未修剪到边界。

在功能区的"曲面"选项卡的"曲面"组中单击"更多"|"N 边曲面"按钮，系统

弹出如图 7-52 所示的"N 边曲面"对话框。N 边曲面的类型有两种，即"已修剪"和"三角形"。当选择"已修剪"类型时，选择用来定义外部环的曲线组（串）不必闭合，软件系统将根据所选曲线或边创建曲面，可将新曲面修剪到边界，此类型的 N 边曲面在设计中较为常用；当选择"三角形"类型时，根据选择的曲线串或边创建曲面，但是曲面由多个三角形的面组成，每个补片都包含每条边和公共中心点之间的三角形区域。

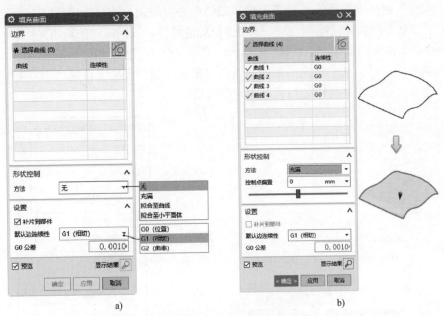

a)   b)

图 7-50　填充曲面图解

a)"填充曲面"对话框　b) 创建填充曲面示例

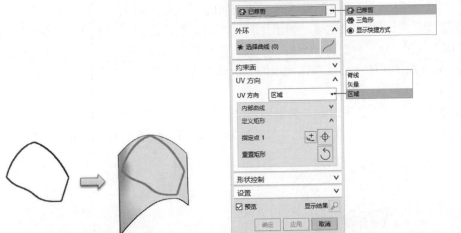

图 7-51　N 边曲面的典型创建示例　　　　图 7-52　"N 边曲面"对话框

在创建"已修剪"类型的 N 边曲面时，可以进行 *UV* 方位设置以控制 N 边曲面的形状，也可以在如图 7-53 所示的"设置"选项组中选中"修剪到边界"复选框，从而将边界外的曲面修剪掉，即创建的曲面会修剪外环外多余的曲面。而在创建"三角形"类型的 N 边曲面时，"设置"选项组中的"修剪到边界"复选框则被换成了"尽可能合并面"复选框。

在创建 N 边曲面时，可以根据设计要求在"N 边曲面"对话框的"约束面"选项组中单击"选择面"按钮 ◈ 选择约束面，以将 N 边曲面的位置、切线或曲率同该面（约束面）相匹配。选择约束面后，"形状控制"选项组才可以使用，"形状控制"选项组具有"中心控制"和"约束"两个子选项组，前者用于控制绕中心点的曲面的平面度（"中心平缓"滑块可用于上下移动曲面），后者用于设置 N 边曲面的连续性，以同选定的约束面匹配。图 7-54 所示为是否指定约束面的 N 边曲面对比图例，其中一个 N 边曲面没有指定约束面，另一个 N 边曲面则指定了约束面。指定约束面后通过"形状控制"选项组设置"G1（相切）"连续性约束，使 N 边曲面在外环边处与邻近的约束面相切。

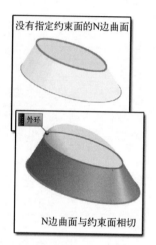

图 7-53　设置修剪到边界　　　　图 7-54　是否指定约束面的 N 边曲面对比图例

下面介绍创建"已修剪"类型的 N 边曲面的一个典型示例。

　❶　按〈Ctrl+O〉快捷键，弹出"打开"对话框，选择配套的文件"BC_7_N.prt"，单击"OK"按钮，该文件已经创建好一个具有拔模角度的拉伸曲面，如图 7-55 所示。

　❷　在功能区的"曲面"选项卡的"曲面"组中单击"更多"|"N 边曲面"按钮 ◈，打开"N 边曲面"对话框。

　❸　在"类型"选项组的"类型"下拉列表框中选择"已修剪"选项。

　❹　选择如图 7-56 所示的曲面上边缘线 1、2、3、4、5 和 6 作为外环的曲线链。

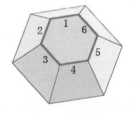

图 7-55　已有曲面　　　　　　　图 7-56　选择外环的曲线链

　❺　在"约束面"选项组中单击"面"按钮 ◈，在图形窗口中分别指定两个角点以形成

一个包围全部曲面的矩形框，从而选择了与外环链相接的全部曲面。

⑥ "UV 方向"选项组的"UV 方向"下拉列表框中的默认选项为"区域"；在"形状控制"选项组的"中心控制"子选项组中将"中心平缓"值更改为"0"，在"约束"子选项组的"连续性"下拉列表框中选择"G1（相切）"选项。

⑦ 在"设置"选项组中确保选中"修剪到边界"复选框。

⑧ 单击"确定"按钮，完成创建 N 边曲面的效果如图 7-57 所示。

知识点拨： 有兴趣的读者可以尝试在该例中创建"三角形"类型的 N 边曲面，如图 7-58 所示，注意观察该类型的 N 边曲面与"已修剪"类型的 N 边曲面有什么不同。

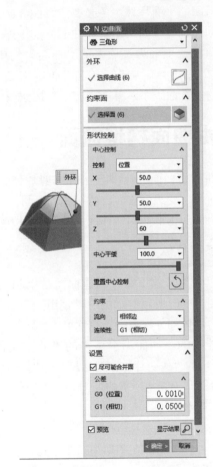

图 7-57　完成"已修剪"类型的 N 边曲面　　图 7-58　创建"三角形"类型的 N 边曲面

7.3.8　条带片体

可以使用 NX 的"条带构建器"命令工具，在输入轮廓和输入轮廓偏置的轮廓之间创建片体，所生成的片体通常被称为"条带片体"。

要创建条带片体，可在功能区的"曲面"选项卡中单击"更多"|"条状构建器"按钮，弹出如图 7-59 所示的"条带"对话框。选择定义条带曲面形状的轮廓曲线，并分别

定义偏置视图矢量、偏置距离和角度等，然后展开"预览"选项组，单击"显示结果"按钮 🔍 以预览结果曲面。如果结果曲面符合设计要求，那么单击"应用"按钮或"确定"按钮；否则，单击"撤销结果"按钮 ↺，并根据设计要求重新指定轮廓曲线、偏置视图矢量、偏置距离、偏置角度、距离公差和角度公差这些项目中的一项或多项。

7.3.9 有界平面

使用"有界平面"工具命令，可以创建由一组端点相连的平面曲线封闭的平面片体，务必要注意曲线必须共面且形成封闭形状。创建有界平面（即有界曲面）的操作方法较为简单，即在功能区的"曲面"选项卡的"曲面"组中单击"更多"|"有界平面"按钮 ◇，弹出"有界平面"对话框，选择要形成有界平面的闭合曲线串，单击"应用"按钮或"确定"按钮即可。

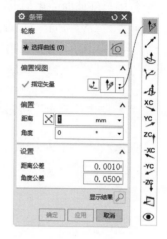

图 7-59 "条带"对话框

7.4 由曲面构造曲面

由曲面构造曲面的典型方法有修剪片体、延伸曲面、规律延伸、修剪和延伸、延伸片体、偏置曲面、变距偏置面、桥接曲面、可变偏置等。

本节将介绍由曲面构造曲面的几种常用方法。

7.4.1 修剪片体

使用"修剪片体"命令创建曲面是指利用曲线、面或基准平面修剪片体的一部分。例如，在如图 7-60 所示的示例中，使用一条位于曲面片体上的曲线修剪曲面片体，将位于该曲线一侧的片体部分修剪掉（删除）。

在功能区的"曲面"选项卡的"曲面操作"组中单击"修剪片体"按钮 ◈，打开如图 7-61 所示的"修剪片体"对话框。使用该对话框，分别定义目标、边界对象、投影方向、区域设置等，从而获得所需的曲面。在"修剪片体"对话框中进行的主要操作说明如下。

1. 指定目标

在"修剪片体"对话框的"目标"选项组中单击"选择片体"按钮 ◈ 时，系统会提示选择要修剪的片体。用户在图形窗口中选择目标曲面即可。

2. 定义边界对象

在"边界"选项组中单击"选择对象"按钮 ⊕，选择边界对象，该边界对象可以是面、体边缘、曲线和基准平面。用户可以根据设计情况设置允许目标体边缘作为工具对象。

3. 设定投影方向

在"投影方向"选项组中设定投影方向。当用来修剪片体的边界对象偏离目标，当边界对象没有与目标重合、相交时，要设置投影方向，其主要目的是把目标对象曲线或面的边缘投影到目标片体上。常用的投影方向选项有"垂直于面""垂直于曲线平面"和"沿矢量"。

●"垂直于面"：指定投影方向垂直于指定的面，即投影方向为面的法向。

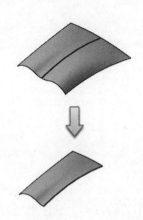

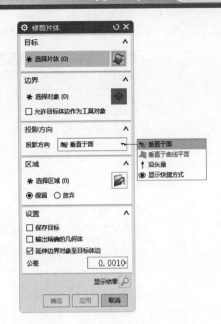

图 7-60 修剪片体的典型示例 　　　　图 7-61 "修剪片体"对话框

- "垂直于曲线平面"：指定投影方向垂直于曲线所在的平面。
- "沿矢量"：指定投影方向沿着指定的矢量方向。选择"沿矢量"选项时，可以使用矢量构造器等来构建合适的矢量。

4. 设置保留区域或舍弃区域

在"区域"选项组中，单击"选择区域"按钮 后可指定要定义的区域，即指定片体中要保留或舍弃的区域。值得注意的是，系统会根据之前在选择要修剪的片体时单击片体的位置来默认要定义的区域（保留或舍弃）。在该选项组中，具有"保留"单选项和"舍弃"单选项。

- "保留"单选项：选择该单选项，保留所选定的区域。
- "舍弃"单选项：选择该单选项，舍弃（修剪掉）所选定的区域。

5. 其他设置

在"设置"选项组中，可以选中"保存目标"复选框以使修剪片体后仍然保留原"目标"体，还可以选中"输出精确的几何体"复选框以及设置公差。

在"预览"选项组中单击"显示结果"按钮 ，可以查看完成的"修剪片体"效果。

7.4.2 延伸曲面

使用"延伸曲面"工具命令 ，可以从基本片体（简称基面）创建延伸片体。使用该方法创建曲面，通常需要用户指定曲面作为基面，然后根据指定的延伸方式来延伸基面。

在功能区的"曲面"选项卡的"曲面"组中单击"更多"|"延伸曲面"按钮 ，打开如图 7-62 所示的"延伸曲面"对话框。延伸曲面的类型分两种，即"边"和"拐角"。

1. "边"类型

从"类型"下拉列表框中选择"边"选项后，选择靠近边的待延伸曲面以定义要延伸的边，此时在"延伸"选项组的"方法"下拉列表框中可选择"相切"或"圆弧"选项定义延伸方法，而"距离"选项可以按长度或按百分比来设定。

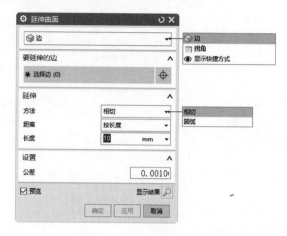

图 7-62 "延伸曲面"对话框

- "相切"延伸方法：该延伸方法是指通过在与基面相切的方向上延伸来创建曲面，如图 7-63 所示。
- "圆弧"延伸方法：该延伸方法是指按照圆弧的方向延伸来创建曲面，如图 7-64 所示。

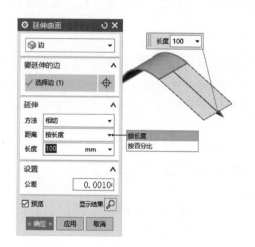

图 7-63 "相切"延伸方法示例

图 7-64 "圆弧"延伸方法示例

2. "拐角"类型

从"类型"下拉列表框中选择"拐角"选项后，在图形窗口中单击靠近拐角的待延曲面以定义要延伸的拐角，然后在"延伸"选项组中分别设置"%U 长度"和"%V 长度"的百分比数值，如图 7-65 所示，最后单击"应用"按钮或"确定"按钮。

7.4.3 规律延伸

"规律延伸"命令是指动态地或基于距离和角度规律，从基本片体创建一个规律控制的延伸曲面。距离（长度）和角度规律既可以是恒定的，也可以是线性的，还可以是其他规律的，如"三次""沿脊线的线性""沿脊线的三次""根据方程""根据规律曲线"和"多重过渡"。

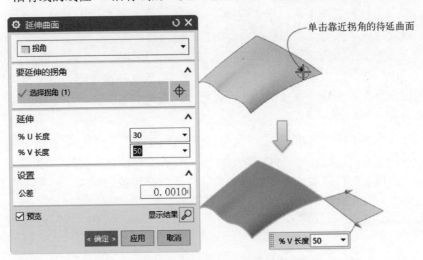

图 7-65　延伸曲面之"拐角"示例

在功能区的"曲面"选项组的"曲面"组中单击"规律延伸"按钮，打开如图 7-66 所示的"规律延伸"对话框。利用该对话框可以定义规律延伸的各选项及参数等，下面分类予以介绍。

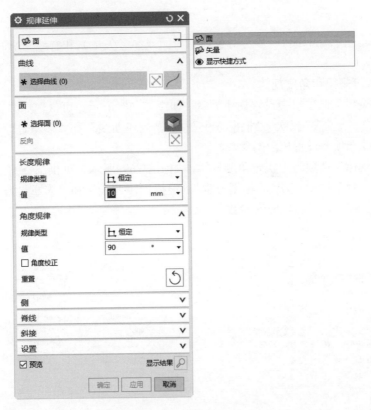

图 7-66　"规律延伸"对话框

1. 规律延伸的类型、基本轮廓及参考

在"类型"下拉列表框中可以指定规律延伸的类型为"面"或"矢量","曲线"选项组用于指定曲线或边线串来定义要创建的曲面的基本轮廓边。

当在"类型"下拉列表框中选择"面"选项时,"规律延伸"对话框提供"面"选项组,需要在"面"选项组中单击"选择面"按钮◙,然后选择参考面;当选择"矢量"选项时,对话框提供"参考矢量"选项组,此时需要在"参考矢量"选项组中使用矢量构造器等来定义参考矢量。

脊线决定了角度测量平面的方位,而角度测量平面垂直于脊线。如果需要,可以展开"脊线"选项组来指定脊线方法,脊线方法有"无""曲线"和"矢量",如图 7-67 所示。当脊线方法为"曲线"时,需要选择曲线作为脊线轮廓,脊线轮廓用来控制曲线的大致走向;当脊线方法为"矢量"时,需要指定矢量来定义脊线轮廓。

图 7-67 指定脊线方法

a)"无"选项 b)"曲线"选项 c)"矢量"选项

在定义基本轮廓(曲线)、参考对象(参考面或参考矢量)和脊线轮廓时,要注意其相应的方向设置。

2. 定义长度规律和角度规律

在"长度规律"选项组中设置规律类型,如图 7-68 所示。可供选择的长度规律类型的选项有"恒定""线性""三次""根据方程""根据规律曲线"和"多重过渡"。根据所选的长度规律类型的选项,设置相应的参数。

在"角度规律"选项组中指定角度规律,如图 7-69 所示。可供选择的角度规律类型的选项有"恒定""线性""三次""根据方程""根据规律曲线"和"多重过渡"。根据所选的角度规律类型的选项,设置相应的参数。

图 7-68 设置长度规律

图 7-69 设置角度规律

3. 设置延伸侧

在"侧"选项组中，可以从"延伸侧"下拉列表框中选择"单侧""对称"或"非对称"选项，如图 7-70 所示，以定义延伸侧情况。

4. 设置其他

在"斜接"选项组、"设置"选项组和"预览"选项组中还可以设置其他的相关选项，如图 7-71 所示。

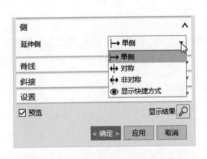

图 7-70 设置延伸侧的延伸类型

图 7-71 其他选项组

下面介绍应用规律延伸构造曲面的一个典型操作实例，配套的操作源文件为 BC_7_GLYS.prt。

1 在功能区中切换至"曲面"选项卡，从该选项卡的"曲面"组中单击"规律延伸"按钮，打开"规律延伸"对话框。

2 在"类型"下拉列表框中选择"面"选项，在上边框条的"选择条"工具栏的"曲线规律"下拉列表框中选择"相切曲线"，接着选择如图 7-72 所示的相切边线作为基本轮廓，注意其方向。

3 在"面"选项组中单击"面"按钮，在"选择条"工具栏的"面规则"下拉列表框中默认选择"相切面"，单击选择如图 7-73 所示的相切参考面，注意其相应的方向。

图 7-72 指定基本轮廓

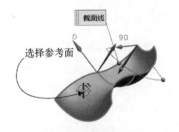

图 7-73 选择参考面

4 在"长度规律"选项组的"规律类型"下拉列表框中选择"线性"选项，输入"起点"值为"2mm"，"终点"值为"12mm"，如图 7-74 所示。

5 在"角度规律"选项组中的"规律类型"下拉列表框中选择"恒定"选项，并设置恒定值为"30"（单位为"°"），如图 7-75 所示。

图 7-74　设置长度规律　　　　　　　　　图 7-75　设置角度规律

6　在"侧"选项组的"延伸侧"下拉列表框中选择"单侧"选项，在"斜接"选项组的"方法"下拉列表框中选择"混合"选项，在"设置"选项组中选中"将曲线投影到面上"复选框和"尽可能合并面"复选框，在"预览"选项组中确保选中"预览"复选框，此时预览效果如图 7-76 所示。

7　在"规律延伸"对话框中单击"确定"按钮，创建的规律延伸曲面如图 7-77 所示。

图 7-76　效果预览等　　　　　　　　　　图 7-77　完成规律延伸

7.4.4　修剪和延伸

使用"修剪和延伸"工具命令创建曲面是指修剪或延伸一组边或面与另一组边或面相交。使用该命令功能，可以设置体输出类型为"延伸原片体""延伸为新面"（创建一个新面附加到原面上，而不是与原面合并）或"延伸为新片体"（创建一个新片体，与原片体分开），并可以设置是否复制原体。

在功能区的"曲面"选项卡的"曲面操作"组中单击"修剪和延伸"按钮 🔷，系统弹出如图 7-78 所示的"修剪和延伸"对话框。在"类型"下拉列表框中提供的类型选项有："直至选定"和"制作拐角"。下面介绍这 2 个类型的应用。

- "直至选定"选项：选择该选项时，系统将把边界延伸到用户指定的对象处，如图 7-79 所示。通常将要延伸到的对象称为"工具对象"。
- "制作拐角"选项：选择该选项，需要指定目标和工具（注意工具方向）等，如图 7-80

所示。将目标边延伸到工具对象处形成拐角，而位于拐角线指定一侧的刀具曲面则被保留（该侧被保留还是被修剪掉，与"箭头侧"设置为"保持"或"删除"相关）。"需要的结果"选项组的"箭头侧"下拉列表框用于设置保持在箭头侧形成拐角，还是在另一侧形成拐角。

图 7-78　"修剪和延伸"对话框

图 7-79　将目标曲面边界延伸到指定的对象处

在"设置"选项组的"曲面延伸形状"下拉列表框中可以选择以下延伸方法之一。

● "自然曲率"：指定系统以自然曲率的方式延伸曲面，也就是创建的那部分曲面和原曲面之间以自然曲率方式过渡。

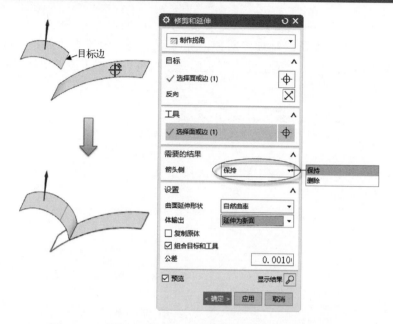

图 7-80 "制作拐角"类型的"修剪和延伸"命令操作示例

- "自然相切"：指定系统以自然相切的方式延伸曲面。
- "镜像"：指定系统以镜像的方式延伸曲面，即面的延伸尽可能映射或镜像要延伸的面的形状。

7.4.5 延伸片体

使用"延伸片体"命令，可以将片体延伸一个偏置量，或延伸后与其他体相交，分别如图 7-81 和图 7-82 所示。"延伸片体"命令与"修剪和延伸"命令类似，但"延伸片体"命令需要设置边延伸形状，边延伸形状可以为"自动""相切"或"正交"，含义如下。

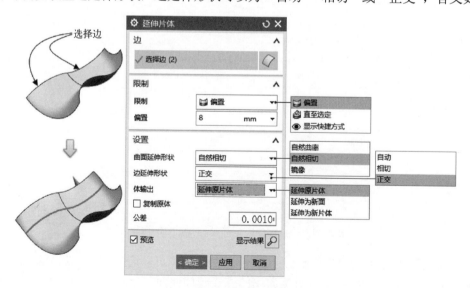

图 7-81 按"偏置"延伸片体

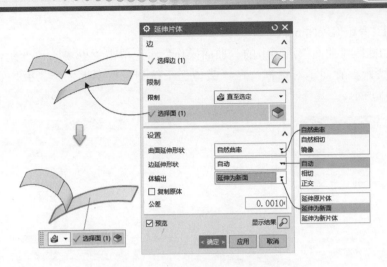

图 7-82 按"直至选定"延伸片体

- "自动" ⚡：根据系统默认设置延伸相邻边界。
- "相切" ◤：延伸与边界相切的相邻边界，且保持其形状不变
- "正交" ◤：延伸相邻边界，使其与要延伸的边正交。

7.4.6 偏置曲面

使用"偏置曲面"工具命令，可以通过偏置一组面创建体，偏置的距离可以是固定的数值，也可以是一个可以变化的值。由一个曲面通过偏置的方式创建偏置曲面的典型示例如图 7-83 所示。

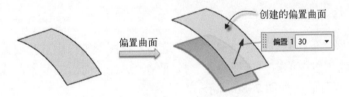

图 7-83 创建偏置曲面的典型示例

要创建偏置曲面，可在功能区的"曲面"选项卡的"曲面操作"组中单击"偏置曲面"按钮 ▧，打开如图 7-84 所示的"偏置曲面"对话框，选择要偏置的面（可创建若干个偏置集），并设置当前偏置集的偏置距离和方向，可在"特征"选项组中设置输出选项（即从"输出"下拉列表框中选择"为每个面创建一个特征"或"为所有面创建一个特征"），在"部分结果"选项组中设置相关选项和参数，以及根据设计需要在"设置"选项组的"相切边"下拉列表框中选择"在相切边添加支撑面"或"不添加支撑面"，并设定公差。

7.4.7 变距偏置面

使用"变距偏置面"工具命令，可以偏置体的多个区域，其中部分区域为恒定偏距，部分区域为可变偏置，以在恒定偏置区域之间桥接。

下面通过一个典型的范例介绍如何通过变距偏置面创建曲面，该典型范例所用到的示例

源文件为"BC_变距偏置面.prt"。

1 在功能区"曲面"选项卡的"曲面操作"组中单击"更多"|"变距偏置面"按钮，弹出"变距偏置面"对话框，在"类型"下拉列表框中提供了"板"和"垫块"选项，如图 7-85 所示。

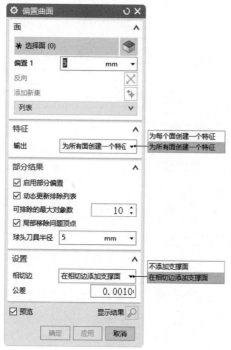

图 7-84 "偏置曲面"对话框   图 7-85 "变距偏置面"对话框

2 从"类型"下拉列表框中选择"板"选项，在图形窗口中选择要偏置区域的曲面，在"区域边界"选项组中单击"选择对象"按钮，选择曲面上的一条曲线，并设置相应的投影方向为"垂直于面"，如图 7-86 所示。

3 在"区域"选项组中为"Region 1"区域选择"偏置"单选项以定义其偏置类型，设置其偏置值为 10mm。在"区域列表"中选择"Region 2"区域名称，设置该区域的类型为"桥接"，并从"设置"选项组的"桥接连续性"下拉列表框中选择"相切"选项，从"体输出"下拉列表框中选择"偏置原体"选项，如图 7-87 所示。

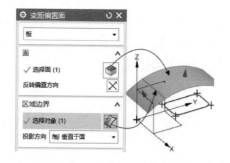

图 7-86 指定要偏置区域的曲面及区域边界等

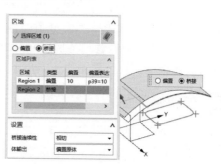

图 7-87 设置区域类型及其他

4 单击"应用"按钮，完成创建一个变距偏置面特征。

5 从"变距偏置面"对话框的"类型"下拉列表框中选择"垫块"选项，选择已有曲面，在"区域边界"选项组中单击"选择对象"按钮 ，此时"曲线规律"选项为"自动判断曲线"。在图形窗口中选择一个带圆角的矩形，从"投影方向"下拉列表框中选择"垂直于曲线平面"选项；在"区域"选项组中为"Region 1"区域设置其偏置距离为 30mm，在"区域列表"中选择"Region 2"区域，设置该区域的偏置距离为 10mm；在"设置"选项组的"桥接连续性"下拉列表框中选择"相切"选项，从"体输出"下拉列表框中选择"偏置原体"选项，如图 7-88 所示。

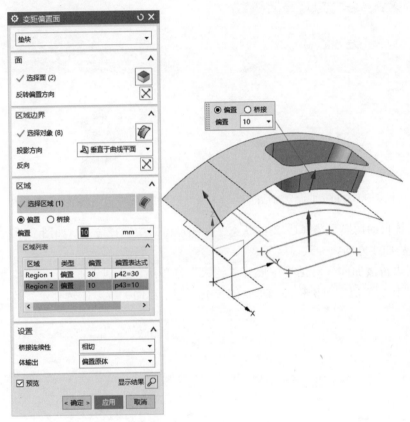

图 7-88　设置"垫块"类型的"变距偏置面"参数等

6 单击"确定"按钮，完成第 2 个变距偏置面特征。

7.4.8　桥接曲面

创建桥接曲面是指创建合并两个面的片体，该片体是依据用户指定的两组主面和侧面上的曲线等来构建的，可以将桥接曲面看作是两个片体之间的一个过渡曲面。创建桥接曲面的典型示例如图 7-89 所示，该典型范例所用到的示例源文件为"BC_7_QJQX.prt"。

下面介绍如何创建桥接曲面。

1 在上边框条中单击"菜单"按钮 三 菜单(M) ▼，选择"插入"|"细节特征"|"桥接"命令，系统弹出如图 7-90 所示的"桥接曲面"对话框。

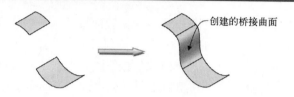

图 7-89　创建桥接曲面

② 此时系统提示选择靠近边的面或选择一条边。在该提示下选择如图 7-91 所示的一条曲面边以完成选择边 1。

图 7-90　"桥接曲面"对话框

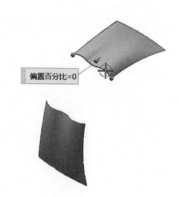

图 7-91　选择一条曲面边

③ 系统自动切换至选择边 2 的状态。在图形窗口中选择边 2，如图 7-92 所示，注意边 2 和边 1 的曲线方向要一致。

④ 在"桥接曲面"对话框中展开"约束"选项组，分别设置"连续性""相切幅值"（注意观察"相切幅值"对桥接曲面形状的影响）和"流向"等方面选项及参数，如图 7-93 所示。

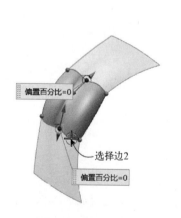

图 7-92　选择边 2

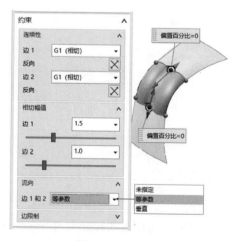

图 7-93　设置桥接曲面的一些约束条件

知识点拨： 边 1 和边 2 的"流向"可以为"未指定""等参数"或"垂直"。当从"流向"子选项组的"边 1 和 2"下拉列表框中选择"未指定"选项时,曲面的等参数方向不受任何特定方向的约束;当选择"等参数"选项时,曲面的等参数方向遵循输入曲面的等参数方向;当选择"垂直"选项时,曲面的等参数方向垂直于输入曲线或边。

⑤ 在"约束"选项组中展开"边限制"子选项组,选择"边 1"选项卡,将"起点百分比"的值设置为"0","终点百分比"的值默认为"100",将"偏置百分比"的值设置为"0";边 2 的边限制设置也一样。展开"设置"选项组,从"引导线"的"重新构建"下拉列表框中选择"自动拟合"选项,并设置"最高次数"为"7","最大段数"为"1",如图 7-94 所示。

⑥ 在"桥接曲面"对话框中单击"确定"按钮,完成创建该桥接曲面的效果如图 7-95所示。

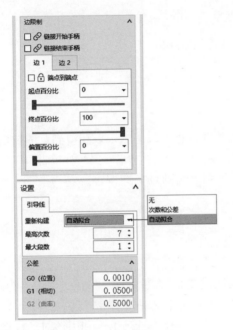

图 7-94 设置边限制

图 7-95 完成创建桥接曲面

7.4.9 可变偏置

使用"可变偏置"工具命令可以使面偏置一个距离,该距离可以在 4 个点处有所变化。

在功能区的"曲面"选项卡的"曲面操作"组中单击"更多"|"可变偏置"按钮 ◈,弹出"可变偏置"对话框。选择要偏置的面,接受默认的偏置方向,或单击"反向"按钮 ⊠ 以反向默认的偏置方向,在"偏置"选项组中设置"在 A 处偏置"值、"在 B 处偏置"值、"在 C 处偏置"值和"在 D 处偏置"值,在"设置"选项组中设置是否保持参数化(根据所选曲面情况而定),以及从"方法"下拉列表框中选择"线性"或"三次"选项等,然后单击"确定"按钮,从而完成创建一个可变偏置面。可变偏置的操作图例如图 7-96 所示。

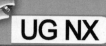
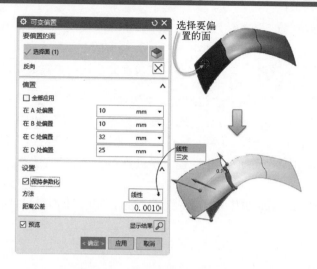

图7-96　可变偏置的操作图例

7.5　编辑曲面

创建好相关的曲面后，可能还需要对曲面片体进行修改编辑，以获得满意的曲面片体设计效果。本节介绍的常用的曲面编辑方法包括"X 型""I 型""扩大""剪断曲面""更改边""更改阶次""更改刚度""法向反向""整修面"和"编辑 U/V 向"等。

7.5.1　X 型

"X 型"工具命令用于编辑样条和曲面的极点和点。

在功能区的"曲面"选项卡的"编辑曲面"组中单击"X 型"按钮<img>，打开如图 7-97a 所示的"X 型"对话框。该对话框提供了"曲线或曲面""参数化""方法""边界约束""设置"和"微定位"等选项组。其中，在"方法"选项组中又提供了 4 个方法选项卡，即"移动"选项卡、"旋转"选项卡、"比例"选项卡和"平面化"选项卡。利用该对话框选择要开始编辑的曲线或曲面，根据编辑要求选择极点、设置极点操控方式，定义参数化（阶次和补片），指定方法选项、边界约束、提取方法（"原始""最小有界"或"适合边界"）、特征保存方法（"相对"或"静态"）和微定位选项等，在"X 型"编辑状态下可以使用鼠标拖动选定极点或点的位置来编辑曲面，示例如图 7-97b 所示。

7.5.2　I 型

"I 型"命令可通过编辑等参数曲线来动态修改面。

在功能区的"曲面"选项卡的"编辑曲面"组中单击"I 型"按钮<img>，打开如图 7-98 所示的"I 型"对话框。选择要编辑的面，在"等参数曲线"选项组中指定方向选项（可供选择的选项有"U"和"V"）、位置选项（如"均匀""通过点"或"在点之间"）和"数量"值，并分别在其他选项组中设置等参数曲线形状控制、曲面形状控制、边界约束、提取方法（提取方法有"原始的""最小有界"和"适合边界"3 种）和微定位等。

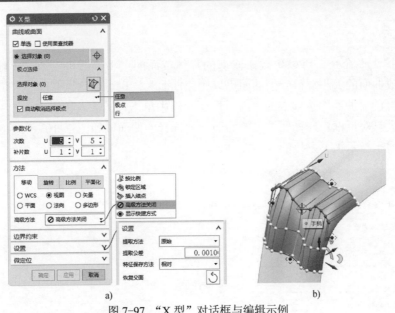

图 7-97 "X 型"对话框与编辑示例

a) "X 型"对话框 b) "X 型"编辑示例

在如图 7-99 所示的典型示例中，等参数曲线的方向为"U"，位置选项为"均匀"，"数量"值为 6；在"等参数曲线形状控制"选项组中，从"插入手柄"下拉列表框中选择"均匀"，其相应的"数量"值更改为"4"。在图形窗口中选择所需的两条等参数曲线，并选中"线性过渡"复选框，单击"手柄"按钮 🔧，使用手柄编辑所选等参数曲线，从而动态修改选定面。在使用手柄操作的过程中应该特别注意相关选项和参数的设置。

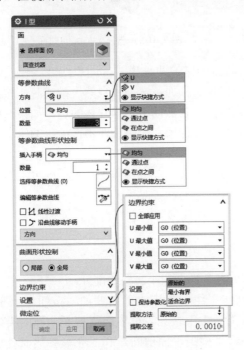

图 7-98 "I 型"对话框

图 7-99 通过编辑等参数曲线动态修改面

7.5.3 扩大

使用"扩大"命令，可以更改未修剪的片体或面的大小，即可以通过"线性"或"自然"模式更改曲面的大小，得到的曲面可以比原曲面大，也可以比原曲面小。

在功能区的"曲面"选项卡的"编辑曲面"组中单击"扩大"按钮 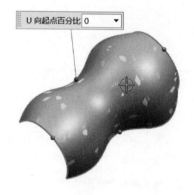，打开如图 7-100 所示的"扩大"对话框。选择要扩大的曲面，被选择的曲面以如图 7-101 所示的形式显示，曲面上显示用于指示扩大方位的 4 个控制柄。

图 7-100 "扩大"对话框

图 7-101 选择要扩大的曲面

在"设置"选项组中，提供了用于扩大曲面操作的两种模式，即"线性"模式和"自然"模式。选择"线性"模式时，按照线性规律扩大曲面；选择"自然"模式时，按照原来曲面的特征自然扩大来编辑曲面，即顺着原来曲面的自然曲率延伸片体的边。如果选中"编辑副本"复选框，则对片体副本进行扩大，原始片体保留，否则（即不选中"编辑副本"复选框），对原始片体进行扩大处理。

在"调整大小参数"选项组中，可以设置 U 向起点、U 向终点、V 向起点和 V 向终点的扩大百分比，可以单击"重新调整大小参数"按钮 来重新调整大小参数。

设置好扩大模式和大小参数后，单击"应用"按钮或"确定"按钮。

7.5.4 剪断曲面

"剪断曲面"命令用于在指定点分割曲面或剪断曲面中不需要的部分。

在功能区的"曲面"选项卡的"曲面操作"组中单击"剪断曲面"按钮 ，打开如图 7-102 所示的"剪断曲面"对话框。从"类型"下拉列表框中选择剪断曲面的类型，可供选择的类型有"用曲线剪断""用曲面剪断""根据平面剪断"和"在等参数面处剪断"4 种。

图 7-102 "剪断曲面"对话框

1. 用曲线剪断

在"剪断曲面"对话框的"类型"下拉列表框中选择"用曲线剪断"选项时，需要分别指定可用曲线剪断的目标曲面、边界（修剪曲线）、投影方向、整修控制等，如图 7-103 所示。如果在"设置"选项组中单击"切换区域"按钮 ⟳，则在目标曲面中剪断另一侧区域，如图 7-104 所示。

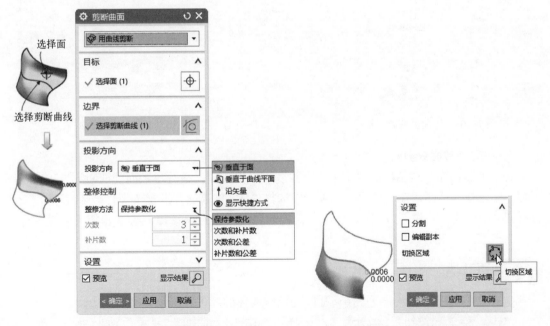

图 7-103 用曲线剪断曲面   图 7-104 切换剪断曲面的区域

如果在"设置"选项组中选中"分割"复选框，则在目标曲面的剪断处将目标曲面分割成两部分。如果在"设置"选项组中选中"编辑副本"复选框，除了创建剪断曲面外还保留原目标曲面。

2．用曲面剪断

在"剪断曲面"对话框的"类型"下拉列表框中选择"用曲面剪断"选项，分别选定目标面和剪断面（曲面），并设置整修方法等，示例如图 7-105 所示。

3．根据平面剪断（在平面处剪断）

在"剪断曲面"对话框的"类型"下拉列表框中选择"根据平面剪断"选项，选定目标面和剪断平面，其中剪断平面可以根据实际设计情况选用最适宜的定义方式，并指定整修控制方法和相关的设置选项。根据平面剪断目标面的典型示例如图 7-106 所示。

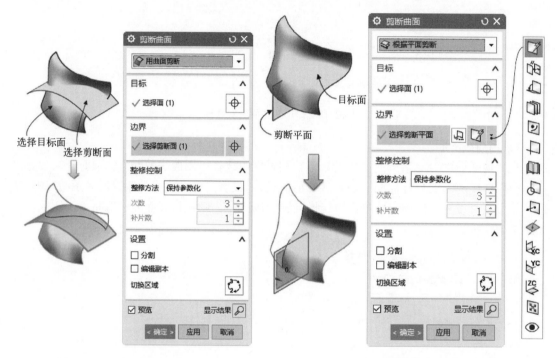

图 7-105　用曲面剪断目标面　　　　　　图 7-106　根据平面剪断目标面的典型示例

4．在等参数面处剪断

在"剪断曲面"对话框的"类型"下拉列表框中选择"在等参数面处剪断"选项，在图形窗口中选择目标面，在"边界"选项组中选择"U"单选项并设置 U 向百分比参数，或者选择"V"单选项并设置 V 向百分比参数，需要时可指定整修控制方法和相关的设置选项等。典型示例如图 7-107 所示。

7.5.5　更改边

执行"更改边"命令，可以用诸如匹配曲线或体的各种方法来修改曲面边。

单击"菜单"按钮 三 菜单(M) ▼，选择"编辑"|"曲面"|"更改边"命令，弹出如图 7-108 所示的"更改边"对话框。选择"编辑原片体"单选项或"编辑副本"单选项，并选择要编辑的面，系统弹出如图 7-109 所示的对话框，同时提示选择要编辑的 B 曲面边。

目标面

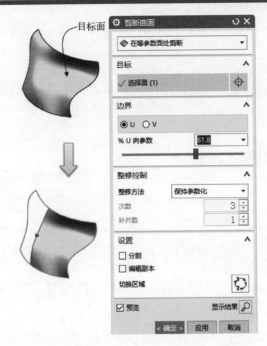

图 7-107　在等参数面处剪断曲面的典型示例

图 7-108　"更改边"对话框（1）

图 7-109　"更改边"对话框（2）

知识点拨："编辑原片体"单选项和"编辑副本"单选项的功能含义如下。

● "编辑原片体"单选项：选择此单选项时，所有的编辑直接在选择的曲面片体上进行，而不备份副本。

● "编辑副本"单选项：选择此单选项时，NX 软件系统将备份用户选择的曲面以作为副本，然后所有后续编辑都在该曲面副本上进行。

用户选择要编辑的曲面边界边后，系统弹出如图 7-110 所示的用于选择选项的"更改边"对话框。该"更改边"对话框提供的用于更改边的选项包括"仅边""边和法向""边和交叉切线""边和曲率"和"检查偏差"。下面简单地介绍这几个选项按钮的应用。

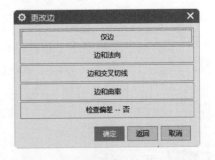

图 7-110　"更改边"对话框（3）

1. "仅边"按钮

"仅边"按钮仅用于更改曲面的边。单击该按钮，弹出如图 7-111 所示的"更改边"对话框。用户可以从中单击"匹配到曲线""匹配到边"

"匹配到体"和"匹配到平面"等按钮。单击不同的匹配按钮，则打开相应的对话框要求用户选择相应的几何对象。

2."边和法向"按钮

"边和法向"按钮用于更改曲面的边和法向。单击该按钮，弹出如图 7-112 所示的"更改边"对话框。用户可以从中单击"匹配到边""匹配到体"或"匹配到平面"按钮进行相应定义。

图 7-111 "更改边"对话框（4）

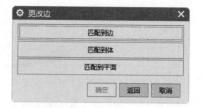

图 7-112 "更改边"对话框（5）

3."边和交叉切线"按钮

"边和交叉切线"按钮用于更改曲面的边和交叉切线。单击该按钮后，弹出如图 7-113 所示的"更改边"对话框。可供选择的按钮选项有"瞄准一个点""匹配到矢量"和"匹配到边"。

4."边和曲率"按钮

"边和曲率"按钮用于更改曲面的边和曲率。单击该按钮后，系统弹出如图 7-114 所示的"更改边"对话框，并要求选择第二个面。选择第二个面后，再根据要求选择第二个边。系统将根据所选面和边来修改曲面边和曲率。

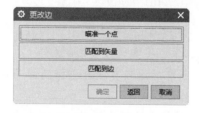

图 7-113 "更改边"对话框（6）

图 7-114 "更改边"对话框（7）

5."检查偏差"按钮

"检查偏差"按钮用于指定是否检查偏差。单击"检查偏差-否"按钮，则该按钮变为"检查偏差-是"按钮，可以指定要检查偏差。接着进行更改边的操作（如执行"仅边""边和法向""边和交叉切线"或"边和曲率"操作），完成更改边的操作后，系统打开如图 7-115 所示的"信息"窗口，显示系统检查点的个数、平均偏差值、最大偏差值、产生最大偏差值的坐标等信息。

7.5.6 更改阶次

可以更改曲面的阶次。单击"菜单"按钮 三 菜单(M) ▾，选择"编辑"|"曲面"|"次数（阶次）"命令，打开如图 7-116 所示的"更改次数"对话框，从中选择"编辑原片体"单选

项或"编辑副本"单选项，选择要编辑的曲面，弹出如图 7-117 所示的"更改次数"对话框。在该对话框中分别设置 U 向次数（U 向阶次）和 V 向次数（V 向阶次）。

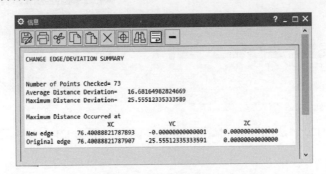

图 7-115 "信息"窗口

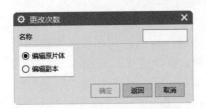

图 7-116 "更改次数"对话框（1）

图 7-117 "更改次数"对话框（2）

7.5.7 更改刚度

更改刚度是指通过更改曲面的阶次，修改曲面形状。单击"菜单"按钮 三 菜单(M) ▾ 选择"编辑"|"曲面"|"刚度"命令，系统弹出如图 7-118 所示的"更改刚度"对话框，从中设定所需的单选项，以及选择要编辑的曲面后，系统弹出如图 7-119 所示的用于编辑参数的"更改刚度"对话框。在该对话框的相应文本框中分别输入"U 向次数"值和"V 向次数"值，然后单击"确定"按钮即可。

图 7-118 "更改刚度"对话框

图 7-119 用于编辑参数的"更改刚度"对话框

7.5.8 法向反向

"法向反向"命令用于反转片体的曲面法向。

在功能区的"曲面"选项卡的"编辑曲面"组中单击"更多"|"法向反向"按钮，弹出如图 7-120 所示的"法向反向"对话框。在"选择要反向的片体"提示下选择要反向的片体，此时图形窗口中的片体显示曲面法向，如图 7-121 所示，然后单击"应用"按钮或

"确定"按钮即可反向法向。

图 7-120 "法向反向"对话框   图 7-121 显示曲面法向

7.5.9 整修面

"整修面"命令 用于改进面的外观，同时保留原先几何体的紧公差。

在功能区"曲面"选项卡的"编辑曲面"组中单击"整修面"按钮 ，弹出"整修面"对话框。从"类型"下拉列表框中选择"整修面"选项，并选择要整修的面，然后在"整修控制"选项组中设定整修方法及其相应的参数，如图 7-122 所示。在"结果"选项组中会显示整修面的最大偏差和平均偏差值，满意后单击"应用"按钮或"确定"按钮。

在"整修面"对话框中还可以从"类型"下拉列表框中选择"拟合到目标"选项，分别选定要整修的面和目标对象，设置拟合方向、整修控制选项及其参数等，如图 7-123 所示。

图 7-122 整修面示例

图 7-123 整修面之"拟合到目标"选项

7.5.10 编辑 *U/V* 向

可以修改 B 曲面几何体的 *U/V* 向。其方法很简单，即在功能区"曲面"选项卡的"编辑曲面"组中单击"编辑 U/V 向"按钮，弹出如图 7-124 所示的"编辑 U/V 向"对话框。选择要编辑方向的 B 曲面，在"方向"选项组中设置"U 向反向"复选框、"V 向反向"复选框和"交换 U 和 V"复选框的状态，然后单击"应用"按钮或"确定"按钮。

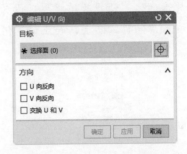

图 7-124 "编辑 U/V 向"对话框

7.6 曲面加厚

使用"加厚"工具命令，可以将一个或多个相连曲面或片体偏置为实体，即可以通过为一组面增加厚度来创建实体。曲面加厚的图例如图 7-125 所示。

由曲面加厚创建实体的一般方法及步骤如下。

1 首先创建好所需的曲面片体，接着在功能区的"曲面"选项卡的"曲面操作"组中单击"加厚"按钮，打开如图 7-126 所示的"加厚"对话框。

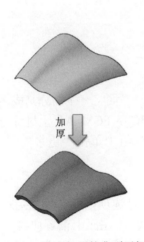

图 7-125 曲面加厚的典型示例

图 7-126 "加厚"对话框

2 选择要加厚的面。可以通过在图形窗口指定对角点的方式框选要加厚的一个或多个相连曲面或片体。

3 在"厚度"选项组中设置"偏置 1"厚度和"偏置 2"厚度，并可以根据设计要求单击"反向"按钮来更改加厚方向。

4 在"布尔"选项组、"Check-Mate（显示故障数据）"选项组和"设置"选项组等进行相应设置操作。如果需要可展开"区域行为"选项组，选择边界曲线，定义要冲裁的区域，并可以指定不同厚度的区域，如图 7-127 所示。

在"加厚"对话框中单击"确定"按钮或"应用"按钮，完成曲面加厚操作。

技识点拨： 在创建加厚实体特征的过程中，如果将"偏置1"厚度和"偏置2"厚度设置为相等，则确认输入后NX会弹出"警告"栏或"加厚"警示"指定的偏置值会产生零厚度的体，请更改值将厚度设为非零"，如图7-128所示。偏置值可以为负，负偏置值应用在加厚的负方向上，而正偏置值应用于加厚方向。

图7-127 "区域行为"选项组

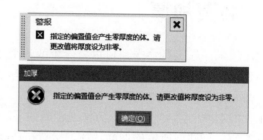

图7-128 提示加厚操作问题

7.7 曲面分割与缝合

本节介绍曲面分割与缝合的实用知识。

7.7.1 分割面

使用"分割面"工具命令，可以用曲线、面或基准平面将一个面分割成多个面。分割面的操作方法介绍如下（可以打开本书配套的源文件"BC_7_FGM_A"上机练习）。

1 在功能区的"曲面"选项卡的"曲面操作"组中单击"更多"|"分割面"按钮，弹出如图7-129所示的"分割面"对话框。

2 选择要分割的面。

3 在"分割对象"选项组中指定分割对象的工具选项，即在"分割对象"选项组的"工具选项"下拉列表框中选择"对象""两点定直线""在面上偏置曲线"或"等参数曲线"选项，根据不同的工具选项进行相应的操作来定义分割对象。例如，当从"分割对象"选项组的"工具选项"下拉列表框中选择"对象"选项时，该选项组会出现一个"选择对象"按钮，要确保此按钮处于选中激活状态，接着在图形窗口中选择分割对象（曲线、边、面或体）。

4 在"投影方向"选项组的"投影方向"下拉列表框中提供了"垂直于面""垂直于曲线平面"和"沿矢量"3个选项，从中选择一个对于当前场合可用的选项。

5 在"设置"选项组中设置"隐藏分割对象""不要对面上的曲线进行投影""展开分割对象以满足面的边"复选框状态，以及设置公差值等。通常默认选中"隐藏分割对象"复选框。

6 在"分割面"对话框中单击"应用"按钮或"确定"按钮。

分割面的一个典型图解示例如图 7-130 所示。该例用 3 个平面草图椭圆将选定的曲面分割成几部分，投影方向设置为"垂直于曲线平面"，同时设置隐藏分割对象。配套的练习源文件为"BC_7_FGM_A.prt"。

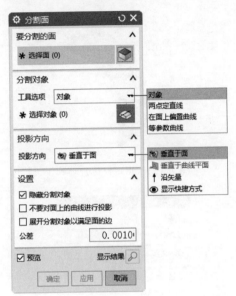

图 7-129 "分割面"对话框

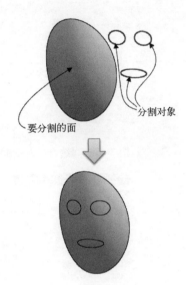

图 7-130 分割面的图解示例

7.7.2 缝合

使用"缝合"工具命令，可以通过将公共边缝合在一起来组合片体，或者通过缝合公共面来组合实体。通过缝合闭合片体也是生成实体的一种典型思路。在这里以组合片体为例介绍"缝合"命令的操作。

1 在功能区的"曲面"选项卡的"曲面操作"组中单击"缝合"按钮 ，弹出如图 7-131 所示的"缝合"对话框。

2 在"缝合"对话框的"类型"下拉列表框中选择"片体"选项。

3 选择目标片体（目标片体只有一个），选择一个或多个片体作为工具片体。在如图 7-132 所示的示例中，选择两个片体作为工具片体。

4 在"设置"选项组中选中"输出多个片体"复选框或取消选中"输出多个片体"复选框，并指定合适的缝合公差值等。如果缝合公差过小，系统将会弹出一个对话框提示尝试用更大的缝合公差。

5 单击"应用"按钮或"确定"按钮。

如果要从体中取消缝合面，可在功能区的"曲面"选项卡的"曲面操作"组中单击"更多"|"取消缝合"按钮 ，弹出"取消缝合"对话框。从"工具"选项组的"工具选项"下拉列表框中选择"面"选项或"边"选项。如果选择"面"选项，可选择要从体取消缝合的面，并在"设置"选项组中选中"保持原先的"，以及从"输出"下拉列表标框中选择"相连面对应一个体"或"每个面对应一个体"，如图 7-133a 所示；如果选择"边"选项，则选择边以拆分

体，并在"设置"选项组中可以设置"保持原先的"复选框的状态，如图 7-133b 所示。

图 7-131 "缝合"对话框

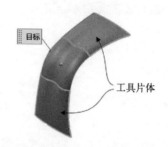

图 7-132 指定目标片体和工具片体

a)

b)

图 7-133 "取消缝合"对话框

a) 工具选项为"面"时 b) 工具选项为"边"时

7.8 四通管模型设计

为了让读者更好地掌握曲面片体的应用知识和提高曲面片体的综合设计能力，本节介绍一个典型的曲面片体综合应用实例。曲面的设计在很多情况下依赖于曲线的搭建，在本例中要深刻体会搭建曲线在曲面设计上的应用思路和技巧。

扫码观看视频

本综合应用范例要完成的模型是一个四通管，其完成的三维模型效果如图 7-134 所示。本四通管模型的设计步骤如下。

步骤 1 新建一个模型文件。

1 按〈Ctrl+N〉快捷键以打开"新建"对话框。

2 在"模型"选项卡的"模板"列表中选择名称为"模型"的模板，在"新文件名"选项组的"名称"文本框中输入"BC_7FL_STG.prt"，并指定要保存到的文件夹。

3 在"新建"对话框中单击"确定"按钮。

步骤 2 创建草图 1。

1 在功能区的"主页"选项卡的"直接草图"组中单击"草图"按钮，弹出"创建草图"对话框。

② 在"草图类型"选项组的"草图类型"下拉列表框中选择"在平面上"选项，从"草图坐标系"选项组的"平面方法"下拉列表框中选择"自动判断"选项，在图形窗口中选择 *XZ* 平面（即 *XC-ZC* 平面）定义草图平面，单击"确定"按钮。

③ 绘制如图 7-135 所示的 3 条线，单击"完成草图"按钮 。

图 7-134 四通管模型设计

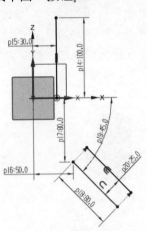

图 7-135 绘制草图 1

步骤 3 创建两个旋转曲面。

① 在功能区的"主页"选项卡的"特征"组中单击"旋转"按钮 ，弹出"旋转"对话框。

② 确保"截面"选项组中的"选择曲线"按钮 处于激活的状态。在上边框条的"选择条"工具栏的"曲线规则"下拉列表框中选择"单条曲线"选项，选择如图 7-136 所示的一条直线段作为截面 1。

③ 在"旋转"对话框的"轴"选项组的"指定矢量"下拉列表框中选择"ZC 轴"图标选项 ，并指定基准坐标系原点（0,0,0）作为轴点。

④ 在"限制"选项组中，将开始角度值设置为"0"，结束角度值为"360"；在"设置"选项组的"体类型"下拉列表框中选择"片体"选项。

⑤ 单击"应用"按钮，创建旋转曲面 1，如图 7-137 所示。

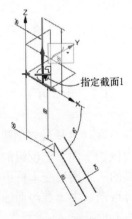

图 7-136 指定截面 1

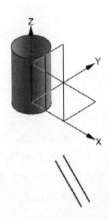

图 7-137 创建旋转曲面 1

⑥ 确保选中"截面"选项组中的"选择曲线"按钮，选择如图 7-138 所示的一条直线段作为截面 2。

⑦ 在"轴"选项组的"指定矢量"下拉列表框中选择"自动判断的矢量"图标选项，在图形窗口中选择与"截面 2"直线段平行的那条直线段作为旋转轴。

⑧ 在"限制"选项组中，接受默认的开始角度值"0"，结束角度值"360"；在"布尔"选项组的"布尔"下拉列表框中选择"无"选项，在"设置"选项组的"体类型"下拉列表框中选择"片体"选项，然后单击"确定"按钮，完成创建旋转曲面 2，如图 7-139 所示。

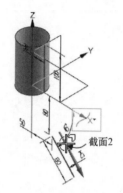

图 7-138 指定截面 2　　　　　　图 7-139 完成创建旋转曲面 2

步骤 4 移动复制对象。

① 按〈Ctrl+T〉快捷键，或者在上边框条中单击"菜单"按钮 三 菜单(M) ▾，选择"编辑"|"移动对象"命令，弹出"移动对象"对话框。

② 选择旋转曲面 2 作为要编辑的对象。

③ 在"变换"选项组的"运动"下拉列表框中选择"角度"选项，从"指定矢量"下拉列表框中选择"ZC 轴"图标选项以将 ZC 轴定义为旋转轴。单击"点构造器"按钮并利用弹出来的"点"对话框来指定基准坐标系的原点（0,0,0）作为一个轴点。设定旋转轴和轴点后，在"角度"文本框中输入"120"；在"结果"选项组中选择"复制原先的"单选项，在"距离/角度分割"文本框中输入"1"，在"非关联副本数"文本框中输入"2"，如图 7-140 所示。

④ 单击"确定"按钮，结果如图 7-141 所示。此时，可以将"草图 1"曲线隐藏起来。

步骤 5 创建截面曲线。

① 在功能区切换至"曲线"选项卡，从"派生曲线"组中单击"截面曲线"按钮，弹出"截面曲线"对话框。

② 在"类型"下拉列表框中选择"选定的平面"选项，选择最先创建的旋转曲面（片体）1 和旋转曲面（片体）2 作为要剖切的对象。在"剖切平面"选项组的"指定平面"下拉列表框中选择"YC-ZC 平面"图标选项，在屏显的"距离"文本框中设置偏置距离值为"0"，在"设置"选项组中选中"关联"复选框，并取消选中"高级曲线拟合"复选框，从"连接曲线"下拉列表框中选择"否"选项，如图 7-142 所示。

图 7-140　移动对象操作设置

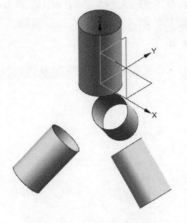

图 7-141　移动复制的结果

3 在"截面曲线"对话框中单击"确定"按钮,创建的截面曲线如图 7-143 所示。

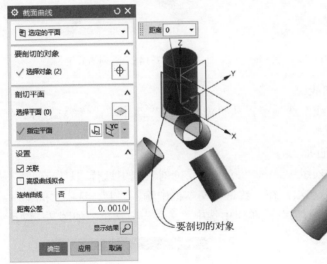

图 7-142　创建"截面曲线"的相关操作与设置

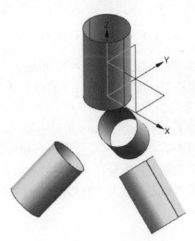

图 7-143　创建的截面曲线

步骤 6 创建圆形阵列特征。

1 在功能区的"主页"选项卡的"特征"组中单击"阵列特征"按钮 🎛,弹出"阵列特征"对话框。

2 选择刚完成创建的截面曲线作为要形成阵列的特征。

3 在"阵列定义"选项组的"布局"下拉列表框中选择"圆形"选项,在"旋转轴"子选项组中的"指定矢量"下拉列表框中选择"ZC 轴"图标选项 ᶻᶜ↑,并指定基准坐标系的原点作为旋转轴的通过点(轴点);在"斜角方向(角度方向)"子选项组中,从"间距"下拉列表框中选择"数量和间距"选项,在"数量"文本框中输入"3",在"节距角"文本框中输入"120",如图 7-144 所示。确保在"方位"子选项组的"方位"下拉列表框中选择"遵循阵列"选项。

④ 在"阵列方法"选项组的"方法"下拉列表框中选择"简单"选项,在"设置"选项组中选中"创建参考图样"复选框。

⑤ 单击"确定"按钮,以圆形阵列方式创建其他"截面曲线",效果如图 7-145 所示。

图 7-144　设置圆形阵列的相关参数和选项

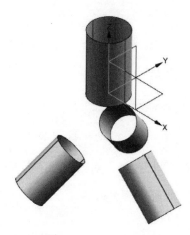

图 7-145　阵列的效果

步骤7　创建两组等参数曲线。

① 在功能区切换至"曲线"选项卡,从"派生曲线"组中单击"等参数曲线"按钮，弹出"等参数曲线"对话框。

② 选择如图 7-146 所示的面 1。

③ 在"等参数曲线"选项组中,从"方向"下拉列表框中选择"U"选项,从"位置"下拉列表框中选择"均匀"选项,在"数量"文本框中输入"4",选中"间距"复选框并设置"间距"值为"25",在"设置"选项组中选中"关联"复选框,如图 7-147 所示。

图 7-146　选择面

图 7-147　"等参数曲线"对话框

④ 单击"应用"按钮,从而创建第一组等参数曲线。

⑤ 选择面 2，并接受默认的等参数曲线设置，单击"确定"按钮，从而在面 2 上抽取等参数曲线。

步骤 8 创建相关的桥接曲线。

① 在功能区的"曲线"选项卡的"派生曲线"组中单击"桥接曲线"按钮✎，弹出"桥接曲线"对话框，如图 7-148 所示。

② 在"起始对象"选项组中选择"截面"单选项，单击选择如图 7-149 所示的直线作为起始对象；在"终止对象"选项组中单击"选择曲线"按钮▨，单击选择如图 7-149 所示的相应直线作为终止对象。

图 7-148 "桥接曲线"对话框

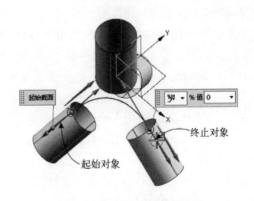

图 7-149 创建一条桥接曲线

③ 在"桥接曲线"对话框的"连接"选项组的"开始"选项卡中，从"连续性"下拉列表框中选择"G1（相切）"选项，位置方式为"弧长百分比"，弧长百分比值为"0"，在"方向"子选项组中选中"相切"单选项。在"连接"选项组的"结束"选项卡中也设置相同的"G1（相切）"连续性。

④ 在"形状控制"选项组的"方法"下拉列表框中选择"相切幅值"选项，设置"开始"值为"1"，"结束"值为"1"。

⑤ 单击"应用"按钮，创建第一条桥接曲线。

6 使用同样的方法，创建其他两条桥接曲线，如图 7-150 所示。最后关闭"桥接曲线"对话框。

步骤 9 使用"通过曲线网格"选项创建曲面。

1 在功能区切换至"曲面"选项卡，从"曲面"组中单击"通过曲线网格"按钮，弹出"通过曲线网格"对话框。

2 选择如图 7-151 所示的一条曲线作为主曲线 1，单击鼠标中键，接着指定主曲线 2，再单击鼠标中键，指定主曲线 3。各主曲线的起点方向要一致。

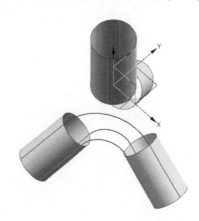

图 7-150　创建其他两条桥接曲线　　　　图 7-151　网格曲面曲线示意

3 在"交叉曲线"选项组中单击"选择曲线"按钮，指定交叉曲线 1，再单击鼠标中键，指定交叉曲线 2，注意交叉曲线 1 和交叉曲线 2 的方向要符合实际要求情况。

4 展开"连续性"选项组，从"第一主线串"下拉列表框中选择"G0（位置）"，从"最后主线串"下拉列表框中选择"G0（位置）"，从"第一交叉线串"下拉列表框中选择"G1（相切）"，并在图形窗口中选择面 1 以设置新曲面，在第一交叉线串处与所选的面 1 相切约束，从"最后交叉线串"下拉列表框中选择"G1（相切）"，然后选择面 2 以设置新曲面在最后交叉线串处与所选的面 2 相切约束，如图 7-152 所示。

5 在"输出曲面选项"选项组的"着重"下拉列表框中选择"两者皆是"选项，从"构造"下拉列表框中选择"法向"选项，在"设置"选项组的"体类型"下拉列表框中选择"片体"选项。

6 单击"确定"按钮，完成"通过曲线网格"创建曲面如图 7-153 所示。

步骤 10　创建 3 条桥接曲线。

1 在功能区的"曲线"选项卡的"派生曲线"组中单击"桥接曲线"按钮，弹出"桥接曲线"对话框。

2 在"起始对象"选项组中选择"截面"单选项，选择如图 7-154 所示的直线作为起始对象；在"终止对象"选项组中单击"选择曲线"按钮，选择如图 7-154 所示的相应直线作为终止对象。

3 在"桥接曲线"对话框的"连接"选项组的"开始"选项卡中，从"连续性"下拉列表框中选择"相切"选项，位置方式为"弧长百分比"，弧长百分比值为"0"，在"方向"子选项组中选中"相切"单选项。在"连接"选项组的"结束"选项卡中也设置相同的

"G1（相切）"连续性。

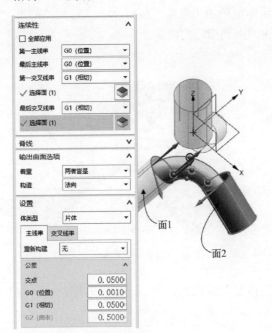

图 7-152　设置连续性等

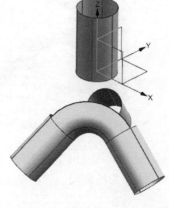

图 7-153　"通过曲线网格"创建曲面

④ 在"形状控制"选项组的"方法"下拉列表框中选择"相切幅值"选项，设置"开始"值为"1"，"结束"值为"1"。

⑤ 单击"应用"按钮，完成创建桥接曲线。

⑥ 使用同样的方法，单击"应用"按钮创建如图 7-155 所示的一条桥接曲线。

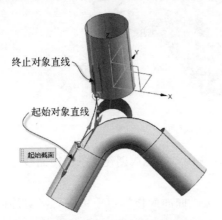

图 7-154　创建一条桥接曲线

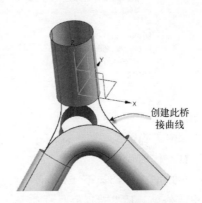

图 7-155　再创建一条桥接曲线

⑦ 确保"桥接曲线"对话框仍然处于打开状态，在"起始对象"选项组中选择"截面"单选项，选择如图 7-156 所示的曲面圆形边缘线作为起始对象；在"终止对象"选项组中单击"选择曲线"按钮，选择如图 7-156 所示的相应圆形边缘线作为终止对象。注意两者的单击位置（会影响到对象的默认起点方向）。

⑧ 展开"连接"选项组，在"开始"选项卡的"方向"子选项组中单击"反向"按钮⊠，在"结束"选项卡的"方向"子选项组中也单击"反向"按钮⊠，此时预览的桥接曲线如图 7-157 所示。显然还需要将此桥接曲线约束到指定的曲面上。

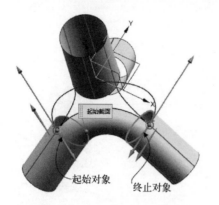

图 7-156 指定起始对象和终止对象

图 7-157 预览的桥接曲线

⑨ 展开"约束面"选项组，单击"选择面"按钮▧，单击之前"通过曲线网格"选项创建的曲面作为约束面，如图 7-158 所示。

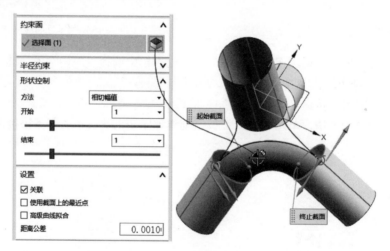

图 7-158 指定约束面

⑩ 单击"确定"按钮，从而在此次命令操作中一共完成创建 3 条桥接曲线。

步骤 11 修剪片体。

① 在功能区中切换至"曲面"选项卡，从"曲面操作"组中单击"修剪片体"按钮▧，弹出"修剪片体"对话框。

② 选择要修剪的片体，如图 7-159 所示。在"边界"选项组中选中"允许目标体边作为工具对象"复选框，单击"选择对象"按钮⊕，选择约束在目标片体内的一条桥接曲线作为边界对象。

③ 在"投影方向"选项组的"投影方向"下拉列表框中默认选择"垂直于面"选项，在"区域"选项组中选择"放弃"单选项，在"设置"选项组中取消选中"保存目标"复选

框和"输出精确的几何体"复选框,选中"延伸边界对象至目标体边"复选框,如图7-160所示。

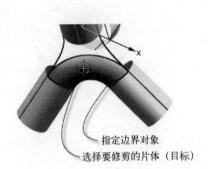

指定边界对象
选择要修剪的片体(目标)

图7-159 选择要修剪的片体和指定边界对象　　图7-160 "修剪片体"对话框

④ 单击"确定"按钮,修剪片体的结果如图7-161所示。

步骤12 通过"通过曲线网格"选项创建曲面。

① 在功能区"曲面"选项卡的"曲面"组中单击"通过曲线网格"按钮🖌,弹出"通过曲线网格"对话框。

② 选择如图7-162所示的一条曲线作为主曲线1,在"主曲线"选项组中单击"添加新集"按钮⬆,指定主曲线2,注意两条主曲线的起点方向要一致。

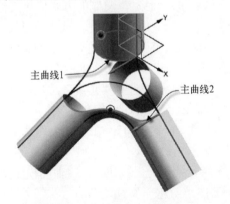

主曲线1
主曲线2

图7-161 修剪片体的结果　　　　图7-162 指定主曲线1和主曲线2

③ 在"交叉曲线"选项组中单击"选择曲线"按钮🔘,指定交叉曲线1,在"交叉曲线"选项组中单击"添加新集"按钮⬆,指定交叉曲线2,注意交叉曲线1和交叉曲线2的

方向要一致，如图 7-163 所示。

④ 展开"连续性"选项组，从"第一主线串"下拉列表框中选择"G1（相切）"，并在图形窗口中选择如图 7-164 所示的曲面 A，从"最后主线串"下拉列表框中选择"G1（相切）"，并在图形窗口中选择如图 7-164 所示的曲面 B；从"第一交叉线串"下拉列表框中选择"G0（位置）"，从"最后交叉线串"下拉列表框中选择"G0（位置）"。

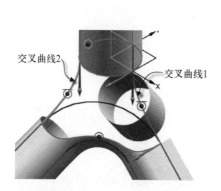

图 7-163　指定交叉曲线 1 和交叉曲线 2

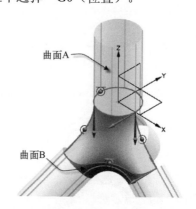

图 7-164　指定主曲线处的相切面

⑤ 在"输出曲面选项"选项组的"着重"下拉列表框中选择"两者皆是"选项，从"构造"下拉列表框中选择"法向"选项，在"设置"选项组的"体类型"下拉列表框中选择"片体"选项。

⑥ 单击"确定"按钮，完成"通过曲线网格"创建曲面。

步骤 13　以"带边着色"方式显示模型和隐藏相关的曲线。

① 在上边框条的"渲染样式"下拉菜单中选择"带边着色"图标选项🔲，以设置在图形窗口中以"带边着色"方式显示模型。

② 在部件导航器中选择全部的曲线对象并右击，从弹出的快捷菜单中选择"隐藏"命令，从而将所选的曲线隐藏。

步骤 14　以"移动"复制的方式构建其他曲面。

① 按〈Ctrl+T〉快捷键，或者在上边框条中单击"菜单"按钮 三 菜单(M) ▼ 并选择"编辑"|"移动对象"命令，弹出"移动对象"对话框。

② 选择如图 7-165 所示的两个曲面片体作为要移动复制的对象，在"变换"选项组的"运动"下拉列表框中选择"角度"选项，从"指定矢量"下拉列表框中选择"ZC 轴"图标选项 ZC↑以将 ZC 轴定义为旋转轴，指定基准坐标系的原点（0,0,0）作为一个轴点，在"角度"文本框中输入"120"；在"结果"选项组中选择"复制原先的"单选项，在"距离/角度分割"文本框中输入"1"，在"非关联副本数"文本框中输入"2"。

③ 单击"确定"按钮，此时曲面模型如图 7-166 所示，可以将基准坐标系隐藏。

步骤 15　创建一个 N 边曲面。

① 在功能区的"曲面"选项卡的"曲面"组中单击"更多"|"N 边曲面"按钮🔷，弹出"N 边曲面"对话框。

② 在"类型"选项组的"类型"下拉列表框中选择"已修剪"选项，在"设置"选项组中选中"修剪到边界"复选框。

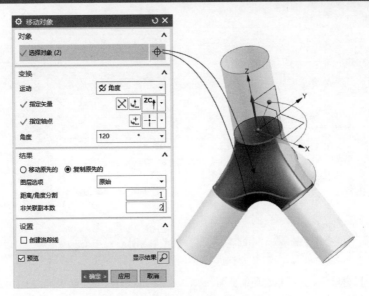

图 7-165　移动对象的操作及设置

③ 选择如图 7-167 所示的 3 条边线作为外环曲线链。

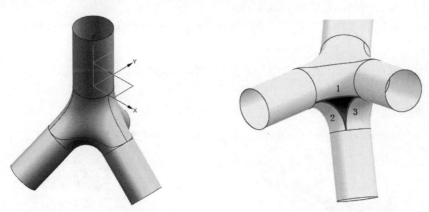

图 7-166　过程中的曲面模型　　　　　　图 7-167　指定外环曲线链

④ 在"约束面"选项组中单击"选择面"按钮 🔲，在图形窗口中依次指定角点 1 和角点 2 来选择所需的曲面，如图 7-168 所示。接着在"形状控制"选项组的"中心平缓"文本框中将其值更改为"0"，连续性约束条件为"G1（相切）"（此子步骤为可选练习步骤，设置约束面会导致计算机运算处理速度较慢）。

⑤ 单击"确定"按钮，完成此 N 边曲面的创建。

步骤 16　继续创建 N 边曲面。

① 在功能区的"曲面"选项卡的"曲面"组中单击"更多"|"N 边曲面"按钮 🔲，弹出"N 边曲面"对话框。

② 在"类型"选项组的"类型"下拉列表框中选择"已修剪"选项，在"设置"选项组中选中"修剪到边界"复选框，选择如图 7-169 所示的圆形边缘作为外环。

③ 单击"应用"按钮，完成创建此 N 边曲面。

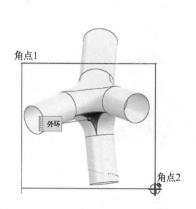

图 7-168　以窗口角点形式框选所需曲面

图 7-169　创建 N 边曲面

使用同样的方法，分别在另外 3 个通管圆边处创建相应的 N 边曲面，如图 7-170 所示。

步骤 17　将封闭曲面片体缝合成实体。

在功能区的"曲面"选项卡的"曲面操作"组中单击"缝合"按钮 ，弹出"缝合"对话框。

在"缝合"对话框的"类型"下拉列表框中选择"片体"选项。

指定目标片体，如图 7-171 所示。

图 7-170　继续创建其他 3 个 N 边曲面

图 7 171　指定目标片体

选择所有其他片体（共 14 个）作为工具片体。

在"设置"选项组中选中"输出多个片体"复选框，从"体类型"下拉列表框中选择"实体"选项，默认公差值，然后单击"确定"按钮，从而构建成一个实体。

步骤 18　抽壳。

在功能区的"主页"选项卡的"特征"组中单击"抽壳"按钮 ，弹出如图 7-172 所示的"抽壳"对话框。

在"类型"选项组的"类型"下拉列表框中选择"移除面，然后抽壳"选项，在

"厚度"选项组的"厚度"文本框中输入"5"(即设置厚度为 5mm),在"设置"选项组的"相切边"下拉列表框中选择"相切延伸面"选项,选中"使用补片解析自相交"复选框。

3 分别选择如图 7-173 所示的面 1、面 2、面 3 和面 4 作为要穿透的面。

图 7-172 "抽壳"对话框

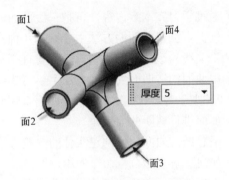

图 7-173 选择要穿透的面

4 单击"确定"按钮,完成抽壳。

步骤 19 保存文件。

单击"保存"按钮 📄 将该模型文件保存。

7.9 本章小结与经验点拨

曲面设计在现代产品设计中具有很重要的地位。在日常生活中看到的很多产品都或多或少地具有曲面元素。例如,轿车、手机、吸尘器、熨斗、电话机、玩具公仔、鼠标和电热水壶等。大多数的曲面设计都不可能一次成形,需要经过一定的修改编辑处理。

本章介绍如何使用 NX 进行曲面片体设计,具体内容包括曲面片体基础知识、依据点创建曲面、由曲线构造曲面、由曲面构造曲面、编辑曲面、曲面加厚、曲面分割、缝合和曲面综合应用范例。

依据点创建曲面的方法主要有通过点、从极点、拟合曲面和四点曲面;由曲线构造曲面的典型方法则主要包括直纹、通过曲线组、通过曲线网格、扫掠、艺术曲面、填充曲面、N边曲面、条带片体和有界曲面等;由曲面构造曲面的典型方法有修剪片体、延伸曲面、规律延伸、修剪和延伸、延伸片体、偏置曲面、变距偏置面、桥接曲面和可变偏距等。创建好所需的曲面片体后,可以利用曲面片体来修剪其他对象,可以对曲面片体进行加厚处理以生成具有指定厚度的实体,缝合具有完全封闭空间的全部有效片体也可以创建实体。

曲面的构建往往离不开曲线的创建。因此，对曲线创建与编辑知识也要引起足够的重视。

在本章介绍的四通管模型设计范例中，步骤 15 处的曲面缺口可以不采用"N 边曲面"方式来"闭合"，而是用其他方法去修剪这个区域的曲面片体，然后可利用修剪后的曲面边线并根据实际情况搭建可能的空间曲线，这样便可以使用"通过曲线网格""通过曲线组"等方式来创建曲面，可以使创建的曲面更好地与相邻曲面相切约束，具有更好的曲面质量。

很多曲面造型可以使用不同的方法来完成，这些需要用户在平时的设计工作和练习中，好好把握和不断总结经验，寻找适合自己的曲面设计方法，以获得较高的设计效率。

7.10　思考与练习

1）通过学习完本章内容，可把一般曲面创建与编辑的知识划分为哪几部分？

2）依据点创建曲面的方法主要有哪几种？它们分别具有怎样的应用特点？

3）由曲线构造曲面的典型方法主要有哪些？

4）由曲面构造曲面的典型方法主要有哪些？

5）"X 型"与"I 型"方式编辑曲面有哪些异同之处？

6）如何进行剪断曲面操作？

7）请总结由曲面加厚创建实体的一般方法及步骤。

8）如何理解"缝合"命令的用途？

9）上机练习：单击"四点曲面"按钮◇，通过指定四个拐角点来创建曲面，然后对该曲面进行相关的编辑操作，如"扩大""剪断曲面"和"法向反向"等命令操作。

10）上机练习：参照本章的曲面综合应用实例，自行设计一个料斗曲面模型（参考曲面模型如图 7-174 所示），然后缝合多个曲面片体，并将其加厚成实体。

图 7-174　参考曲面模型

11）课外能力提升题：请自行设计一个曲面模型，要求至少应用到本章所介绍的 5 个曲面设计功能命令。

第8章 装配设计

本章导读：

装配设计是产品设计的一个重要环节，它表达了机器或部件的工作原理及零件、部件间的装配关系。NX 提供了用于装配设计的"装配"应用模块，在该应用模块中不仅可以将零部件快速地组合成产品，而且还可以在装配设计过程中参考其他部件进行部件关联设计，以及可以对装配模型进行间隙分析、运动仿真模拟和质量管理等。

本章首先介绍装配设计基础，接着介绍装配方式方法、装配约束、组件应用、爆炸图等相关知识，最后介绍一个装配综合设计范例。

8.1 装配设计基础

一个产品由一个或多个零部件组成，常规的装配设计是指将零部件通过"装配约束"方式在产品各零部件之间建立合理的约束关系，确定相互之间的位置关系和连接关系等。本节介绍装配设计的一些基础知识，包括新建装配文件、引用集应用基础和装配导航器。

8.1.1 新建装配文件

NX 为用户提供了专门的装配应用模块。启动 NX 后，在"快速访问"工具栏中单击"新建"按钮 ，或者按〈Ctrl+N〉快捷键，系统弹出"新建"对话框。在"模型"选项卡的"模板"选项组中选择名称为"装配"的模板，并在"新文件名"选项组中指定新文件名，以及指定要保存到的文件夹路径，然后单击"确定"按钮，即可新建一个装配文件。

8.1.2 引用集应用基础

在 NX 装配设计中，引用集是一个较为重要的基础概念，通过引用集控制从每个组件加载的数据量以及在装配关联中查看到的数据量，可以避免混淆图形和占用大量内存，即引用集的应用使装配更新时的速度快，内存占用少。所谓的引用集可以在零部件中提取定义的部分几何对象，通过定义的引用集可以将相应的零部件装入装配体中。引用集可包含零件模型的信息有：部件模型名称、图形信息（如几何图形、原点、坐标系、基准平面、属性）等。引用集一旦产生，便可以单独装配到部件中。一个零部件可以有多个引用集。

新建的装配部件中至少包含有以下两个默认的引用集。

● "整个部件（Entire Part）"引用集：该引用集是把整个部件中所有数据作为组件要素

添加到装配部件的引用中。也就是说默认该引用集表示整个部件，引用部件的模型、构造几何体、参考几何体和其他适当对象的全部几何数据。将新部件添加到装配中时，如果不选择其他引用集，默认时为该引用集。

● "空（Empty）"引用集：该引用集是空的，不包含对象。当部件以空的引用集形式添加到装配中时，在装配中看不到该部件。

在"装配"应用模块中，从功能区的"装配"选项卡中选择"更多"|"引用集"命令，打开如图 8-1 所示的"引用集"对话框，使用此对话框可以创建或编辑引用集，这些引用集控制从每个组件加载并在装配环境中查看到的数据量。

在"引用集"对话框中单击"添加新的引用集"按钮，激活"引用集名称"文本框和其他一些元素，如图 8-2 所示。在"引用集名称"文本框中输入新引用集名称，确认输入后，新引用集名称显示在引用集列表中。此时系统提示："选择要添加到引用集的对象，取消选择要从引用集移除的对象"。用户可以选择要添加到引用集的对象，并可以在"设置"选项组中选中"自动添加组件"复选框。如果取消选中该复选框，则系统弹出一个"警报"对话框，在该对话框中提示："添加到此部件的新组件将不会自动添加到此引用集"。

图 8-1 "引用集"对话框

图 8-2 输入新引用集名称

知识点拨：均可以为部件和子装配建立引用集。部件的引用集既可以在部件中建立，也可以在装配中建立。但是如果要在装配中为某部件创建新引用集，应该先使该部件成为工作部件。所谓的工作部件是指正在其中创建和编辑几何模型的组件（部件）。

如果要删除部件或子装配中不需要的引用集[不能移除系统默认的"整个部件（Entire Part）"引用集和"空（Empty）"引用集]，可以在"引用集"对话框的引用集列表中选择该引用集，然后单击"移除"按钮即可。

另外，在"引用集"对话框的引用集列表中选择某一引用集后单击"属性"按钮，打开如图 8-3 所示的"引用集属性"对话框，从中可以检测或编辑指定引用集对象属性。在"引用集"对话框中单击"信息"按钮①，可以打开如图 8-4 所示的"信息"窗口来查看当前选定的引用集的信息。

图 8-3 "引用集属性"对话框

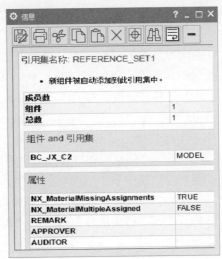

图 8-4 "信息"窗口

下面简单地介绍引用集的常规选用和替换方法。

1．引用集的常规选用

在功能区"装配"选项卡的"组件"组中单击"添加组件"按钮🔩，打开"添加组件"对话框，选择部件后在"设置"选项组的"引用集"下拉列表框中选择所需的一个引用集，如图 8-5 所示。

2．引用集的替换

引用集替换是指在装配设计中进行部件引用集之间的替换。替换引用集较为快捷的方法是在"装配导航器"窗口中，选择相应的组件（零部件）并右击，从弹出的快捷菜单中展开"替换引用集"级联菜单，如图 8-6 所示，从中选择一个替换引用集即可。也可以单击功能区"装配"选项卡中的"更多"|"替换引用集"按钮🔩。

图 8-5 "添加组件"对话框

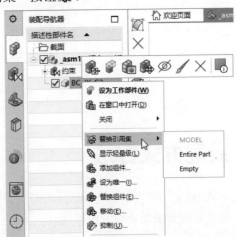

图 8-6 替换引用集的操作

8.1.3 装配导航器

装配导航器是资源板提供的一个窗口工具，它以树形表形式显示部件的装配结构。在资源板中单击"装配导航器"按钮 🔲，打开装配导航器，通过装配导航器可以很直观地查看装配约束的信息，以及了解整个装配体的组件构成等信息，如图8-7所示。

在装配导航器的装配树中，显示了装配部件间使用的装配约束，这些装配约束子节点位于装配树的约束节点下。通过装配树，用户可以对已有装配约束进行重新定义、反向、抑制、隐藏、删除和转换为等操作。如图8-8所示，在某一个装配文件的装配导航器中，右击装配树中的某一个"对齐"约束，弹出一个与该装配约束相关的快捷菜单，其中提供了一些可操作命令，包括"重新定义""反向""抑制""重命名""隐藏""删除""特定于布置""在布置中编辑""信息"和"转换为"等命令。

在装配导航器中右击要编辑的组件，可以打开如图8-9所示的快捷菜单（组件右键菜单），其中提供了在装配中操控组件和管理装配的快捷操作。例如，可执行"设为工作部件""在窗口中打开""替换组件""移动""抑制""隐藏""仅显示""复制""删除""显示自由度"等命令操作。

图8-7 装配导航器

图8-8 对约束进行操作

图8-9 组件右键菜单

8.2 装配方式方法

装配方式方法主要包括两种，即自底向上装配和自顶向下装配。在实际设计中，也经常将这两种典型装配方法混合着灵活使用。

8.2.1 自底向上装配

自底向上装配是指先逐一设计好所需的部件几何模型，再将这些单独创建好的部件几何模型由底向上逐级进行装配，最后完成整个装配部件（形成一个所需的产品装配体）。自底向上装配的设计方法是较为常用的装配方法。

采用自底向上装配方法包括以下两大设计环节。

1）设计环节一：装配设计之前的零部件设计。

2）设计环节二：零部件装配操作过程。

本节介绍在设计环节二（零部件装配操作过程）中经常使用到的典型操作——添加组件。添加组件是指在已经准备好零部件的情况下，从中选择要装配的零部件作为组件添加到装配文件中。添加组件的典型操作方法说明如下。

1 在功能区"装配"选项卡的"组件"组中单击"添加组件"按钮 ，打开"添加组件"对话框，如图 8-10 所示。"添加组件"对话框的组成元素包括"要放置的部件"选项组、"位置"选项组、"放置"选项组、和"设置"选项组。

2 使用"要放置的部件"选项组来选择部件。可以从"已加载的部件"列表框中选择部件（"已加载的部件"列表框中显示的部件为先前和当前装配操作加载过的部件），也可以在"要放置的部件"选项组中单击"打开"按钮 ，利用弹出的"部件名"对话框选择要加载的部件来打开。可以在"设置"选项组的"互动选项"子选项组中选中"预览窗口"复选框，从而使选择的部件在单独的"组件预览"窗口中显示，如图 8-11 所示。

图 8-10　"添加组件"对话框

图 8-11　"组件预览"窗口

在"位置"选项组中,分别设定组件锚点和装配位置的选项,并可以根据实际装配需要执行相应的"循环定向"命令操作,如图 8-12 所示。其中,组件锚点选项可以为"绝对坐标系";装配位置的选项有"对齐""绝对坐标系-工作部件""绝对坐标系-显示部件"和"工作坐标系"。"对齐"选项用于通过选择位置来定义坐标系,"绝对坐标系-工作部件"选项用于将组件放置于当前工作部件的绝对原点,"绝对坐标系-显示部件"选项用于将组件放置于显示装配的绝对原点,"工作坐标系"选项用于将组件放置于工作坐标系。"循环定向"命令工具包括"重置"按钮 ⟳、"WCS 定向"按钮 ⟱、"反转"按钮 ⤫ 和"旋转定向"按钮 ⟳,它们的功能含义如下。

- "重置"按钮 ⟳:重置已对齐的位置和方向。
- "WCS 定向"按钮 ⟱:将组件定向至 WCS。
- "反转"按钮 ⤫:反转选定组件锚点的 Z 向。
- "旋转定向"按钮 ⟳:围绕 Z 轴将组件从 X 轴旋转 90°到 Y 轴。

在"放置"选项组中选择"移动"单选项或"约束"单选项。当选择"移动"单选项时,需要指定方位,以及设置是否只移动手柄;当选择"约束"单选项时,该选项组提供"约束类型"子选项组和"要约束的几何体"子选项组,以便于用户进行装配约束定义,如图 8-13 所示。

图 8-12 "位置"选项组

图 8-13 "放置"选项组

在"设置"选项组中,设置互动选项(包括"分散组件""保持约束""预览"和"预览窗口"等复选框),指定引用集和图层选项等。图层选项有"原始的""工作的"和"按指定的"。"原始的"图层是指添加组件所在的原先图层;"工作的"图层是指装配的操作层;"按指定的"图层是指用户指定的图层。

单击"应用"按钮或"确定"按钮,继续操作直到完成装配。

8.2.2 自顶向下装配

自顶向下装配是指在装配级中创建与其他部件相关的部件模型,是在装配部件的顶级向下产生子装配和部件(零件)的装配方法。自顶向下装配设计主要体现在从一开始便注重产品结构规划，从顶级层次向下细化设计。这种设计方法适合协作能力强的团队采用。

自顶向下装配设计的典型操作之一是先新建一个装配文件，在该装配中创建空的新组件，并使其成为工作部件，然后按上下文中设计的设计方法在其中创建所需的几何模型。

知识点拨：这里所述的"上下文中设计"是指当装配部件中某组件设置为工作部件时，可以在装配过程中对该组件模型进行创建和编辑，在此过程中可以参考其他组件（零部件）的几何外形等进行设计。

在装配文件中创建的新组件可以是空的，也可以包含加入的几何模型。下面介绍在装配文件中创建新组件的一般方法。

① 在功能区的"装配"选项卡的"组件"组中单击"新建组件"按钮，打开"新组件文件"对话框，如图8-14所示。

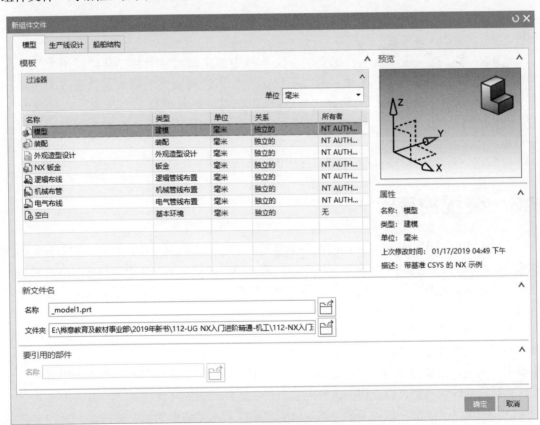

图8-14 "新组件文件"对话框

② 指定模型模板（如选择名称为"模型"或"装配"的模板），设置名称和文件夹后，单击"确定"按钮，系统弹出如图8-15所示的"新建组件"对话框。

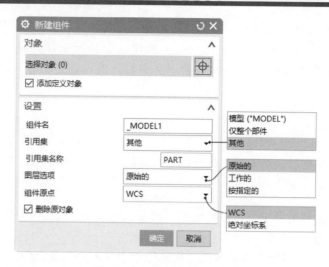

图 8-15 "新建组件"对话框

此时，可以为新组件选择对象，也可以根据实际情况或设计需要不作选择以创建空组件。

在"设置"选项组的"组件名"文本框中指定新组件名称；从"引用集"下拉列表框中选择引用集的一个选项；从"图层选项"下拉列表框中指定组件安放的图层；在"组件原点"下拉列表框中选择"WCS"选项或"绝对坐标系"选项，以定义是采用工作相对坐标还是绝对坐标；"删除原对象"复选框用于设置是否删除原先的几何模型对象。

在"新建组件"对话框中单击"确定"按钮。

8.3　装配约束

在装配设计过程中，可以使用装配约束功能，通过指定约束关系，相对装配中的其他组件重定位组件。装配约束可用来限制装配组件的自由度，根据装配约束限制自由度的多少，通常可以将装配组件分为完全约束和欠约束两种装配状态，在某些情况下可以存在过约束的特殊情况。

在功能区"装配"选项卡的"组件"组中单击"添加组件"按钮，弹出"添加组件"对话框，选择要添加的部件文件，在"放置"选项组中选择"约束"单选项，利用"约束类型"子选项组和相应的"要约束的几何体"子选项组来设定组件在装配中的放置约束关系，包括选择约束类型，以及根据该约束类型来指定要约束的几何体等，如图 8-16a 所示。另外，在功能区"装配"选项卡的"组件位置"组中单击"装配约束"按钮，弹出"装配约束"对话框，利用此对话框可以设定约束类型或运动副类型，指定要约束的几何体等，如图 8-16b 所示。

本节以在装配体中添加已设计好的模型部件为例，结合图例介绍各种装配约束类型的应用方法等。

a)   b)

图 8-16　装配约束工具

a) "添加组件"对话框中的约束工具　b) "装配约束"对话框

8.3.1 "角度"约束

"角度"约束⊿用于装配约束组件之间的角度尺寸。该约束可以在两个具有方向矢量的对象之间产生，角度是两个方向矢量的夹角，初始默认时逆时针方向为正。

"角度"约束的子类型有"3D 角"和"方向角度"，前者用于在未定义旋转轴的情况下设置两个对象之间的角度约束，后者使用选定的旋转轴设置两个对象之间的角度约束。当设置"角度"约束的子类型为"3D 角"时，需要选择两个有效对象（在组件和装配体中各选择一个对象，如实体面），并设置这两个对象之间的角度尺寸，如图 8-17 所示。当设置"角度"约束的子类型为"方向角度"时，需要选择 3 个对象，其中一个对象可为轴或边。

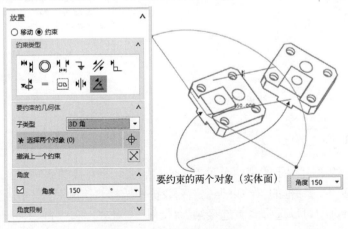

图 8-17　"角度"约束示例

8.3.2 "中心"约束

使用"中心"约束ᵞ，可以使一个或两个对象处于一对对象的中间，或者使一对对象沿着另一对象处于中间。如图 8-18 所示，从"类型"下拉列表框中选择"中心"选项时，该约束类型的子类型包括"1 对 2""2 对 1"和"2 对 2"。

- "1 对 2"：在后两个所选对象之间使第一个所选对象居中。
- "2 对 1"：使两个所选对象沿第三个所选对象居中。
- "2 对 2"：使两个所选对象在两个其他所选对象之间居中。

8.3.3 "胶合"约束

在"装配约束"对话框的"约束类型"列表框中选择"胶合"约束选项ᵇ，如图 8-19 所示，此时可以为"胶合"约束选择要约束的几何体或拖动几何体。

使用"胶合"约束ᵇ相当于将对象约束（"焊接"）到一起，使它们作为刚体移动。"胶合"约束只能应用于组件，或组件和装配级的几何体；其他对象不可选。

图 8-18　选择"中心"约束类型

图 8-19　选择"胶合"约束类型

8.3.4 "接触对齐"约束

"接触对齐"约束ᵞ用于约束两个对象，使它们彼此相互接触或对齐。

在"装配约束"对话框的"约束类型"列表框中选择"接触对齐"图标选项ᵞ，此时在"方位"下拉列表框中可以选择"首选接触""接触""对齐"和"自动判断中心/轴"选项，如图 8-20 所示。

图 8-20 选择"接触对齐"约束选项

- "首选接触"：用于当接触和对齐解都可以时显示接触约束。选择对象时，系统提供的方位选项首选为"接触"。此为默认选项。
- "接触"：用于约束对象使其曲面法向在反方向上。选择该方位选项时，指定的两个相配合对象接触（贴合）在一起。如果要配合的两个对象是平面，则两平面贴合且默认法向相反，同时用户可以单击"撤销上一个约束"按钮☒进行反向设置；如果要配合的两对象是圆柱面，则两圆柱面以相切形式接触，用户可以根据实际情况设置是外相切还是内相切。在如图 8-21 所示的示例中，定义了两个"接触"方位约束，其中对于"接触 1"，单击了"撤销上一个约束"按钮☒进行反向设置。

图 8-21 "接触对齐"约束的接触示例

- "对齐"：用于约束对象使其曲面法向在相同的方向上。选择该方位选项时，将对齐选定的两个要配合的对象。对于平面对象而言，将默认选定的两个平面共面并且法向相同，同样可以根据设计要求进行反向设置。对于圆柱面，也可以实现面相切约束，还可以对齐中心线。在如图 8-22 所示的示例中，定义了两个"对齐"方位约束，均没有进行反向设置。用户可以总结或对比一下"接触"与"对齐"方位约束的异同之处。

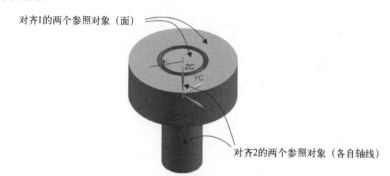

对齐1的两个参照对象（面）

对齐2的两个参照对象（各自轴线）

图 8-22 "接触对齐"约束的对齐示例

● "自动判断中心/轴"：指定在选择圆柱面或圆锥面时，NX 将使用面的中心或轴而不是面本身作为约束。选择该方位选项时，可根据所选参照曲面来自动判断中心/轴，从而实现中心/轴的接触对齐，如图 8-23 所示。

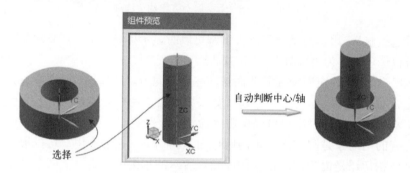

选择

自动判断中心/轴

图 8-23 "接触对齐"的"自动判断中心/轴"方位约束示例

8.3.5 "同心"约束

"同心"约束◎类型用于约束两个组件的圆形边或椭圆形边，以使中心重合，并使边的平面共面。采用"同心"约束的示例如图 8-24 所示，选择"同心"约束类型后，分别在装配体原有组件中选择一个端面圆（圆对象）和在添加的组件中选择一个端面圆（圆对象）。

选择的圆形边

"同心"约束符号

"同心"装配约束

图 8-24 "同心"约束

8.3.6 "距离"约束

"距离"约束 通过指定两个对象之间的最小 3D 距离来确定对象的相互位置。在"约束类型"列表框中选择"距离"选项 ，接着再选择要约束的两个对象参照，此时需要输入这两个对象之间的最小距离，距离可以是正数，也可以是负数。必要时，还可以进行距离限制（距离上限和距离下限）设置。采用"距离"约束的典型示例如图 8-25 所示。

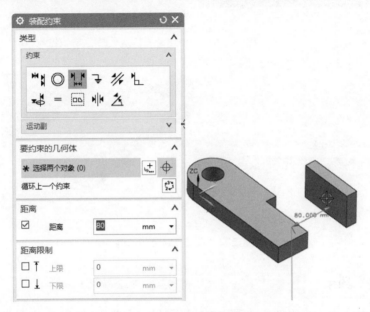

图 8-25 "距离"约束的典型示例

8.3.7 "平行"约束

"平行"约束 将两个对象的方向矢量定义为相互平行，如图 8-26 所示，该示例中选择两个实体面来定义方向矢量平行。

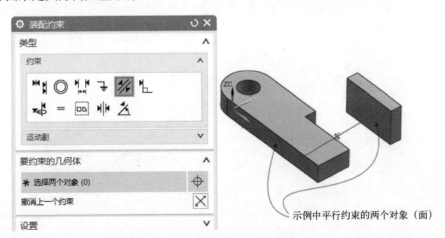

图 8-26 "平行"约束的示例

8.3.8 "垂直"约束

"垂直"约束⌐将两个对象的方向矢量定义为相互垂直。"垂直"约束类型和"平行"约束类型类似，只是方向矢量限制不同而已，一个为相互垂直，一个为相互平行。应用"垂直"约束的典型示例如图 8-27 所示。

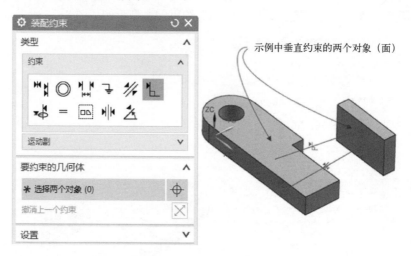

图 8-27 "垂直"约束的示例

8.3.9 "固定"约束

"固定"约束⌐用于将组件在装配体中的当前指定位置处固定。在需要隐含的静止对象时，"固定"约束会很有用；如果没有固定的节点，整个装配可以自由移动。

在"装配约束"对话框的"约束类型"列表框中选择"固定"图标选项⌐时，此时系统提示为"固定选择对象或拖动几何体"。选择对象即可在当前位置处将其固定，固定的几何体会显示固定符号，如图 8-28 所示。

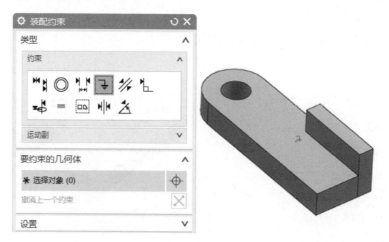

图 8-28 "固定"约束的示例

8.3.10 "对齐/锁定"约束

"对齐/锁定"约束 将两个对象（所选对象要一致，如圆柱面对圆柱面，圆边线对圆边线、直边线对直边线等）快速对齐/锁定。此约束主要用于对齐不同对象中的两个轴，同时防止绕公共轴旋转。在如图 8-29 所示的示例中，创建有两个"对齐/锁定"约束，其中"对齐/锁定"约束 1 使选定的两个圆柱面的中心线对齐，"对齐/锁定"约束 2 则使选定的两个圆边共面且中心对齐。

8.3.11 "拟合（等尺寸配对）"约束

使用"拟合（等尺寸配对）"约束 可以使所选的有效对象实现等尺寸配对。例如，可以将半径相等的两个圆柱面结合在一起，如图 8-30 所示。对于等尺寸配对的两个圆柱面，如果以后半径变为不等，则该"等尺寸配对"约束将变为无效状态。"等尺寸配对"约束 适合约束具有等半径的两个对象，如圆边或椭圆边，或者圆柱面、球面。

图 8-29 建立两个"对齐/锁定"约束　　图 8-30 "等尺寸配对"约束示例

8.4 组件应用

在装配模式下，与组件相关的主要应用包括新建组件、添加组件、镜像装配、阵列组件、新建父对象、移动组件、替换组件、装配约束、显示和隐藏约束等。本节介绍其中常用的组件应用知识。

8.4.1 新建组件

在装配模式下可以新建一个组件，该组件可以是空的，也可以加入复制的几何模型。通常在自顶向下装配设计中进行新组件的创建操作。

在装配模式下创建新组件的操作方法在前面已经有所介绍，在这里只作简单介绍。

在一个装配文件中，要新建一个组件，可在功能区的"装配"选项卡的"组件"组中单击"新建组件"按钮 ，打开"新组件文件"对话框。在该对话框中指定模型模板，设置名称和文件夹后，单击"确定"按钮，弹出"新建组件"对话框。

此时，可以为新组件选择对象，也可以根据实际情况或设计需要不作选择以创建空组件。接着在"新建组件"对话框的"设置"选项组中分别指定组件名、引用集、引用集名称、图层选项、组件原点等，如图 8-31 所示，然后在"新建组件"对话框中单击"确定"按钮。

图 8-31 "新建组件"对话框

8.4.2 添加组件

零部件设计好了之后，便可以在装配环境下通过"添加组件"方式并定义装配约束等来装配零部件。用于添加组件的工具按钮为"添加组件"按钮（位于功能区的"装配"选项卡的"组件"组中），它的功能是通过选择已加载的部件或从磁盘选择部件，将组件添加到装配中。

添加组件的典型操作方法说明详见本章 8.2.1 节。

8.4.3 镜像装配

在装配设计模式下，可以创建整个装配或选定组件的镜像版本。示例如图 8-32 所示，在装配体中先装配好一个非标准的内六角螺栓，然后采用镜像装配的方法在装配体中装配好另一个规格相同的内六角螺栓。

图 8-32 镜像装配示例

下面以该镜像装配为示例（装配源文件为 BC_8_JXZP.prt）辅助介绍镜像装配的典型操作方法及步骤。在进行镜像装配之前，首先需要将顶级装配体设置为工作部件。确保为工作部件后，便可以进行镜像装配了。

1 在功能区"装配"选项卡的"组件"组中单击"镜像装配"按钮，弹出如图 8-33 所示的"镜像装配向导"对话框。

2 在"镜像装配向导"对话框的"欢迎"界面中单击"下一步"按钮。

3 选择要镜像的组件。在本例中选择已经装配到装配体中的第一个内六角螺栓，此时"镜像装配向导"对话框如图 8-34 所示。

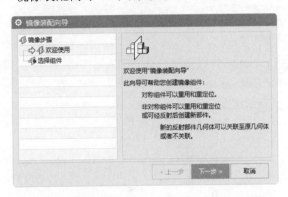

图 8-33 "镜像装配向导"对话框（"欢迎"界面）

图 8-34 "镜像装配向导"（"选择组件"界面）

4 在"镜像装配向导"对话框的"选择组件"界面中单击"下一步"按钮。

5 系统提示选择镜像平面。在本例中选择装配体（或板形零件）现有的一个基准平面作为镜像平面，如图 8-35 所示。

知识点拨：如果在模型中没有符合要求的平面可以作为镜像平面，可以在"镜像装配向导"对话框的"选择平面"界面中单击出现的"创建基准平面"按钮，如图 8-36 所示，创建一个新平面来定义镜像平面。

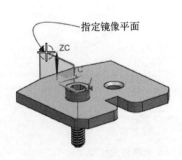

图 8-35 指定镜像平面

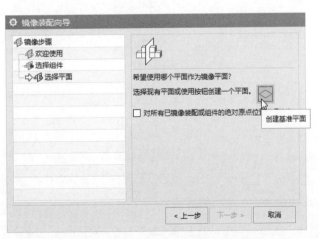

图 8-36 镜像装配向导提供的"创建基准平面"按钮

6 在"镜像装配向导"对话框的"选择平面"界面中单击"下一步"按钮，此时"镜像装配向导"对话框进入"命名策略"界面，从中设置命名规则和目录规则，如图 8-37 所示，单击"下一步"按钮。

图 8-37 "镜像装配向导"对话框（"命名策略"界面）

7 "镜像装配向导"对话框进入"镜像设置"界面，直接单击"下一步"按钮，对话框变为如图 8-38 所示。如果需要，用户可以单击"在几种镜像方案之间切换"按钮，在几种镜像方案之间切换以获得满足设计要求的镜像装配效果。在某些设计场合下，可能需要用到"指定对称平面"按钮、"关联镜像"按钮、"非关联镜像"按钮、"排除"按钮这其中的某些按钮。在本例中直接单击"完成"按钮，获取满足设计要求的镜像组件，结果如图 8-39 所示。

图 8-38 "镜像装配向导"对话框（"镜像检查"界面）及镜像装配预览

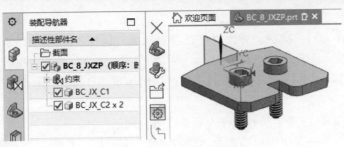

图 8-39 装配镜像结果

8.4.4 阵列组件

使用"阵列组件"命令，可以快速地将一个组件复制到指定的阵列（如"圆形"阵列、"线性"阵列、"多边形"阵列、"螺旋"阵列、"沿"阵列、"常规"阵列、"参考"阵列和"螺旋线"阵列）中。可以说，阵列组件是快速装配相同零部件的一种装配方式，它要求这些相同零部件的安装方位具有某种的阵列布局规律。

阵列组件的应用图例如图 8-40 所示。在该装配体中，先在其中一个定位孔处装配一个螺栓部件，而位于其他定位孔处的 3 个螺栓部件是采用"阵列组件"的方式来完成装配的。

要阵列组件，可在功能区的"装配"选项卡的"组件"组中单击"阵列组件"按钮 ，弹出如图 8-41 所示的"阵列组件"对话框。选择要阵列的组件，并根据设计要求进行阵列定义等即可。阵列组件的操作和阵列特征的操作是类似的，在这里不再赘述。需要读者注意的是，当在"阵列组件"对话框的"设置"选项组中取消选中"关联"复选框时，可以以"线性""圆形""多边形""螺旋""沿""常规""参考"或"螺旋（3D）"等布局形式阵列选定的组件；当在"阵列组件"对话框的"设置"选项组中选中"关联"复选框时，则只能以"线性""圆形"或"参考"布局形式阵列选定的组件。

图 8-40 阵列组件的应用图例

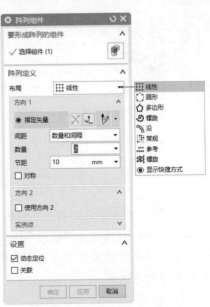

图 8-41 "阵列组件"对话框

下面介绍阵列组件的一个操作范例。

1️⃣ 按〈Ctrl+O〉快捷键，弹出"打开"对话框，选择"BC_8_ZLZJ_M.prt"文件，单击"OK"按钮。

2️⃣ 在功能区的"装配"选项卡的"组件"组中单击"阵列组件"按钮🔘，弹出"阵列组件"对话框。

3️⃣ 选择如图8-42所示的螺栓作为要形成阵列的组件。

4️⃣ 在"设置"选项组中取消选中"动态定位"复选框，并选中"关联"复选框。

5️⃣ 在"阵列定义"选项组的"布局"下拉列表框中选择"圆形"选项，并分别定义旋转轴和角度方向，如图8-43所示。

图8-42 选择要形成阵列的组件

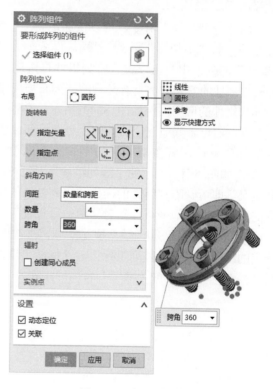

图8-43 定义圆形阵列

6️⃣ 在"阵列组件"对话框中单击"确定"按钮，完成创建圆形布局的组件图样如图8-44所示。

🔔知识点拨：如果在该例的步骤5️⃣，从"阵列组件"对话框的"布局"下拉列表框中选择"参考"选项，则可以参考使用已有阵列的定义来定义布局，从而阵列所选的组件，如图8-45所示。要成功使用"参考"布局形式阵列，要求要阵列的组件在装配时与已有阵列的特征建立参考约束关系。

图 8-44　创建圆形布局的组件图样　　　　图 8-45　采用"参考"布局方式阵列组件

8.4.5　新建父对象

在 NX 中，用户可以根据设计情况来新建当前显示部件的父部件。有关显示部件（工作部件）的设置可参看 8.4.11 小节。

① 在装配导航器中确保当前的显示部件是要为其新建父部件文件的部件，在功能区"装配"选项卡的"组件"组中单击"新建父对象"按钮，系统弹出如图 8-46 所示的"新建父对象"对话框。

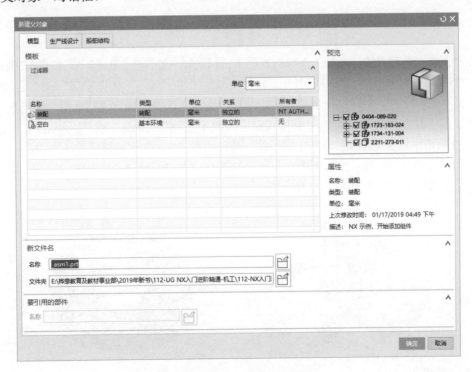

图 8-46　"新建父对象"对话框

2 在"模型"选项卡的"模板"列表中选择一个模板，接着在"新文件名"选项组的"名称"文本框中指定一个新文件名称，在"文件夹"文本框中指定父部件文件的目录。

3 单击"确定"按钮，装配导航器会列出一个空的新父部件文件，新的父部件文件即成为工作部件。

8.4.6 移动组件

在装配设计中有时需要移动装配中的组件。移动组件时注意组件之间的约束关系。

在功能区的"装配"选项卡的"组件位置"组中单击"移动组件"按钮，系统弹出如图 8-47 所示的"移动组件"对话框。选择要移动的组件，定义变换参数和复制模式等，从而移动所选的组件。

图 8-47 "移动组件"对话框

在"变换"选项组的"运动"下拉列表框中可以选择"距离""角度""点到点""根据三点旋转""将轴与矢量对齐""坐标系到坐标系""动态""根据约束""增量 XYZ"或"投影距离"选项定义移动组件的类型。选择要移动的组件后，根据所选类型来定义移动组件的变换参数，同时可以在"复制"选项组中将复制模式设置为"不复制""复制"或"手动复制"，以及在"设置"选项组中设置是否仅移动选定的组件，是否动态定位，如何处理碰撞动作等。

例如，在图 8-48 所示的示例中，将整个装配体（共 5 个组件）绕 *YC* 轴旋转 90°，其操作方法及步骤如下（原始练习文件为 BC_8_ZLZJ_M_finish2.prt）。

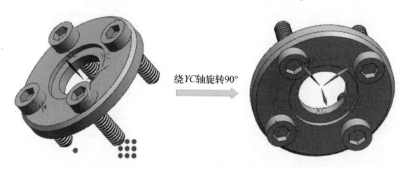

绕*YC*轴旋转90°

图 8-48 移动组件示例

1 在功能区的"装配"选项卡的"组件位置"组中单击"移动组件"按钮 🌸，弹出"移动组件"对话框。

2 在图形窗口选择如图 8-48 所示装配体（共 5 个组件）。

3 在"移动组件"对话框的"变换"选项组的"运动"下拉列表框中选择"角度"选项，从"指定矢量"最右侧的下拉列表框中选择"YC 轴"图标选项 YC，单击"点构造器"按钮 🔩，利用弹出的"点"对话框指定轴点绝对坐标为 $x=0$、$y=0$、$z=0$，单击"确定"按钮关闭"点"对话框。在"角度"选项组中设置角度为"90°"，如图 8-49 所示。

4 在"复制"选项组和"设置"选项组进行如图 8-50 所示的设置。

图 8-49　定义运动矢量和绕轴的角度

图 8-50　在"设置"选项组中的相关设置

5 单击"确定"按钮。完成移动组件的操作。

8.4.7　替换组件

在装配设计中，允许将一个组件替换为另一个组件，这就是替换组件的操作。下面通过典型的操作示例（配套练习文件为 BC_8_THZJ.prt），介绍替换组件的一般方法及步骤。

1 在功能区"装配"选项卡中单击"更多"|"替换组件"按钮 🌸，打开如图 8-51 所示的"替换组件"对话框。

2 在图形窗口选择要替换的组件。例如，在如图 8-52 所示的装配体中选择其中一个内六角螺栓作为要替换的组件。

3 在"替换件"选项组中单击"选择部件"按钮 🔲，选择替换件。如果在"替换件"选项组的"已加载的部件"列表中没有所要求的部件供选择，那么可单击"浏览"按钮 📂，找到满足替换要求的部件打开，该部件名将列在"未加载的部件"列表中且被选中。

4 选择好替换件后，在"设置"选项组中选中"保持关系"复选框，并设置组件属性，如图 8-53 所示。

5 在"替换部件"对话框中单击"应用"按钮或"确定"按钮，完成该替换部件的操作，原先那个长螺栓被替换成了短螺栓，如图 8-54 所示。

图 8-51 "替换组件"对话框

图 8-52 选择要替换的组件

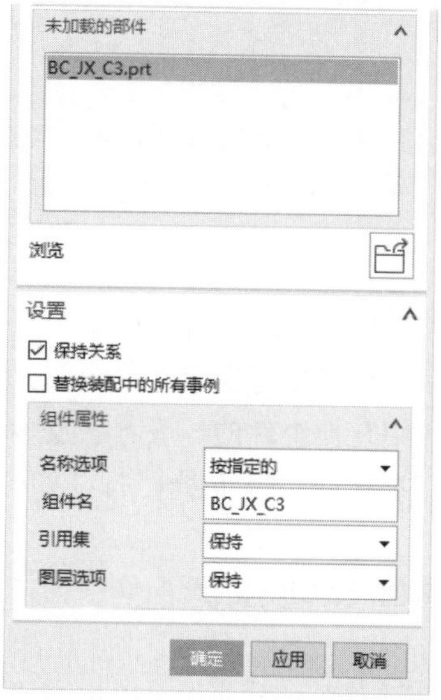

图 8-53 在"设置"选项组中的设置

图 8-54 替换效果（保持关系）

知识点拨：在本例中，如果在"设置"选项组中除了选中"保持关系"复选框之外，还选中"替换装配中的所有事例"复选框，那么最后得到的替换效果如图 8-55 所示，即所有长螺栓都被替换成了短螺栓。读者可以使用本书配套资料包的"CH8"文件夹提供的练习源文件"BC_8_THZJ.prt"进行上机练习操作。

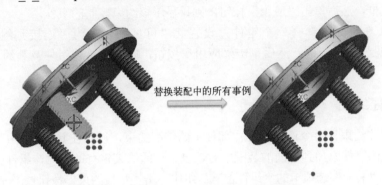

图 8-55 替换效果（替换装配中的所有事例）

8.4.8 使用"装配约束"命令

在功能区的"装配"选项卡的"组件位置"组中单击"装配约束"按钮，打开如图 8-56 所示的"装配约束"对话框。利用该对话框，可以通过指定约束关系，相对于装配中的其他组件定位组件，还可以设置运动副。

8.4.9 显示和隐藏约束

在功能区的"装配"选项卡的"组件位置"组中单击"显示和隐藏约束"按钮，打开如图 8-57 所示的"显示和隐藏约束"对话框。利用该对话框，选择组件或约束，然后在"设置"选项组中选择"约束之间"单选项或"连接到组件"单选项，并设置是否更改组件可见性等。

图 8-56 "装配约束"对话框

图 8-57 "显示和隐藏约束"对话框

例如，在装配中选择一个约束符号，"可见约束"设为"约束之间"，并选中"更改组件可见性"复选框，然后单击"应用"按钮，则只显示该约束控制的组件。

又例如，在装配中选择一个组件，设置其"可见约束"为"连接到组件"，并选中"更改组件可见性"复选框，然后单击"应用"按钮，则显示所选组件及其约束（连接到）的组件。

8.4.10 记住约束

使用"记住约束"命令，可以记住部件中的装配约束，以供在其他组件中重用。以后将记住装配约束的组件添加到不同的装配中时，已记住的约束将有助于对该组件的快速定位。

在功能区"装配"选项卡的"组件位置"组中单击"记住约束"按钮，弹出如图 8-58 所示的"记住的约束"对话框。选择要记住约束的组件，并在选定组件上选择要记住的一个或多个约束，然后单击"应用"按钮或"确定"按钮。

在保存组件时，所选择的约束也将随着组件一起保存。在其他装配中再次将此组件按照"根据约束"方式添加进去时，用户可以通过已记住的约束帮助定位组件，即 NX 系统将弹出一个"重新定义约束"对话框，如图 8-59 所示，只需在装配中选择其他组件的配合对象完成重定义装配约束即可。

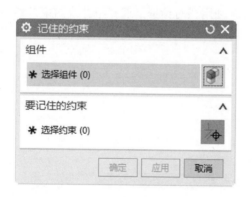

图 8-58 "记住的约束"对话框

图 8-59 "重新定义约束"对话框

8.4.11 工作部件设置

在装配设计中，有时需要根据设计情况更改工作部件，即定义哪个部件为工作部件，如要求工作部件为要编辑的组件。工作部件与非工作部件的显示是不同的，如图 8-60 所示。

工作部件设置，可以通过装配导航器来完成。其方法是在装配导航器中右击所需的部件，从弹出的快捷菜单中选择"设为工作部件"命令，如图 8-61 所示。通过在装配导航器中双击部件名称也可快速将其设置为工作部件。要设置装配体为工作部件，可以在装配导航器中对装配体进行工作部件设置即可。

将此部件设置为工作部件

图 8-60 工作部件示例

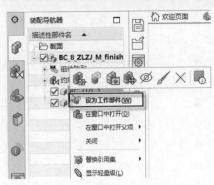
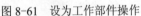

图 8-61 设为工作部件操作

8.5 爆炸图

爆炸视图（简称为"爆炸图"，或称为"分解视图"）是指将零部件或子装配部件从完成装配的装配体中拆开并形成特定状态和位置的视图。装配视图与爆炸视图如图 8-62 所示。爆炸图通常用来表达装配部件内部各组件之间的相互关系，指示安装工艺及产品结构等。好的爆炸视图有助于设计人员或操作人员清楚地查阅装配部件内各组件的装配关系。

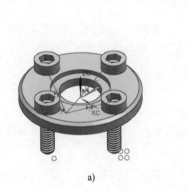
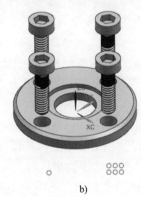

a)   b)

图 8-62 装配视图与爆炸视图

a) 装配视图 b) 爆炸视图

与爆炸视图操作有关工具命令位于功能区"装配"选项卡的"爆炸图"组中，如图 8-63 所示。

图 8-63 "爆炸图"组

在介绍爆炸图具体的常用操作工具命令之前，先简单地介绍"爆炸图"组中各主要按钮工具的功能含义。

- "新建爆炸"按钮：在工作视图中新建爆炸图，可以在其中重定位组件以生成爆炸图。
- "编辑爆炸图"按钮：重新编辑定位当前爆炸图中选定的组件。
- "自动爆炸组件"按钮：基于组件的装配约束重定位当前爆炸图中的组件。
- "取消爆炸组件"按钮：将组件恢复到原先的未爆炸位置。
- "删除爆炸图"按钮：删除未显示在任何视图中的装配爆炸图。
- "隐藏视图中的组件"按钮：隐藏视图中选定的组件。
- "显示视图中的组件"按钮：显示视图中选定隐藏组件。
- "追踪线"按钮：在爆炸图中创建组件的追踪线以指示组件的装配位置。
- "工作视图爆炸"下拉列表框：在该下拉列表框中可以选择一个已命名的爆炸图作为工作视图，也可以选择"无爆炸"选项以返回到未爆炸时的装配视图。

8.5.1 新建爆炸图

新建爆炸图的方法和步骤如下。

1 在功能区的"装配"选项卡中单击"爆炸图"按钮｜"新建爆炸"按钮，打开如图8-64所示的"新建爆炸"对话框。

2 在"新建爆炸"对话框中的"名称"文本框中接受默认名称或者输入新的名称。系统默认的名称是以"Explosion #"的形式表示的，#为从1开始的自然数序号。

3 在"新建爆炸"对话框中单击"确定"按钮。

8.5.2 编辑爆炸图

编辑爆炸图是指重定位当前爆炸图中选定的组件。要对当前爆炸图中的组件位置进行编辑，可以按照以下的方法步骤来进行。

1 在功能区的"装配"选项卡中单击"爆炸图"按钮｜"编辑爆炸图"按钮，弹出如图8-65所示的"编辑爆炸"对话框。

图8-64 "新建爆炸"对话框　　　　　图8-65 "编辑爆炸"对话框

2 在"编辑爆炸"对话框中提供了3个实用的单选项供用户编辑爆炸图。

- "选择对象"：选择该单选项，在装配部件中选择要编辑爆炸位置的组件。
- "移动对象"：选择要编辑的组件后，选择该单选项，使用鼠标拖动移动手柄，连组件对象一同移动。这里所述的"移动手柄"，其默认位置通常在组件的几何中心处，用户可以通过选择点来指定移动手柄的位置。
- "只移动手柄"：选择该单选项，使用鼠标拖动移动手柄，组件不移动。

③ 编辑爆炸图满意后，在"编辑爆炸"对话框中单击"应用"按钮或"确定"按钮。

8.5.3 自动爆炸组件

自动爆炸组件是指基于组件的装配约束重定位当前爆炸图中的组件，其操作方法如下。

① 在功能区的"装配"选项卡中单击"爆炸图"按钮 |"自动爆炸组件"按钮 ，弹出"类选择"对话框。

② 选择组件并在"类选择"对话框中单击"确定"按钮后，打开如图 8-66 所示的"自动爆炸组件"对话框。在该对话框的"距离"文本框中输入所选组件的自动爆炸距离值（位移值）。

③ 单击"确定"按钮，完成自动爆炸组件的操作。

用户也可以先选择要自动爆炸的组件，接着在功能区的"装配"选项卡中单击"爆炸图"按钮 |"自动爆炸组件"按钮 ，系统弹出"自动爆炸组件"对话框，可从中设置自动爆炸组件的距离值，单击"确定"按钮，从而完成自动爆炸组件操作。

如图 8-67 所示的爆炸图可以使用"自动爆炸组件"工具命令来完成。

图 8-66 "自动爆炸组件"对话框

图 8-67 自动爆炸组件示例

8.5.4 取消爆炸组件

取消爆炸组件是指将组件恢复到原先的未爆炸位置，也就是将组件恢复到组件的装配位置。要取消爆炸组件，可以按照以下步骤操作。

① 选择要取消爆炸状态的组件。

② 在功能区的"装配"选项卡中单击"爆炸图"按钮 |"取消爆炸组件"按钮 ，则将所选组件恢复到先前的未爆炸位置。

8.5.5 删除爆炸图

可以删除未显示在任何视图中的装配爆炸图。在功能区的"装配"选项卡中单击"爆炸

图"按钮 🎁 |"删除爆炸图"按钮 🎁，系统弹出如图 8-68 所示的"爆炸图"对话框，在该对话框的爆炸图列表中选择要删除的爆炸图名称，单击"确定"按钮。

知识点拨：如果所选的爆炸图处于显示状态，则不能执行删除操作，系统会弹出如图 8-69 所示的"删除爆炸"对话框，提示在视图中显示的爆炸不能被删除。请尝试"信息"|"装配"|"爆炸"命令。

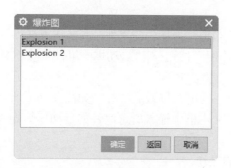

图 8-68 "爆炸图"对话框

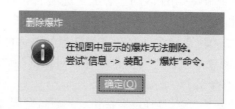

图 8-69 "删除爆炸"对话框

8.5.6 切换爆炸图

在一个装配体中可以建立多个爆炸图，并为每个爆炸图指定不同的名称。当一个装配体具有多个爆炸图时，便会涉及切换爆炸图的操作。切换爆炸图的快捷方法是在"爆炸图"组的"工作视图爆炸"下拉列表框中选择所需的爆炸图名称即可，如图 8-70 所示。如果选择"无爆炸"选项，则返回到无爆炸的装配位置。

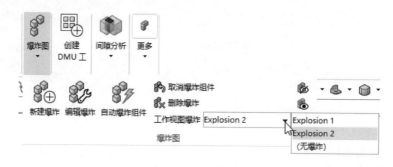

图 8-70 切换爆炸图

8.5.7 创建追踪线

在爆炸图中创建组件的追踪线，有利于指示组件的装配位置和装配方式。在爆炸图中创建有追踪线的典型示例如图 8-71 所示。

在爆炸图中创建追踪线的方法、步骤如下。

1 在功能区的"装配"选项卡中单击"爆炸图"按钮 🎁 |"创建追踪线"按钮 ♪，打开如图 8-72 所示的"追踪线"对话框。

图 8-71 创建有追踪线的爆炸图   图 8-72 "追踪线"对话框

 选择起点,如选择如图 8-73 所示的端面圆心。

 在"终止"选项组的"终止对象"下拉列表框中选择"点"选项或"分量"选项。当选择"点"选项时,需要指定另一点来定义追踪线,注意相应的矢量方向;当选择"分量"选项时,用户在装配区域中选择配合组件即可,如图 8-74 所示,选择盖状组件。

图 8-73 指定追踪线的起点   图 8-74 选择组件定义为"分量"

 如果具有多种可能的追踪线,可以在"追踪线"对话框中展开"路径"选项组,通过单击"备选解"按钮🔁选择满足设计要求的追踪线方案。

 在"追踪线"对话框中单击"应用"按钮,完成一条追踪线,如图 8-75 所示。可以使用同样的方法,继续绘制其他追踪线。

8.5.8 隐藏和显示视图中的组件

在功能区的"装配"选项卡中单击"爆炸图"按钮 🖉 |"隐藏视图中的组件"按钮 🖧,打开如图 8-76 所示的"隐藏视图中的组件"对话框。在装配体中选择要隐藏的组件,单击"应用"按钮或"确定"按钮,即可将所选组件隐藏。

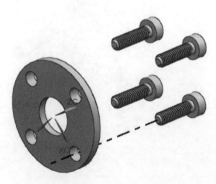

图 8-75 创建一条追踪线

在功能区的"装配"选项卡中单击"爆炸图"按钮 🔩 |"显示视图中的组件"按钮 👁，打开如图 8-77 所示的"显示视图中的组件"对话框，在该对话框的"要显示的组件"列表框中选择要显示的组件，然后单击"应用"按钮或"确定"按钮，即可将所选的隐藏组件重新显示出来。

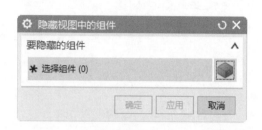

图 8-76 "隐藏视图中的组件"对话框   图 8-77 "显示视图中的组件"对话框

8.6 千斤顶装配综合应用范例

扫码观看视频

本节介绍一个千斤顶装配综合应用范例。本范例要求先分别设计 7 个零件（本书提供了完成好的这 7 个零件的模型文件），将这 7 个零件装配在一起以形成如图 8-78a 所示的装配体。另外，可以根据此装配体创建其相应的爆炸图，并可在爆炸图中进行创建追踪线等练习。参考效果如图 8-78b 所示。其中，零件 1 为底座（1-DIZHUO.prt）、零件 2 为螺套（2-LUOTAO.prt）、零件 3 为螺杆（3-LUOG.prt）、零件 4 为铰杠（4-JIAOG.prt）、零件 5 为顶盖（5-DINGDIAN.prt）、零件 6 为开槽锥端紧定螺钉（6-KCZDJDLD.prt），零件 7 为另一种规格的开槽锥端紧定螺钉（7-KCZDJDLD.prt）。

a)   b)

图 8-78 千斤顶装配

a) 装配好的千斤顶模型   b) 千斤顶的爆炸图

千斤顶装配综合应用范例的具体操作步骤如下。

步骤1 新建一个装配文件。

❶ 启动 NX 后，在"快速访问"工具栏中单击"新建"按钮 ，打开"新建"对话框。

❷ 在"模型"选项卡的"模板"列表框中选择名称为"装配"的模板，其默认单位为毫米。

❸ 指定新文件名为"BC_QJD_ASM.prt"，指定要保存到的文件夹（即指定保存路径）。

❹ 在"新建"对话框中单击"确定"按钮。

步骤2 装配主体组件——底座零件。

❶ 系统自动弹出"添加组件"对话框。在该对话框的"要放置的部件"选项组中单击"打开"按钮 ，弹出"部件名"对话框。从本书配套素材的"CH8"|"QJD"文件夹中选择"1-DIZHUO.prt"（底座）部件文件，单击"OK"按钮，返回到"添加组件"对话框。

❷ 在"位置"选项组的"组件锚点"下拉列表框中选择"绝对坐标系"选项，从"装配位置"下拉列表框中选择"绝对坐标系-显示部件"选项；在"放置"选项组中选中"移动"单选项；在"设置"选项组的"互动选项"子选项组中选中"分散组件"复选框、"保持约束"复选框、"预览"复选框和"预览窗口"复选框，从"引用集"下拉列表框中选择"模型("MODEL")"，从"图层选项"下拉列表框中选择"原始的"选项，如图 8-79 所示。当在"互动选项"子选项组中选中"预览窗口"复选框时，要添加的组件模型可在单独的窗口中预览，如图 8-80 所示。

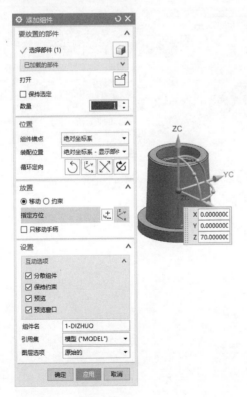

图 8-79 在"添加组件"对话框中操作

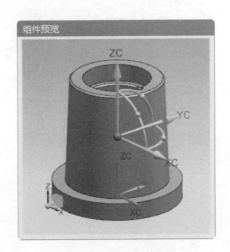

图 8-80 组件预览

3 在"添加组件"对话框中单击"应用"按钮，系统弹出"创建固定约束"对话框，询问："已将第一个组件添加至装配。要创建固定约束吗？"，如图 8-81 所示。单击"是"按钮，从而通过"绝对坐标系"定位锚点等相应设置完成装配第一个组件（底座）并创建固定约束。可以设置不再显示"创建固定约束"对话框。

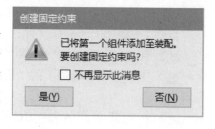

步骤 3 装配螺套组件。

图 8-81 "创建固定约束"对话框

1 在"添加组件"对话框的"要放置的部件"选项组中单击"打开"按钮，弹出"部件名"对话框。从本书配套素材的"CH8"|"QJD"文件夹中选择"2-LUOTAO.prt"（螺套）部件文件，单击"OK"按钮，返回到"添加组件"对话框。

2 在"互动选项"子选项组中默认选中"预览窗口"复选框，以设置要添加的螺套组件显示在"组件预览"窗口中，临时取消选中"预览"复选框；在"添加组件"对话框的"放置"选项组中选择"约束"单选项，在"约束类型"列表框中单击"接触对齐"选项，在"要约束的几何体"子选项组的"方位"下拉列表框中选择"首选接触"选项。接着先在"组件预览"窗口中选择螺套中的一个环形台阶面，再在主窗口中单击底座组件要配合的一个台阶面，如图 8-82 所示。

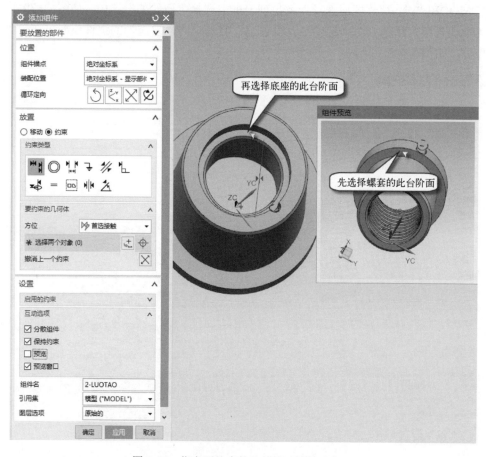

图 8-82 指定要约束的几何体（接触对齐）

知识点拨：在"添加组件"对话框的"设置"选项组的"互动选项"子选项组中提供了"预览"复选框和"预览窗口"复选框。如果选中"预览"复选框，则可以在装配过程中动态预览每一步的装配约束过程效果（在主窗口中预览）。通常是否选中"预览窗口"复选框，要看装配体的复杂程度以及操作方便情况等。选择组件的约束对象时，同样可以在"组件预览"窗口中进行选择操作。

③ 在"约束类型"列表框中选择"拟合（等尺寸配对）"选项═，在"组件预览"窗口中选择螺套中的一个外圆柱面，再在底座组件中选择要配合的内圆柱面，如图 8-83 所示。

④ 在"约束类型"列表框中选择"接触对齐"选项╲╏，在"要约束的几何体"子选项组的"方位"下拉列表框中选择"自动判断中心/轴"选项，在"组件预览"窗口中选择螺套的小螺纹孔处的中心轴线（将鼠标指针置于螺套小螺纹孔的内孔曲面处片刻，系统会自动显示出该螺纹孔的中心轴线，使用鼠标单击该中心轴线即可选择它，也可以巧妙地使用"快速拾取"对话框来进行选择），再在主窗口的底座组件中选择该配作螺纹孔的中心轴线，单击"应用"按钮，装配结果如图 8-84 所示。

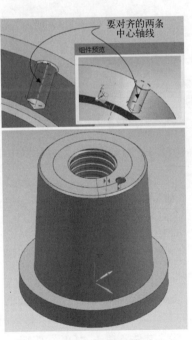

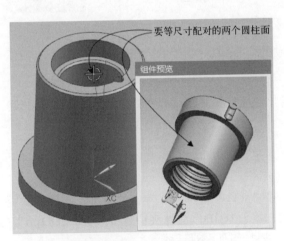

图 8-83 拟合（等尺寸配对）　　　　图 8-84 对齐轴线后

步骤 4 装配一个开槽锥端紧定螺钉零件。

① 在"添加组件"对话框的"要放置的部件"选项组中单击"打开"按钮，弹出"部件名"对话框。从本书配套素材的"CH8"|"QJD"文件夹中选择"6-KCZDJDLD.prt"（开槽锥端紧定螺钉1）部件文件，单击"OK"按钮，返回到"添加组件"对话框。

② 在"放置"选项组中选择"约束"单选项。

③ 在"放置"选项组的"约束类型"列表框中选择"接触对齐"选项╲╏，在"要约

束的几何体"子选项组的"方位"下拉列表框中选择"自动判断中心/轴"选项，分别指定如图 8-85 所示的轴 1 和轴 2 对齐。

④ 在"约束类型"列表框中选择"距离"选项 ，先选择螺钉的面 1，再选择装配体中的面2，如图 8-85 所示，并设置距离值为"0"。

⑤ 在"添加组件"对话框的"设置"选项组的"互动选项"子选项组中选中"预览"复选框，此时预览组件的效果如图 8-86 所示。

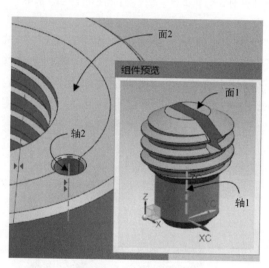

图 8-85　约束示意图

图 8-86　完成装配一个紧定螺钉

⑥ 在"添加组件"对话框中单击"确定"按钮。

知识点拨：思考一下，该开槽锥端紧定螺钉零件能否使用"同心"约束快速安装？

步骤5　装配螺杆。

① 在功能区的"装配"选项卡的"组件"组中单击"添加组件"按钮 ，弹出"添加组件"对话框。

② 在"添加组件"对话框的"要放置的部件"选项组中单击"打开"按钮 ，弹出"部件名"对话框。从本书配套素材的"CH8"|"QJD"文件夹中选择"3-LUOG.prt"（螺杆）部件文件，单击"OK"按钮，返回到"添加组件"对话框。

③ 在"放置"选项组中选择"约束"单选项；在"设置"选项组的"互动选项"子选项组中取消选中"预览"复选框，选中"预览窗口"复选框、"保持约束"复选框和"分散组件"复选框。

④ 从"放置"选项组的"约束类型"列表框中选择"接触对齐"选项 ，在"要约束的几何体"子选项组的"方位"下拉列表框中选择"自动判断中心/轴"选项，接着先在"组件预览"窗口中选择如图 8-87 所示的螺杆中的轴 1，再在主窗口中选择要对齐的轴 2。

⑤ 从"约束类类型"列表框中选择"距离"选项 ，选择要约束的几何体，如图 8-88

所示。先选择螺杆的面 1，再选择主装配体中的螺套组件的面 2，然后将距离值设置为 0mm。

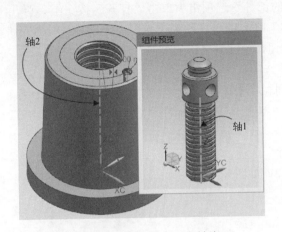
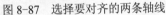

图 8-87 选择要对齐的两条轴线

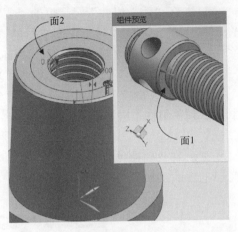

图 8-88 选择要进行"距离"约束的两个面

6 在"添加组件"对话框中单击"应用"按钮。

步骤 6 装配铰杠。

1 在"添加组件"对话框的"要放置的部件"选项组中单击"打开"按钮，弹出"部件名"对话框。从本书配套素材的"CH8"|"QJD"文件夹中选择"4-JIAOG.prt"（铰杠）部件文件，单击"OK"按钮，返回到"添加组件"对话框。

2 在"放置"选项组中选择"约束"单选项。

3 在"放置"选项组的"约束类型"列表框中选择"接触对齐"选项，在"要约束的几何体"子选项组的"方位"下拉列表框中选择"自动判断中心/轴"选项，接着选择要约束的两个对象，即先选择如图 8-89 所示的轴 1，再选择轴 2。

4 设置在主窗口中预览组件，并在"约束类型"列表框中选择"距离"选项，接着选择要约束的几何体，如图 8-90 所示。先选择铰杠的面 1，再在主装配体中单击螺杆组件的面 2，然后将这两个面之间的最小距离值设置为 110mm。

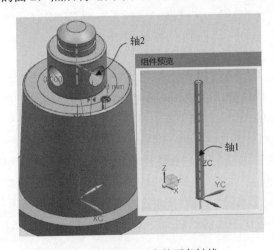

图 8-89 选择要对齐的两条轴线

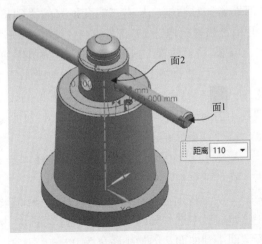

图 8-90 选择要"距离"约束的两个面

⑤ 在"添加组件"对话框中单击"应用"按钮。

步骤7 装配顶盖组件。

① 在"添加组件"对话框的"要放置的部件"选项组中单击"打开"按钮，弹出"部件名"对话框。从本书配套素材的"CH8"|"QJD"文件夹中选择"5-DINGDIAN.prt"（顶盖，或称顶垫）部件文件，单击"OK"按钮，返回到"添加组件"对话框。

② 在"放置"选项组中选择"约束"单选项。

③ 在"放置"选项组的"约束类型"列表框中选择"拟合（等尺寸配对）"选项，接着在顶盖组件中选择要配合的曲面 1，然后在装配体中选择螺杆顶部的曲面 2，如图 8-91 所示。

④ 在"约束类型"列表框中选择"平行"选项，接着在顶盖组件中选择如图 8-92 所示的面 1，然后在装配体中选择螺杆中的面 2，如图 8-92 所示。

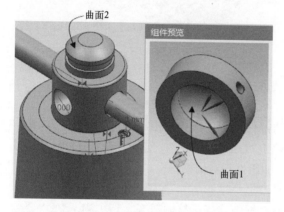

图 8-91　选择要拟合的两个曲面

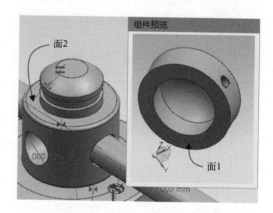

图 8-92　选择要平行的两个面

⑤ 在"添加组件"对话框中单击"应用"按钮，完成该装配步骤后的装配体效果如图 8-93 所示。

步骤8 装配一个紧定螺钉来锁定顶盖组件。

① 在"添加组件"对话框的"要放置的部件"选项组中单击"打开"按钮，弹出"部件名"对话框。从本书配套素材的"CH8"|"QJD"文件夹中选择"7-KCZDJDLD.prt"（开槽锥端紧定螺钉2）部件文件，单击"OK"按钮，返回到"添加组件"对话框。

② 在"放置"选项组中选择"约束"单选项。

③ 在"放置"选项组的"约束类型"列表框中选择"接触对齐"选项，在"要约束的几何体"子选项组的"方位"下拉列表框中选择"自动判断中心/轴"选项，接着选择要约束的两个对象，即依次选择如图 8-94 所示的轴 1 和轴 2，单击"撤销上一个约束"按钮以调整两条轴的对齐方位。

④ 在"约束类型"列表框中选择"距离"选项，选择要约束的两个对象。在这里需要在装配导航器中右击"5-DINGDIAN"（顶盖组件），从弹出的快捷菜单中选择"隐藏"命令，从而将顶盖组件在图形窗口中隐藏起来，以便于从装配体中选择要约束的对象。首先在紧定螺钉中选择如图 8-95 所示的端面 1，接着在装配体的螺杆组件中单击曲面 2，然后设置端面 1 到曲面 2 的最小距离为 0。

图 8-93 将顶盖组件装配进来

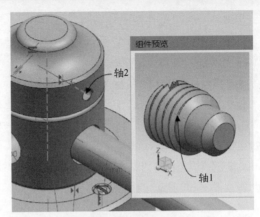

图 8-94 选择两个轴来对齐

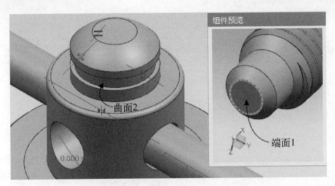

图 8-95 选择要进行"距离"约束的两个面

⑤ 在"添加组件"对话框中单击"确定"按钮。

⑥ 在部件导航器中右击"5-DINGDIAN"（顶盖组件），在弹出的快捷菜单中选择"显示"选项。此时可以看到该紧定螺钉的装配效果，如图 8-96 所示。

知识点拨：如果看不到该紧定螺钉的开槽朝外，就是方向设置相反了，这时候需要打开快捷菜单对"对齐"约束进行编辑，执行"反向"命令处理即可。

至此，整个千斤顶模型装配完毕，效果如图 8-97 所示。

图 8-96 锁定顶盖

图 8-97 完成千斤顶模型装配

步骤9 创建爆炸图与追踪线。

① 在功能区的"装配"选项卡中单击"爆炸图"按钮🐾|"新建爆炸图"按钮🐾，系统弹出"新建爆炸"对话框。

② 默认新爆炸图名称为"Explosion 1"，单击"确定"按钮。

③ 在功能区的"装配"选项卡中单击"爆炸图"按钮🐾|"编辑爆炸图"按钮🐾，弹出"编辑爆炸"对话框，利用该对话框重定位当前爆炸图中选定的组件。编辑后的爆炸图参考效果如图 8-98 所示。

④ 在功能区的"装配"选项卡中单击"爆炸图"按钮🐾|"创建追踪线"按钮🎵，分别创建如图 8-99 所示的两条追踪线。

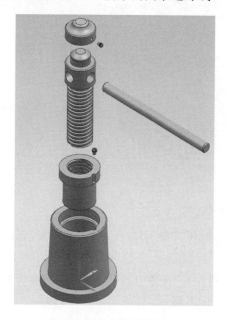

图 8-98　参考的爆炸图

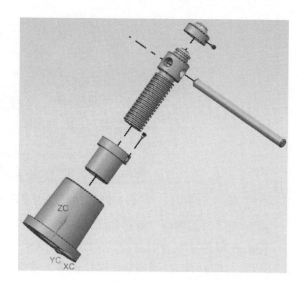

图 8-99　创建两条追踪线

⑤ 在功能区的"装配"选项卡中单击"爆炸图"按钮🐾以打开"爆炸图"组，从"工作视图爆炸"下拉列表框中选择"（无爆炸）"选项。

步骤10 保存文件。

在"快速访问"工具栏中单击"保存"按钮🖫，保存文件。

8.7　本章小结与经验点拨

一个产品或机械设备通常是由很多零部件构成的，这就涉及零部件的装配设计。装配设计的方式方法主要分为两种：自底向上装配和自顶向下装配。在实际设计中，会经常将这两种典型装配设计方法混合着灵活使用。NX 提供的装配功能是很强大的。

本章首先介绍了装配设计基础，包括新建装配文件、引用集应用基础和装配导航器，接着介绍了装配方式方法、装配约束、组件应用和爆炸图，最后介绍了一个千斤顶装配综合应用范例。其中，装配约束的类型包括"角度"约束、"中心"约束、"胶合"约束、"接触对齐"约束、"同心"约束、"距离"约束、"平行"约束、"垂直"约束、"固定"约束、"对齐/锁定"约束和"拟合（等尺寸配对）"约束等。

装配设计的以下几点经验需要用户注意。

1）在进行装配设计时，特别要注意装配导航器的巧用。在装配导航器中，可以一目了然地查看整个装配体的装配约束情况，可以通过右键快捷菜单命令对相关约束进行编辑操作，如"编辑""反向""重新定义""抑制""隐藏""删除""信息"等。

2）关于"接触对齐"约束。在很多装配约束场合下，对于"接触"和"对齐"约束，可通过单击"撤销上一个约束"按钮⊠或从右键快捷菜单中选择"反向"命令来进行方向切换等，以此来验证某些面接触方位装配是否正确有效，或者验证轴对齐的方向是否正确。

3）对于一些常用的部件，可以单击"记住约束"按钮🗂来记住部件中的装配约束，以供在其他组件中重用，提高装配效率。

4）单击功能区"装配"选项卡的"组件位置"组中的"显示自由度"按钮✣，可以显示指定组件的自由度。

5）有些部件，如弹簧等，可以使用功能区"装配"选项卡中的"更多"|"变形组件"命令来对其重新塑造可变形组件。

6）在一些大型的装配设计中，使用抑制组件功能可能很有用处。抑制组件是指在当前显示中移去组件，使其不执行装配操作，当然也可以根据设计需要取消抑制组件。

8.8 思考与练习

1）请分别理解这些装配术语的含义：装配体与子装配部件、自顶而下建模、自下而上建模、上下文中设计、装配约束和引用集。

2）典型的装配方式方法主要包括哪两种？它们分别具有什么样的特点？

3）在 NX 中，装配约束的类型主要包括哪些？

4）简述创建镜像装配的典型方法及其步骤。

5）在 NX 中，如何阵列组件？

6）简述替换组件的一般方法及其步骤。

7）什么是装配爆炸图？如何创建爆炸图以及如何编辑爆炸图？

8）上机练习：请自行设置一种简单的机构，要求应用到多种装配约束，还应用到镜像装配或阵列组件等知识点，最后创建爆炸图等。

第9章　NX 工程制图

本章导读：

在产品设计以及零件实际加工制作过程中，一般都需要二维工程图以辅助工作。NX 提供了专门的"制图"应用模块，使用该应用模块可以通过 3D 模型或装配部件生成并保存符合行业标准的工程图样，这些工程图样可与模型完全关联，对模型所做的任何更改都会在图样中自动反映出来。另外，"制图"应用模块还提供了一组 2D 图样工具以满足 2D 设计中心和布局需求，使用这些工具，用户可以生成独立的 2D 图样。

本章重点介绍 NX 工程制图，内容包括 NX 工程制图入门知识、制图标准与相关首选项设置、图纸页的基本管理操作、插入视图、编辑视图、修改剖面线、图样标注和零件工程图综合设计范例等实用知识。

9.1　NX 工程制图入门

工程图是工程界的"技术交流语言"，尤其在实际生产环节中，工程图的应用较为普遍。设计人员必须要掌握工程图设计方法及应用技巧等。

NX 的 NX 工程制图功能是非常强大的，使用该功能集可以很方便地创建合格的且符合设定标准的工程图。通常在创建工程图之前，用户需要完成所需三维模型的设计，这样便可以通过"制图"应用模块并在三维模型的基础上生成相应的二维工程图样。完成三维模型建模后，在 NX 基本操作界面的功能区中单击"文件"选项卡标签打开"文件"选项卡，从"启动（应用模块）"选项组中选择"制图"命令，即可快速切换至"制图"应用模块。"制图"应用模块是一个直观且易于使用的图形用户界面，界面上的各种自动化工具有助于用户快速而轻松地创建各类工程图样。在"制图"应用模块中创建的工程图样与模型可完全关联，对模型所做的驱动更改都会在相应的图样中自动反映出来。

用户可以按照以下的方法步骤创建一个使用预定义图纸模板的图纸文件。

　　■1　在"快速访问"工具栏中单击"新建"按钮，或者按〈Ctrl+N〉快捷键，系统弹出"新建"对话框。

　　■2　切换到"图纸"选项卡，从"过滤器"下的"关系"下拉列表框中选择一个选项，以及设定单位，从"模板"列表框中选择所需的一个图纸模板，如选择名称为"A4-无视图"的图纸模板，如图 9-1 所示。

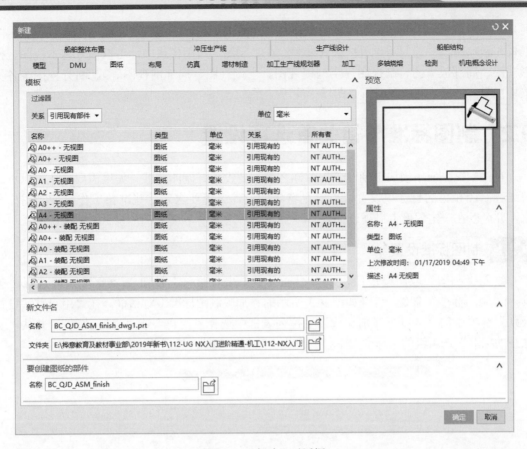

图 9-1 "新建"对话框

3 在"新文件名"选项组中指定名称和文件夹，在"要创建图纸的部件"选项组中单击"浏览"按钮，系统弹出如图 9-2 所示的"选择主模型部件"对话框。可以从"已加载的部件"列表或"最近访问的部件"列表中选择所需的模型部件（如果相应部件列表中有所需部件的话），否则需要在"选择主模型部件"对话框中单击"打开"按钮，并利用弹出的"部件名"对话框选择所需的一个模型部件来打开，然后在"选择主模型部件"对话框中单击"确定"按钮。

4 在"新建"对话框中单击"确定"按钮，则加载指定图纸模板进入"制图"应用模块，并可以自动启用视图创建向导来创建相关视图（这需要用户定义基于模型的图纸工作流程，设置自动启用视图创建等内容，详细内容参见 9.2 节）。

用户可以预先设置制图标准，以及定制相关的首选项以满足特定的工程制图要求。

工程视图需要在指定的图纸页上创建，这与在纸上绘

图 9-2 "选择主模型部件"对话框

画是一样的道理，因此有关图纸页的操作（新建图纸页、打开图纸页、编辑图纸页、显示图纸页和删除图纸页等）需要用户认真掌握。在"制图"应用模块中，可以插入基本视图、投影视图、局部放大图、剖视图（全剖视视图、半剖视视图、局部剖视图等）、断开视图等各类工程视图，之后才是视图编辑、图样标注等工作。

9.2 制图标准与相关首选项设置

在"制图"应用模块中创建工程图样之前，要设置好制图标准。如果需要，还可以更改与工程制图相关的首选项设置，以满足特定的设计环境要求。这些准备工作可使制图标准化，并可以在一定程度上提高设计效率。

9.2.1 制图标准设置

进入"制图"应用模块后，在上边框条中单击"菜单"按钮 ≡ 菜单(M) ▼，选择"工具"|"制图标准"命令，打开如图 9-3 所示的"加载制图标准"对话框。在"用户默认设置级别"选项组的"从以下级别加载"下拉列表框中选择"用户"或"出厂设置"，并从"要加载的标准"选项组的"标准"下拉列表框中选择"GB"，然后单击"确定"按钮。

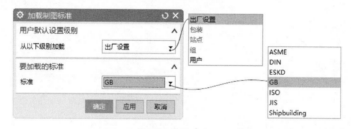

图 9-3 "加载制图标准"对话框

此外，在功能区的"文件"选项卡中选择"实用工具"|"用户默认设置"命令，打开"用户默认设置"对话框，选择"制图"节点下的"常规/设置"类别时，也可以指定默认的制图标准，如图 9-4 所示。

图 9-4 在"用户默认设置"对话框中设置制图标准

9.2.2 与制图相关的首选项设置和默认设置

用户可以设置"制图"应用模块的默认工作流程、图纸设置、注释设置和其他特性。其方法是在功能区的"文件"选项卡中选择"首选项"|"制图"命令，打开如图 9-5 所示的"制图首选项"对话框，在"继承"选项组中可以指定设置源，在"查找"文本框下方的类别列表框中选择一个要设置的类别，并在右侧区域设置相应的内容即可。例如，指定"设置源"为"首选项"，从类别列表框中选择"图纸常规/设置"节点下的"工作流程"类别，接着可以设置如图 9-6 所示的制图常规工作流程，包括独立的图纸工作流程、基于模型的图纸工作流程和图纸设置起源等。其中在"基于模型"选项组中可以设置"始终启动"为"视图创建向导""基本视图命令"或"无视图命令"选项，以及设置"始终启动投影视图命令"复选框等。制图首选项设置将影响当前文件和以后添加的视图。

图 9-5 "制图首选项"对话框

图 9-6 设置制图的常规工作流程

另外，在"用户默认设置"对话框（由功能区"文件"选项卡中的"实用工具"|"用户默认设置"命令打开）中，可以定制制图方面的一些默认设置，包括"常规/设置""展平图样视图""图纸比较""图纸自动化"和"转换为 PMI"。例如，要设置制图默认的图纸工作流程，可以在"用户默认设置"对话框左窗格的类别列表框中选择"制图"节点下的"常规/设置"类别，在右窗格中切换至"工作流程"选项卡，从中设置相应的内容即可，如图 9-7所示。

图 9-7 设置"制图"应用模块的默认图纸工作流程

9.3 图纸页的基本管理操作

为了描述方便，本书特意将新建图纸页、打开图纸页、显示图纸页、删除图纸页和编辑图纸页等操作归纳在图纸页的基本管理操作范畴内。本节分别介绍这些常用的图纸页基本管理操作。

9.3.1 新建图纸页

在功能区的"主页"选项卡中单击"新建图纸页"按钮，打开如图 9-8 所示的"工作表（图纸页）"对话框。该对话框的"大小"选项组中提供了"使用模板"单选项、"标准尺寸"单选项和"定制尺寸"单选项，它们的功能含义如下。

● "使用模板"单选项：选择此单选项时，从对话框出现的列表框中选择 NX 提供的一种制图模板，如"A0-无视图""A1-无视图""A2-无视图""A3-无视图"或"A4-无视图"等。选择某制图模板时，可以在"预览"选项组中预览该制图模板的大致样式。

● "标准尺寸"单选项：选择此单选项时，如图 9-9 所示，可以从"大小"下拉列表框中选择一种标准尺寸样式，如"A0-841×1189""A0+-841×1635""A0++-841×2387""A1-594×841""A2-420×594""A3-297×420"或"A4-210×297"；可以从"比例"

下拉列表框中选择一种绘图比例，或者选择"定制比例"选项来设置所需的自定义比例；在"名称"选项组的"图纸页名称"文本框中输入新建图纸页的名称，或者接受 NX 自动为新建图纸页指定的默认名称，并可指定页号和修订版本；在"设置"选项组中，可以设置单位为"毫米"或"英寸"，以及设置投影方式。投影方式分 （第一角投影）和 ◎ ⊏（第三角投影）两种。其中，第一角投影符合我国的制图标准。

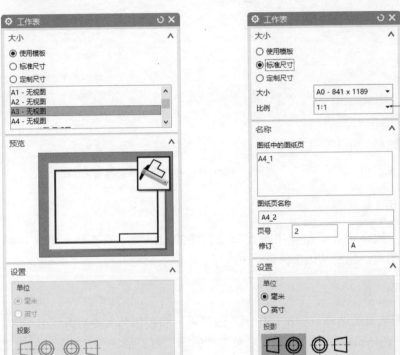

图 9-8 "工作表（图纸页）"对话框　　　　图 9-9 使用"标准尺寸"选项

- "定制尺寸"单选项：选择此单选项时，由用户设置图纸高度、长度、比例、图纸页名称、单位和投影方式等，如图 9-10 所示。

定义好图纸页参数和选项后，在"图纸页"对话框中单击"应用"按钮或"确定"按钮，便可以在图纸页上创建和编辑具体的工程视图了。

9.3.2 打开（切换）图纸页

可以为模型创建多个图纸页，但是只有一个图纸页是工作图纸页（即活动的图纸页），工作图纸页在部件导航器中会标识有"（工作的-活动）"字样。有时需要打开（切换）现有的其他一个图纸页进行设计工作，即切换工作图纸页。打开（切换）图纸页的方法较为简单，在部件导航器的"图纸"节点下双击要打开的图纸页即可，也可以在部件导航器的"图纸"节点下右击要打开的图纸页，从弹出的快捷菜单中选择"打开"命令，如图 9-11 所示。

图 9-10　使用"定制尺寸"选项

图 9-11　利用部件导航器来切换图纸页

9.3.3　删除图纸页

要删除图纸页，通常可在导航器中查找到要删除的图纸页，右击该图纸页，弹出如图 9-12 所示的快捷菜单，然后从该快捷菜单中选择"删除"命令。

9.3.4　编辑图纸页

可以编辑活动图纸页的名称、大小、比例、测量单位和投影角（投影方式）。其方法是在功能区的"主页"选项卡中单击"编辑图纸页"按钮，打开如图 9-13 所示的"工作表（图纸页）"对话框，在该对话框中进行相应修改设置即可。

图 9-12　删除选定的图纸页

图 9-13　"工作表（图纸页）"对话框

9.4 插入视图

新建图纸页后，便需要根据模型结构考虑如何在图纸页上插入各种视图。插入的视图可以为基本视图、标准视图、投影视图、局部放大图、截面视图（截面视图包括简单剖/阶梯剖视图、半剖视图、旋转剖视图、折叠剖视图、展开的点到点剖视图、展开的点和角度剖视图、定向剖视图和局部剖视图等）、断开视图等。

9.4.1 基本视图

基本视图是基于模型的视图，它可以是仰视图、俯视图、前视图、后视图、左视图、右视图、正等测图和正三轴测视图等。基本视图可以是独立的视图，也可以是其他类型的视图的父视图。

下面介绍创建基本视图的一般方法和注意事项。

在功能区的"主页"选项卡的"视图"组中单击"基本视图"按钮🍰，打开如图 9-14 所示的"基本视图"对话框。在"基本视图"对话框中可以进行以下设置。

1. 指定要创建基本视图的部件

"基本视图"对话框的"部件"选项组用于选择要添加基本视图的部件。NX 系统默认加载的当前工作部件为要创建基本视图的部件。如果想更改要创建基本视图的部件，则用户需要展开如图 9-15 所示的"部件"选项组，从"已加载的部件"列表或"最近访问的部件"列表中选择所需的部件，或者单击"打开"按钮🗁，从弹出的"部件名"对话框中选择。

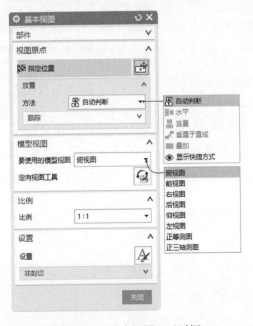

图 9-14 "基本视图"对话框

图 9-15 指定所需部件

2. 定向视图

在"基本视图"对话框中展开"模型视图"选项组，从"要使用的模型视图"下拉列表框中选择相应的视图选项，即可产生对应的基本视图。"要使用的模型视图"下拉列表框中提供的视图选项包括"俯视图""前视图""右视图""后视图""仰视图""左视图""正等测图"和"正三轴测图"。

用户可以在"模型视图"选项组中单击"定向视图工具"按钮，打开如图 9-16 所示的"定向视图工具"对话框。利用该对话框可以定义视图法向、X 向等来定向视图，在定向过程中可以在如图 9-17 所示的"定向视图"窗口选择参照对象及调整视角等。在"定向视图工具"对话框中执行某个操作后，视图的操作效果立即动态地显示在"定向视图"窗口中，以方便用户观察视图方向，调整并获得满意的视图方位。完成定向视图操作后，单击"定向视图工具"对话框中的"确定"按钮。

图 9-16 "定向视图工具"对话框

图 9-17 "定向视图"窗口

3. 设置比例

在"基本视图"对话框的"比例"选项组中的"比例"下拉列表框中选择所需的一个比例值，如图 9-18 所示，也可以从中选择"比率"选项或"表达式"选项来定义制图比例。

4. 设置视图样式

通常使用系统默认的视图样式即可。如果在某些特殊制图情况下，默认的视图样式不能满足用户的设计要求，可以采用手动的方式指定视图样式。其方法是在"基本视图"对话框的"设置"选项组中单击"设置"按钮，打开如图 9-19 所示的"基本视图设置"对话框。从左窗格的列表中选择要设置的内容类别，接着在右区域中设置相关的选项和参数。

图 9-18 设置制图比例

图 9-19 "基本视图设置"对话框

5. 指定视图原点

可以在"基本视图"对话框的"视图原点"选项组中，设置放置方法选项，以及可以启用光标跟踪功能（"光标跟踪"复选框位于"跟踪"子选项组中）。

设置好相关内容后，使用鼠标指针将定义好的基本视图放置在图纸页面上即可。

9.4.2 投影视图

可以使用"投影视图"工具命令从任何父图纸视图创建投影正交或辅助视图。一般在创建基本视图后，以基本视图为基准，按照指定的投影通道来建立相应的投影视图。

在功能区的"主页"选项卡的"视图"组中单击"投影视图"按钮，打开如图 9-20 所示的"投影视图"对话框。此时可以接受 NX 默认指定的父视图，也可以单击"父视图"选项组中的"选择视图"按钮，从图纸页面上选择其他一个视图作为父视图。接下去便是定义铰链线、指定视图原点以及移动视图等的操作。由于在 9.4.1 节中已经介绍过设置视图样式和指定视图原点的知识，这里不再重复介绍。下面着重介绍定义铰链线和移动视图的知识点。

1. 铰链线

铰链线一般垂直于投影方向。在"投影视图"对话框的"铰链线"选项组中，可从"矢量选项"下拉列表框中选择"自动判断"选项或"已定义"选项。当选择"自动判断"矢量选项时，NX 基于图纸页中的父视图自动判断投影矢量方向，此时可以设置是否选中"关联"复选框；如果选择"已定义"矢量选项时，如图 9-21 所示，由用户手动定义一个矢量作为投影方向。

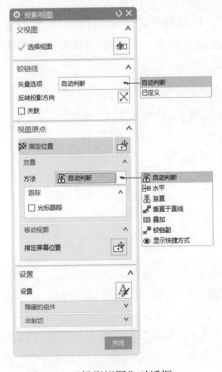

图 9-20　"投影视图"对话框

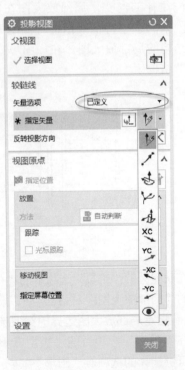

图 9-21　选择"已定义"矢量选项

如果需要，可以单击"反转投影方向"按钮⊠，以设置反转投影方向。

2．移动视图

当指定投影视图的视图样式、放置位置等之后，如果对该投影视图在图纸页的放置位置不太满意，则可以在"视图原点"选项组的"移动视图"子选项组中单击"指定屏幕位置"按钮⊡，然后使用鼠标指针按住投影视图将其拖到图纸页的合适位置处释放即可。

在如图 9-22 所示的示例中，由基本视图通过投影关系在其右侧创建了一个投影视图。

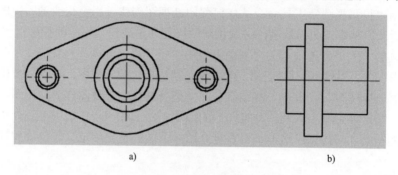

图 9-22 创建投影视图的示例

a) 基本视图 b) 投影视图

9.4.3 局部放大图

创建局部放大图是指创建一个包含图纸视图放大部分的视图，以满足放大清晰和后续标注注释的需要。局部放大图在实际的工程图设计工作中时常应用到。例如，针对一些模型中的细小特征或结构（如退刀槽、键槽、密封圈槽等细小结构），需要创建该特征或该结构的局部放大图。在如图 9-23 所示的制图示例中，应用了局部放大图来表达图样的细节结构。

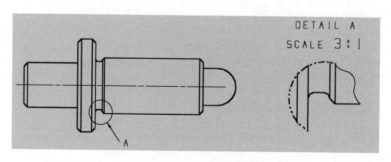

图 9-23 应用局部放大图

在功能区的"主页"选项卡的"视图"组中单击"局部放大图"按钮，打开如图 9-24所示的"局部放大图"对话框。利用"局部放大图"对话框可以执行以下操作。

1．指定局部放大图边界的类型选项

在"类型"选项组的"类型"下拉列表框中选择一种选项来定义局部放大图的边界形状，可供选择的选项有"圆形""按拐角绘制矩形"和"按中心和拐角绘制矩形"，使用这些选项定义局部放大图边界形状的示例如图 9-25 所示。

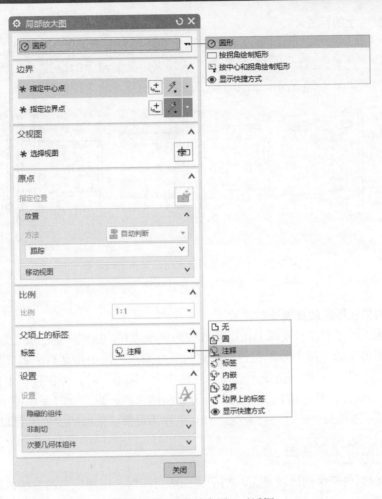

图 9-24 "局部放大图"对话框

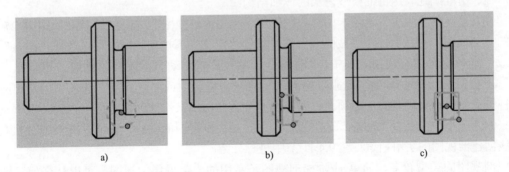

图 9-25 定义局部放大图边界的 3 种类型

a) 圆形　b) 按拐角绘制矩形　c) 按中心和拐角绘制矩形

2. 设置放大比例值

在"比例"选项组的"比例"下拉列表框中选择所需的一个比例值，或者从中选择"比率"选项或"表达式"选项来定义比例。

3. 定义父项上的标签

在"父项上的标签"选项组中，从"标签"下拉列表框中可以选择"无""圆""注释""标签""内嵌""边界"或"边界上的标签"选项来定义父项上的标签（即指定父视图上放置的标签形式）。如图9-26所示，给出了定义父项上的标签的3种典型效果。

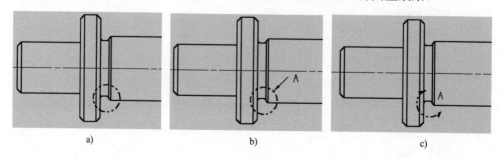

图9-26 3种典型效果：定义父项上的标签

a）圆 b）标签 c）内嵌

4. 定义边界和指定放置视图的位置

"边界"选项组用于在父视图上指定要放大的区域边界，按照所选的类型选项为"圆形""按拐角绘制矩形"或"按中心和拐角绘制矩形"分别在视图中指定点来定义放大区域的边界，系统会就近判断父视图。例如，选择类型选项为"圆形"时，先在视图中单击一点作为放大区域的中心位置，然后指定另一点作为边界圆周上的一点。此时系统提示："指定放置视图的位置"，在图纸页中的合适位置处选择一点作为局部放大图的放置位置即可。

9.4.4 简单剖/阶梯剖视图

如果特征模型内部结构比较复杂，则创建一般视图时会出现较多的虚线，致使图纸的表达不清晰，且通常会给读图和标注尺寸带来一定的困难。在这种情况下，可以创建剖视图以更清晰、更准确地表达特征模型内部的详细结构。

在功能区的"主页"选项卡的"视图"组中单击"剖视图"按钮 ，打开如图9-27所示的"剖视图"对话框。在"截面线"选项组的"定义"下拉列表框中可以选择"动态"选项或"选择现有的"选项。其中，"动态"选项允许指定动态截面线，此时，可以从"方法"下拉列表框中选择"简单剖/阶梯剖""半剖""旋转"或"点到点"选项来创建相应的剖视图；而"选择现有的"选项允许选择现有独立截面线来快速创建相应剖视图。这里及接下去的几个小节主要以"动态"选项为重点进行相关剖视图的创建，而通过选择现有独立截面线创建剖视图的实用知识将在9.4.11节中进行介绍。

剖视图的类型较多，简单剖/阶梯剖视图是常用的一类投影剖视图，可以从任何父图纸视图创建所需的投影剖视图。从"剖视图"对话框可以看出，选择"简单剖/阶梯剖"方法时，需要分别利用"铰链线""截面线段""父视图""视图原点"和"设置"选项组等进行相关定义和操作。

在确认生成剖视图之前可以对剖切线（也即上述所说的截面线）进行设置，即可以事先根据需要修改默认的剖切线样式。其方法是在"剖视图"对话框的"设置"选项组中单击"设置"按钮 ，弹出"剖视图设置"对话框，从中指定视图标签的格式，设置剖切线的相关样式,如图 9-28 所示。

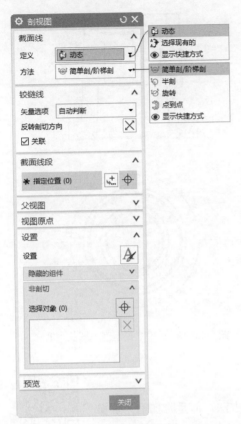

图 9-27 "剖视图"对话框

图 9-28 "剖视图设置"对话框

下面介绍通过动态定义剖切线的方式来创建简单剖视图(全剖视图)和阶梯剖视图的典型范例。

1. 简单剖视图(全剖视图)

打开配套素材文件"PST.prt",按照以下步骤进行操作。

扫码观看视频

① 在功能区的"主页"选项卡的"视图"组中单击"剖视图"按钮⟐,打开"剖视图"对话框。

② 从"截面线"选项组的"定义"下拉列表框中选择"动态"选项,从"方法"下拉列表框中选择"简单剖/阶梯剖"选项。此时,唯一的视图被默认为父视图(如果存在多个视图且默认视图不是所要求的父视图,用户可以在"父视图"选项组中单击"选择视图"按钮⊞,选择一个视图作为父视图),"铰链线"选项组的默认矢量选项为"自动判断"。

③ 使"截面线段"选项组中的"指定位置"按钮⊕处于被选中的状态。在父视图中指定点定义剖切线段位置。例如,在如图 9-29 所示的父视图中选择所需的圆边中心,并可移动鼠标以观察相应的剖切方向。

④ 指定放置视图的位置。本例中,在父视图上方的垂直通道区域选择一个合适的位置单击,从而指定了该剖视图的放置位置,如图 9-30 所示。

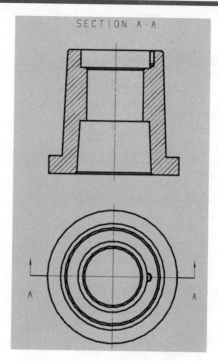

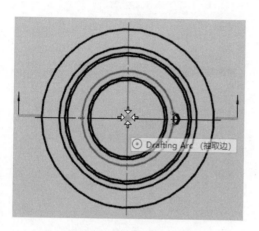

图 9-29　指定点定义剖切线段位置　　　　图 9-30　指示图纸页上剖视图的中心

⑤ 在"剖视图"对话框中单击"关闭"按钮。

2．阶梯剖视图

用两个或多个相互平行的剖切平面把机件剖开的方法，便是阶梯剖。阶梯剖视图适用于表达机件内部结构的中心线排列在两个或多个相互平行的平面内的情况。

扫码观看视频

在 NX 中，阶梯剖视图的创建方法是在简单剖视图创建方法的基础上再深化一些，即需要巧妙地通过"铰链线"选项组确定剖切方向，或通过"视图原点"选项组指定视图合适的放置参数（视图放置方法很关键），此外利用"截面线段"选项组再增加其他点来定义其他平行的截面线段。操作范例如下。

❶ 打开配套素材文件"JTPST.prt"，在功能区的"主页"选项卡的"视图"组中单击"剖视图"按钮 ，打开"剖视图"对话框。

❷ 从"截面线"选项组的"定义"下拉列表框中选择"动态"选项，从"方法"下拉列表框中选择"简单剖/阶梯剖"选项。此时，唯一的视图被默认为父视图。在"铰链线"选项组的"矢量选项"下拉列表框中选择"自动判断"选项，选中"关联"复选框。

❸ 使"截面线段"选项组中的"指定位置"按钮 处于被选中的状态。在"指定点作为截面线段位置"提示下选择如图 9-31 所示的圆心定义一处剖切线位置。

❹ 在"视图原点"选项组的"方向"下拉列表框中默认选择"正交的"选项，在"放置"子选项组中，从"方法"下拉列表框中选择"竖直"选项（可供选择的视图放置方法有"自动判断""水平""竖直""垂直于直线""叠加""铰链副"），从"对齐"下拉列表框中选择"对齐至视图"选项，在"截面线段"选项组中单击"指定位置"按钮 ，然后在父视图中选择如图 9-32 所示的一个圆心定义新剖切线段位置。

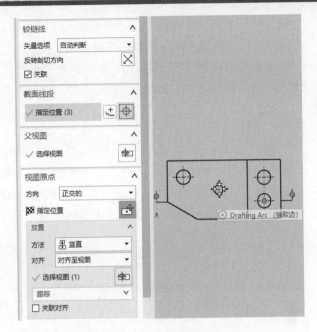

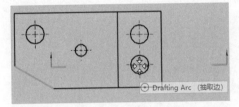

图 9-31　指定一点定义一处剖切线段位置　　　　　图 9-32　指定新剖切线段位置

⑤　继续选择一个圆心以定义另一处新剖切线段位置，如图 9-33 所示。如果需要，用户可以使用鼠标拖拽圆点形式的某些剖切线手柄来调整剖切线折弯位置。

⑥　在"视图原点"选项组中单击"指定位置"按钮 ，在父视图的上方区域指定放置视图的位置，结果如图 9-34 所示。注意：如果要想反转默认的剖切箭头方向，可以在指定放置视图位置之前，在"铰链线"选项组中单击"反转剖切方向"按钮 即可，本例不用反向剖切箭头方向。

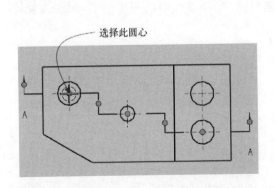

图 9-33　指定一点定义另一处剖切线段位置

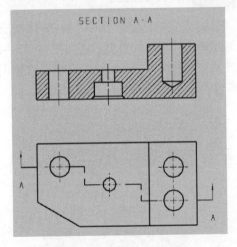

图 9-34　指定放置视图位置

9.4.5　半剖视图

当机件具有对称平面时，在垂直于对称平面的投影面上，以对称中心线为界，一半画成

扫码观看视频

剖视，另一半画成常规视图，这样组成一个内外兼顾的图形，称为半剖视图。可以从任何父图纸视图创建投影半剖视图。

下面结合示例介绍创建半剖视图的典型操作方法（读者可打开配套文件"BPST.prt"进行学习、操作）。

■1 在功能区的"主页"选项卡的"视图"组中单击"剖视图"按钮**,打开"剖视图"对话框。

■2 从"截面线"选项组的"定义"下拉列表框中选择"动态"选项,从"方法"下拉列表框中选择"半剖"选项。此时,唯一的视图被默认为父视图。

■3 指定点作为剖切线段位置。在本例中,确保在"选择条"工具栏中选中"圆弧中心"命令⊙,先选择如图 9-35a 所示的圆心,接着指定点定义折弯位置,如本例捕捉如图 9-35b 所示的椭圆中心。

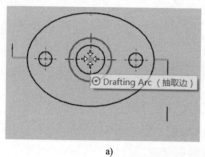
a)

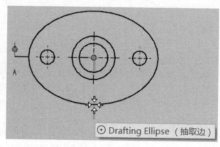
b)

图 9-35　定义剖切位置和折弯位置

a) 定义剖切位置　b) 定义折弯位置

■4 在图纸页上指定半剖视图的放置位置,结果如图 9-36 所示。

9.4.6　旋转剖视图

扫码观看视频

旋转剖视图使用了两个相交的剖切平面（交线垂直于某一基本投影面）。创建旋转剖视图的典型示例如图 9-37 所示,下面结合该典型示例介绍创建旋转剖视图的典型操作方法及步骤。在本书配套素材的"CH9"文件夹里提供了该示例的素材练习文件"XZPST.prt"。

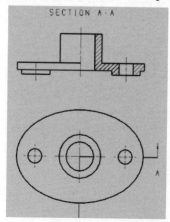

图 9-36　指定半剖视图的放置位置

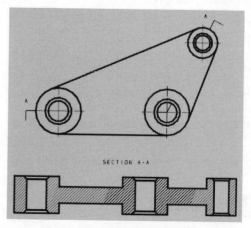

图 9-37　创建有旋转剖视图的工程图示例

🔟 在功能区的"主页"选项卡的"视图"组中单击"剖视图"按钮🔘，打开"剖视图"对话框。

🔟 从"截面线"选项组的"定义"下拉列表框中选择"动态"选项，从"方法"下拉列表框中选择"旋转"选项。此时，唯一的视图被默认为父视图。

🔟 在"截面线段"选项组中取消选中"创建单支线"复选框，定义旋转点。可以使用自动判断的点来定义旋转点，如图 9-38 所示。

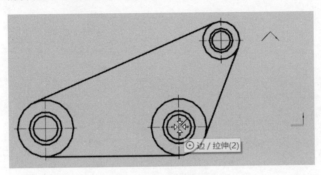

图 9-38　定义旋转点

🔟 分别定义剖切线段的新位置 1（如图 9-39 所示的圆心位置）和新位置 2（如图 9-40 所示的圆心位置）。

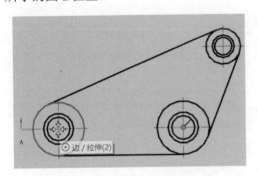

图 9-39　定义剖切线段的新位置 1

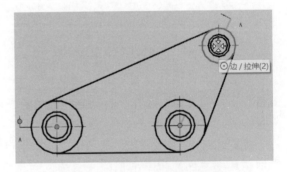

图 9-40　定义剖切线段的新位置 2

🔟 在"视图原点"选项组的"放置"子选项组中，从"方法"下拉列表框中选择"竖直"选项，从"对齐"下拉列表框中选择"对齐至视图"选项。

🔟 在图纸页上指定放置旋转视图的位置，完成旋转剖视图的创建。

9.4.7　展开的点到点剖视图

创建展开的点到点剖视图是指使用任何父视图中连接一系列指定点的剖切线来创建一个展开剖视图，如图 9-41 所示。下面结合示例（源文件为"ZKDDD.prt"）介绍创建展开的点到点剖视图的一般方法和步骤。

扫码观看视频

🔟 在功能区的"主页"选项卡的"视图"组中单击"剖视图"按钮🔘，打开"剖视图"对话框。

🔟 从"截面线"选项组的"定义"下拉列表框中选择"动态"选项，从"方法"下拉列表框中选择"点到点"选项，如图9-42所示。此时，指定唯一的视图为父视图。

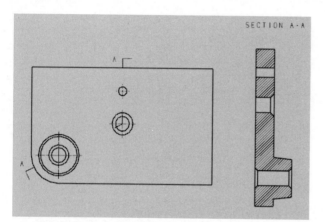

图9-41　创建展开的点到点剖视图　　　　图9-42　"剖视图"对话框（选择"点到点"）

　③　定义铰链线矢量。在"铰链线"选项组中默认选择"已定义"选项，从"指定矢量"下拉列表框中选择"自动判断的矢量"图标选项 。选择如图9-43所示的边定义矢量。

　④　此时，"截面线段"选项组中的"指定位置"按钮 自动处于被选中的状态，可以先取消选中"创建折叠剖视图"复选框。接着定义剖切线段的各个连接点，例如，在如图9-44所示的父视图中依次选择圆心1、2和3定义连接点。

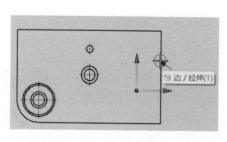

图9-43　定义铰链线

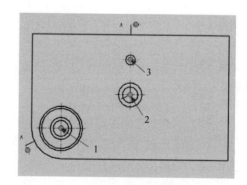

图9-44　定义连接点

　⑤　放置视图。在"视图原点"选项组的"放置"子选项组中，从"方法"下拉列表框

中选择"水平"选项，从"对齐"下拉列表框中选择"对齐至视图"选项，单击"放置视图"按钮，在父视图的右侧指定一点以放置视图。

6 单击"剖视图"对话框的"关闭"按钮。

9.4.8 折叠剖视图

扫码观看视频

可以使用任何父视图中连接一系列指定点的剖切线来创建一个折叠剖视图。下面结合一个典型的操作示例介绍如何使用"剖视图"命令来创建所需的折叠剖视图，所用的源文件为"ZDPST.prt"。

1 在功能区的"主页"选项卡的"视图"组中单击"剖视图"按钮，打开"剖视图"对话框。

2 从"截面线"选项组的"定义"下拉列表框中选择"动态"选项，从"方法"下拉列表框中选择"点到点"选项。此时，确保指定唯一的视图为父视图。另外，在"截面线段"选项组中选中"创建折叠剖视图"复选框。

3 定义铰链线。在"铰链线"选项组中，默认的矢量选项为"已定义"，选中"关联"复选框，从"指定矢量"下拉列表框中选择"自动判断的矢量"选项，在如图 9-45 所示的父视图中选择一条边来自动判断矢量。用户也可以从"指定矢量"下拉列表框选择其他合适的矢量图标选项来定义一个矢量。

4 定义剖切位置一。此时，"截面线段"选项组中的"指定位置"按钮处于选中状态，展开此选项组的点"列表"，如图 9-46 所示。

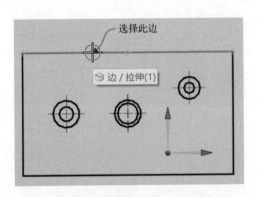

图 9-45　选择对象以自动判断矢量等

图 9-46　"剖视图"对话框的相关设置

在父视图中选择如图 9-47 所示的圆弧中心定义一处剖切线段位置。

5 定义连接点。根据设计要求在视图中指定一个或多个连接点。如图 9-48 所示，在父视图中依次指定连接点 1、连接点 2 和连接点 3。在指定相关的点时需要巧用"选择条"工具栏中的点捕捉工具。

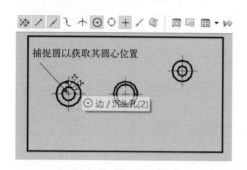

图 9-47　定义剖切位置一

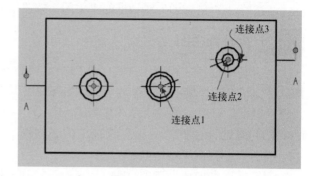

图 9-48　定义连接点

6 放置视图。在"剖视图"对话框的"视图原点"选项组中单击"指定位置"按钮，在"放置"子选项组的"方法"下拉列表框中选择"竖直"按钮，从"对齐"下拉列表框中选择"对齐至视图"选项，此时如果预览的剖切方向不是所需要的，则可以在"铰链线"选项组中单击"反转剖切方向"按钮，然后在父视图的下方指定一点放置此折叠剖视图，结果如图 9-49 所示。

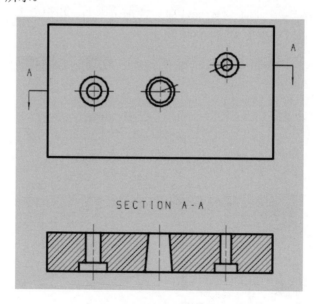

图 9-49　创建折叠剖视图

9.4.9　展开的点和角度剖视图

创建展开的点和角度剖视图是指通过指定剖切线段的位置和角度创建剖切图。采用该方法可以创建典型阶梯剖视图。下面结合操作示例介绍如何创建展开的点和角度剖视图，读者可以使用练习文件"ZKDDHJ.prt"参考以下步骤进行深入学习。

1 在上边框条中单击"菜单"按钮 **三 菜单(M) ▼**，选择"插入"|"视图"|"展开的点

和角度剖"命令，打开如图 9-50 所示的"展开剖视图-线段和角度"对话框和一个跟踪条。

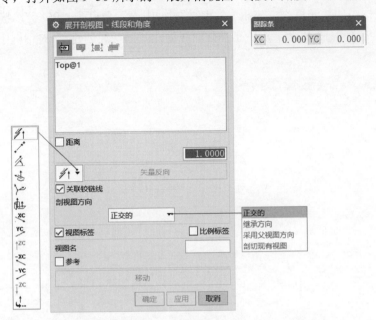

图 9-50 "展开剖视图-线段和角度"对话框和跟踪条

2 选择父视图。

3 此时"定义铰链线"按钮 处于被选中的状态，系统提示定义铰链线，如图 9-51 所示，在父视图中选择一条边定义铰链线矢量，单击"应用"按钮。

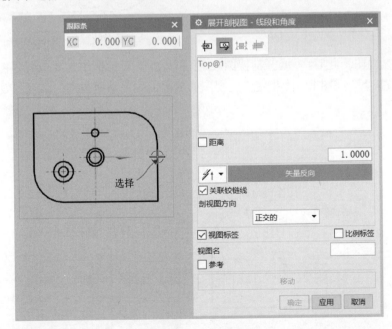

图 9-51 定义铰链线

4 定义剖切位置。此时，系统弹出如图 9-52 所示的"截面线创建（剖切线创建）"对话框。在视图中依次指定所需的几点定义剖切位置。这里在所选父视图中先指定圆心 *A*，此时激活对话框中的"角度"文本框，在该文本框中设置角度为"90°"，接着依次指定圆心点 *B* 和 *C*，如图 9-53 所示，然后在"截面线创建（剖切线创建）"对话框中单击"确定"按钮。

图 9-52 "截面线创建"对话框

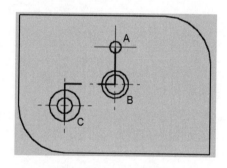

图 9-53 定义剖切位置

🎥 放置视图。此时，"展开剖视图-线段和角度"对话框中的"放置视图"按钮🔲自动被激活并被按下，在图纸页上指定该剖视图的放置位置，从而得到的剖视图效果如图 9-54 所示。

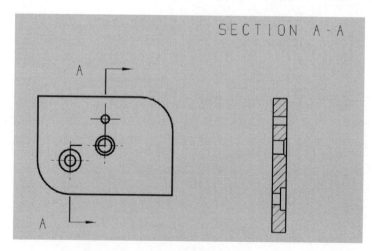

图 9-54 创建的展开的点和角度剖视图

9.4.10 定向剖视图

创建定向剖视图是指通过指定切割方位和位置来创建剖视图。下面结合典型示例（配套的教学练习源文件为 DXPST.prt）介绍创建定向剖视图的一般操作方法。

1 单击"菜单"按钮 ☰ 菜单(M) ▾，选择"插入"｜"视图"｜"定向剖"命令，打开如图 9-55 所示的"截面线创建（剖切线创建）"对话框。用户可以采用"3D 剖切"的方式，也可以采用"2D 剖切"的方式；需要定义剖切方向和剖切位置，在"对齐"下拉列表框中可供选择的选项有"无""水平"和"竖直"。

2 在这里，以选择"3D 剖切"单选项和从"对齐"下拉列表框中选择"无"选项为例，并从"选择点"下拉列表框中选择"曲线/边上的点"图标选项 ✓，选择如图 9-56 所示的斜边以定义剖切方向。此时如果默认的箭头方向沿着所选边指向右，那么需要单击"箭头方向反向"按钮以最终获得如图 9-57 所示的箭头方向。满意箭头方向等设置后单击"确定"按钮以创建剖切线。

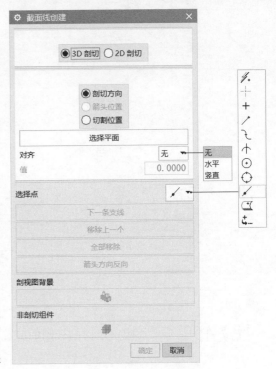

图 9-55 "截面线创建（剖切线创建）"对话框

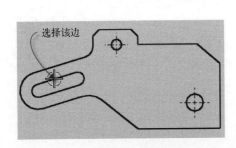

图 9-56 选择边定义剖切方向

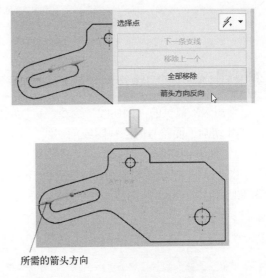

图 9-57 指定箭头方向

3 系统弹出"定向剖视图"对话框，如图 9-58 所示。用户可以在"定向剖视图"对话框中设置是否创建中心线、视图标签和比例标签等。

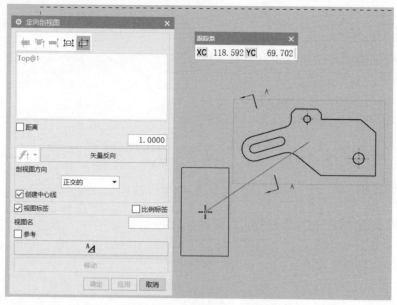

图 9-58 "定向剖视图"对话框

④ 在图纸页上指定该定向剖视图的放置位置，如图 9-59 所示。

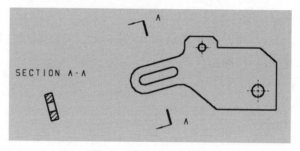

图 9-59 放置定向剖视图

9.4.11 创建剖切线及利用现有剖切线创建剖视图

使用 NX 提供的"剖切线"命令，可以创建基于草图的、独立的剖切线，以用于创建派生自 PMI 切割平面符号的剖视图或剖切线。下面通过典型范例展示它们的应用。

1. 创建剖切线

① 打开配套素材文件"PQX_PST.prt"，在功能区的"主页"选项卡的"视图"组中单击"剖切线"按钮，进入剖切线草图绘制模式，此时功能区如图 9-60 所示。

扫码观看视频

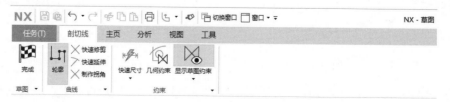

图 9-60 提供剖切线草图绘制工具的功能区

2 "轮廓"按钮 处于被选中的状态,在图形窗口中绘制阶梯形式的轮廓线来定义剖切线,可以单击"几何约束"按钮 为轮廓线添加相应的几何约束。绘制轮廓线前后对比效果如图9-61所示。

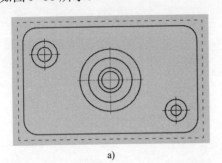
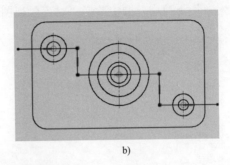

a)   b)

图9-61 绘制剖切轮廓线前后

a) 绘制轮廓线之前 b) 绘制轮廓线之后

3 单击"完成"按钮 。

4 系统弹出"截面线"对话框,如图 9-62 所示。从"类型"下拉列表框中选择"独立的"选项(用于创建基于草图的独立剖切线),从"剖切方法"选项组的"方法"下拉列表框中选择"简单剖/阶梯剖"选项,单击"反向"按钮 获得所需的剖切箭头方向。在"设置"选项组中选中"关联到草图"复选框,并可以单击"设置"按钮 对视图标签和剖切线样式进行相关设置。

5 单击"截面线"对话框中的"确定"按钮,创建好的剖切线如图9-63所示。

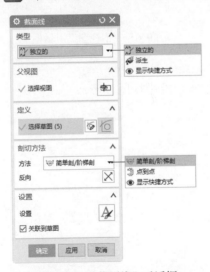

图9-62 "截面线"对话框

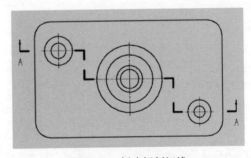

图9-63 创建好剖切线

2. 使用现有剖切线创建剖视图

1 在功能区的"主页"选项卡的"视图"组中单击"剖视图"按钮 ,弹出"剖视图"对话框。

2 在"截面线"选项组的"定义"下拉列表框中选择"选择现有的"选项,如图 9-64所示。

③ 在图纸页上选择用于剖视图的独立剖切线（先前创建的独立剖切线）。

④ 此时，"剖视图"对话框提供的设置内容如图9-65所示。在"视图原点"选项组的"方向"下拉列表框中选择"正交的"选项，从"方法"下拉列表框中选择"竖直"选项，从"对齐"下拉列表框中选择"对齐至视图"选项，其他视情况接受默认设置。

图9-64 "剖视图"对话框（1）

图9-65 "剖视图"对话框（2）

⑤ 指定放置剖视图的位置，单击"关闭"按钮，结果如图9-66所示。

读者可以继续单击"投影视图"按钮⚄，创建一个投影视图以形成三视图组合，如图9-67所示。

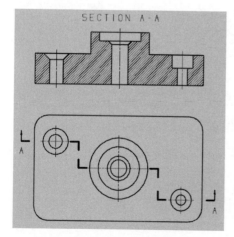

图9-66 完成创建阶梯剖视图

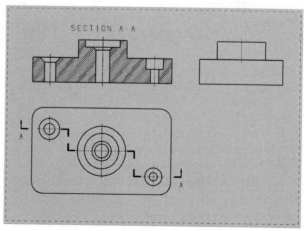

图9-67 添加一个投影视图

9.4.12 断开视图

创建断开视图是指将一个视图分解成多个边界并进行压缩，从而隐藏不感兴趣的部分，以此来减少该视图的大小。使用"断开视图"工具命令，可以创建将一个视图分为多个边界的断裂线。在 NX 中，断开视图的类型分为"常规"断开视图和"单侧"断开视图两种，典型示例如图 9-68 所示。

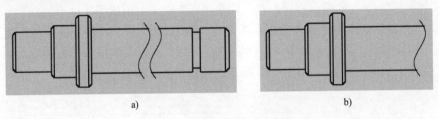

图 9-68　断开视图的应用示例

a) "常规"断开视图　b) "单侧"断开视图

在功能区的"主页"选项卡的"视图"组中单击"断开视图"按钮，打开如图 9-69 所示的"断开视图"对话框。"主模型视图"选项组用于选择主模型视图，在"类型"选项组的"类型"下拉列表框中选择"常规"或"单侧"选项。当选择"常规"选项时，需要分别指定方向、断裂线 1 和断裂线 2；当选择"单侧"选项时，则需要分别指定方向和断裂线（仅需一条断裂线）。在"设置"选项组中，可以设置"间隙""样式""幅值""颜色"和"宽度"等参数值。

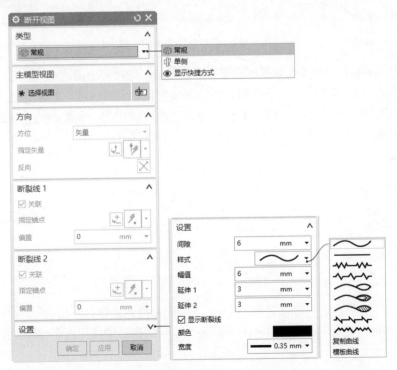

图 9-69　"断开视图"对话框

下面介绍如何在一个轴的视图中创建断开视图，所用的素材源文件为"DKST.prt"。

1 在功能区的"主页"选项卡的"视图"组中单击"断开视图"按钮，打开"断开视图"对话框。

2 在"类型"选项组的"类型"下拉列表框中选择"常规"选项。

3 此时，"主模型视图"选项组中的"选择视图"按钮默认处于被选中的状态，在当前图纸页上选择轴的主视图作为要操作的视图，NX 根据所选视图默认了方向矢量。

4 定义断裂线 1 的锚点位置。在"断裂线 1"选项组中确保选中"关联"复选框，从"指定锚点"下拉列表框中选择"自动判断的点"图标选项，并在"选择条"工具栏中设定相关的点捕捉模式，尤其要选中"点在曲线上"命令。在视图的一条轮廓边上单击一点以定义断裂线 1 的锚点位置，如图 9-70 所示，并设置其"偏置"值为 0。

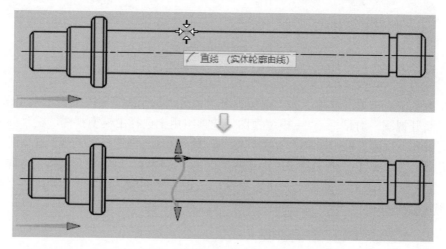

图 9-70　指定断裂线 1 的位置

5 定义断裂线 2 的锚点位置。确保"断裂线 2"选项组中的"关联"复选框处于被选中的状态，同样从"指定锚点"下拉列表框中选择"自动判断的点"图标选项，并在"选择条"工具栏中单击选中"点在曲线上"命令。在视图中的一条轮廓边上单击以指定断裂线 2 的锚点位置，并设置其"偏置"值为 0，如图 9-71 所示。

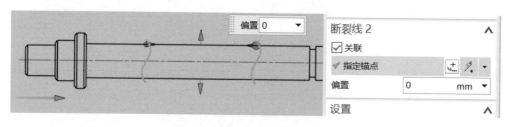

图 9-71　指定断裂线 2 的锚点位置

6 在"设置"选项组中设置如图 9-72 所示的参数和选项。

7 在"断开视图"对话框中单击"确定"按钮，得到的视图效果如图 9-73 所示。

图 9-72 为断裂线设置样式等

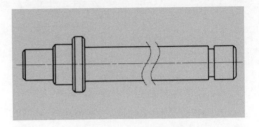

图 9-73 创建断开视图

9.4.13 局部剖视图

局部剖视图是指使用剖切面局部剖开机件而得到的剖视图，如图 9-74 所示。

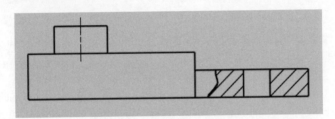

图 9-74 创建局部剖视图

扫码观看视频

在 NX 中，可以通过在任何父视图中移除一个部件区域来创建局部剖视图。需要注意的是，在 NX 中，在创建局部剖视图之前，需要先定义和视图相关的局部剖视边界。定义局部剖视边界的典型方法如下。配套练习文件为"JBPS.prt"。

1️⃣ 在图纸页上选择要进行局部剖视的视图并右击，从快捷菜单中选择"活动草图视图"命令🔘。

2️⃣ 在功能区"主页"选项卡的"草图"组中单击"艺术样条"按钮✏️，在要建立局部剖切的部位，绘制用于定义局部剖切边界的样条曲线。如绘制如图 9-75 所示的曲线。

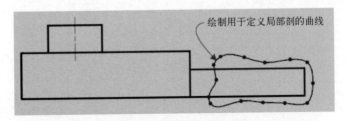

绘制用于定义局部剖的曲线

图 9-75 定义局部剖视边界

3️⃣ 在"草图"组中单击"完成"按钮🏁。

下面结合示例介绍创建局部剖视图的一般操作方法。

1️⃣ 在功能区的"主页"选项卡的"视图"组中单击"局部剖视图"按钮🔳，打开如图 9-76 所示的"局部剖"对话框。

图 9-76 "局部剖"对话框（1）

知识点拨：使用"局部剖"对话框，可以进行局部剖视图的创建、编辑和删除操作。创建局部剖视图的操作主要包括选择视图、指定基点、设置投影方向（拉伸矢量）、选择剖视边界和编辑剖视边界 5 个方面，分别与"局部剖"对话框中的 5 个工具按钮相对应。

2 在"局部剖"对话框中选择"创建"单选项，选择一个要生成局部剖的视图。如果要将局部剖视边界以内的图形切除，那么可以选中"切穿模型"复选框。通常不选中该复选框。

3 定义基点。选择要生成局部剖的视图后，"指出基点"按钮□被激活。在图纸页上的关联视图（如相应的投影视图等）中指定一点作为剖切基点。

4 指定拉伸矢量。指出基点位置后，"局部剖"对话框中显示的活动按钮和"矢量"下拉列表框如图 9-77 所示。此时在图形窗口中显示默认的投影方向，用户可以接受默认的方向，也可以使用矢量功能选项定义其他合适的方向作为投影方向。如果单击"矢量反向"按钮，则使要求的方向与当前显示的矢量方向相反。指出拉伸矢量即投影方向后，单击鼠标中键可以继续下一个操作步骤。

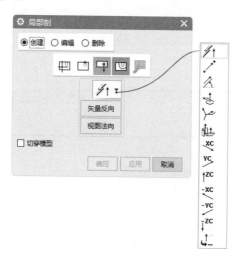

图 9-77 显示投影矢量的工具

选择剖视边界。指定基点和投影矢量方向后，"局部剖"对话框中的"选择曲线"按钮被激活并被按下，同时出现"链"按钮和"取消选择上一个"按钮，如图 9-78 所示。

- "链"按钮：单击该按钮，弹出如图 9-79 所示的"成链"对话框，依次选择链的起始曲线和链的结束曲线来定义剖切边界。
- "取消选择上一个"按钮：用于取消上一次选择曲线的操作。

图 9-78 "局部剖"对话框（2）

图 9-79 "成链"对话框

编辑剖视边界。选择所需剖视边界曲线后，"局部剖"对话框中的"修改边界曲线"按钮被激活并处于被选中的状态，同时出现"对齐作图线"复选框，如图 9-80 所示。

对剖视边界线满意之后，单击"局部剖"对话框中的"应用"按钮，完成在选择的视图中局部剖视图创建。如图 9-81 所示。

图 9-80 编辑剖视边界

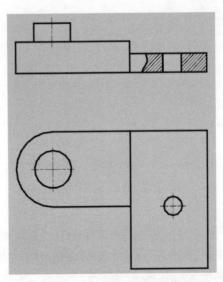

图 9-81 完成创建局部剖视图

利用"局部剖"对话框，还可以对选定的局部剖进行编辑或删除操作。

9.4.14 标准视图

可以在图纸页上创建具有标准方位的多个视图。其方法是在上边框条中单击"菜单"按钮 三 菜单(M) ▼，选择"插入"|"视图"|"标准"命令，打开"标准视图"对话框，从"类型"选项组的"类型"下拉列表框中可选择"图纸视图"选项或"基本视图"选项。当选择"图纸视图"选项时，需要分别指定"布局""放置""中心坐标""比例""视图样式"和"留边"等，如图 9-82 所示；当选择"基本视图"选项时，需要选择所需部件，定义"布局""放置""比例""视图样式"和"留边"等，如图 9-83 所示。

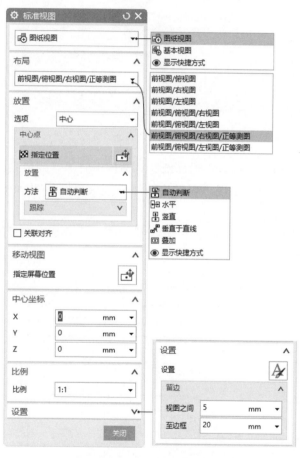

图 9-82　选择"图纸视图"类型时　　　　图 9-83　选择"基本视图"类型时

标准视图的布局选项主要有"前视图/俯视图""前视图/右视图""前视图/左视图""前视图/俯视图/右视图""前视图/俯视图/左视图""前视图/俯视图/右视图/正等测图"和"前视图/俯视图/左视图/正等测图"。

例如，在"标准视图"对话框的"类型"下拉列表框中选择"基本视图"选项，确保选中所需的部件。从"布局"选项组的"布局"下拉列表框中选择"前视图/俯视图/左视图/正等测图"，其他选项默认，在图纸页中指定一个合适的放置基点，从而一次生成多个标准视图，如图 9-84 所示。

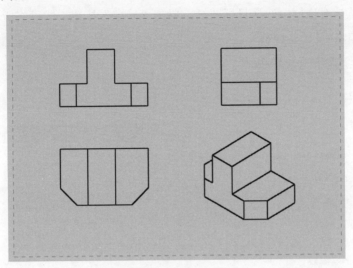

图 9-84　生成多个标准视图

9.5　编辑视图

在工程制图中，有时需要调整视图的位置、边界或显示等有关参数，这些都是视图的编辑操作。在本节中，主要介绍较为常用的视图编辑命令。

9.5.1　移动/复制视图

"移动/复制视图"命令的主要功能是将视图移动或复制到当前图纸的其他位置或另一个图纸页上。

在功能区的"主页"选项卡的"视图"组中单击"移动/复制视图"按钮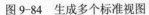，打开如图 9-85 所示的"移动/复制视图"对话框。该对话框的组成元素功能及用法说明如下。

1. 视图列表框

视图列表框中列出了当前图纸页上的视图名标识，用户可以从中选定要操作的视图，也可以在图纸页上选择要操作的视图。

2. 移动或复制按钮图标

- "至一点"按钮 🔲：选择该按钮选项，可在图纸页（工程图样）上指定了要移动或复制的视图后，通过指定一点的方式将该视图移动或复制到某指定点。
- "水平"按钮 🔲：选择该按钮选项，沿水平方向移动或复制选定的视图。
- "竖直"按钮 🔲：选择该按钮选项，沿竖直方向移动或放置选定的视图。
- "垂直于直线"按钮 🔲：选择该按钮选项，需选定参考线，然后沿垂直于该参考线的方向移动或复制所选定的视图。
- "至另一图纸"按钮 🔲：当创建有多个图纸页时，该按钮可用。在指定要移动或复制的视图后，选择该按钮选项，系统会弹出如图 9-86 所示的"视图至另一图纸"对话框。从该对话框中选择目标图纸，单击"确定"按钮，即可将所选的视图移动或复制到指定的目标图纸上。

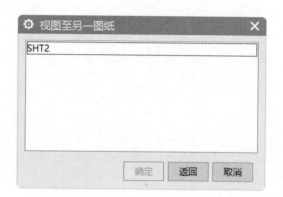

图 9-85 "移动/复制视图"对话框　　　图 9-86 "视图至另一图纸"对话框

3."复制视图"复选框

该复选框用于设置视图的操作方式是复制还是移动。如果选中该复选框，NX 软件系统将复制视图，否则将移动视图。

4."视图名"文本框

该文本框用于编辑选定视图的名称。

5."距离"复选框

此复选框用于指定移动或复制的距离。如果选中该复选框，NX 会按照在"距离"文本框中设定的距离值在规定的方向上移动或复制视图。

6."取消选择视图"按钮

单击该按钮，取消用户先前选择的视图，以便可以重新进行视图选择操作。

利用"移动/复制视图"对话框进行移动或复制视图操作的一般方法及步骤总结如下。

1 在"移动/复制视图"对话框的视图列表框中或图纸页（图形窗口）中选择要操作的视图。

2 选中"复制视图"复选框或取消选择"复制视图"复选框，以确定视图的操作方式是复制还是移动。

3 单击所需要的移动或复制按钮图标，以设置视图移动或复制的方式，然后根据提示将所选视图移动或放置到工程图中的指定位置。

9.5.2 对齐视图

在工程图设计的某些时候，可能需要使图纸页上的相关视图对齐，以使整个工程图图面整洁以及便于读图。

在功能区的"主页"选项卡的"视图"组中单击"对齐视图"按钮 ，系统弹出如

图 9-87 所示的"视图对齐"对话框。

确保选中"视图"选项组中的"选择视图"按钮选项 ，选择要操作的一个视图。在"对齐"选项组的"放置"子选项组的"方法"下拉列表框中选择一种放置方法选项（可供选择的放置方法选项有"自动判断""水平""竖直""垂直于直线"和"叠加"等），根据所选的放置方法选定相应的对齐放置参照或选择视图等来完成对齐视图的操作。

例如，当选择放置方法选项为"自动判断"时，此时"对齐"选项组的"指定位置"按钮 处于被选中激活的状态，系统提示指定放置视图的位置，在图纸页上选定一点便可使先前所选视图放置在该位置。又例如，当选择放置方法选项为"竖直"时，可从"对齐"下拉列表框中选择"对齐至视图""模型点"或"点到点"，如图 9-88 所示。这里以选择"对齐至视图"为例，接着在图纸页中选择竖直对齐的参考视图，则原先所选的视图与该参考视图竖直对齐。注意可以设置"关联对齐"。

图 9-87 "视图对齐"对话框

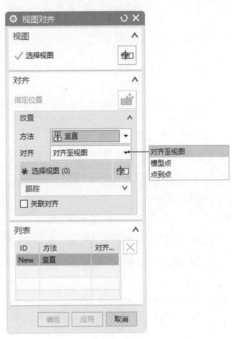

图 9-88 选择"竖直"方法和"对齐至视图"选项

9.5.3 视图边界

可以编辑图纸页上某一视图的视图边界。

在功能区的"主页"选项卡的"视图"组中单击"视图边界"按钮 ，系统弹出如图 9-89 所示的"视图边界"对话框。该对话框中主要组成部分的功能含义介绍如下。

1. 视图列表框

可以在该列表框中选择要定义边界的视图。在进行定义视图边界操作之前，除了可以在视图列表框中选择视图之外，还可以直接在图纸页上选择视图。如果选择了不需要的视图，可以单击"重置"按钮重新进行视图选择操作。

图 9-89 "视图边界"对话框

2. 视图边界方式下拉列表框

此下拉列表框用于设置视图边界的类型方式，一共有以下 4 种类型方式。

- "自动生成矩形"：选择该选项时，单击"应用"按钮即可自动定义矩形作为所选视图的边界。
- "手工生成矩形"：选择该选项时，通过在视图的适当位置处按下鼠标左键并拖动鼠标来生成矩形边界，释放鼠标左键后，形成的矩形边界便作为该视图的边界。图 9-90 所示为使用鼠标分别指定点 1 和点 2 来定义视图的矩形边界。

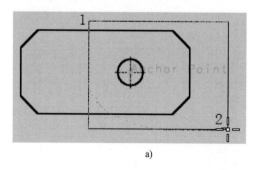
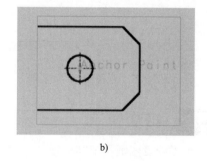

a)   b)

图 9-90 手工生成矩形

a) 在点 1 按住鼠标左键并拖动鼠标到点 2 处释放   b) 完成视图的矩形边界

- "由对象定义边界"：该方式的边界是通过选择要包围的对象来定义视图的范围。选择此选项时，系统出现"选择/取消选择要定义边界的对象"的提示信息。此时，用户可以使用对话框中的"包含的点"按钮或"包含的对象"按钮，在视图中选择要包含的点或对象。

● "断裂线/局部放大图"：该方式使用断裂线（也称截断线）或局部视图边界线来设置视图边界。选择要定义边界的视图后，接着选择此选项时，系统提示："选择曲线定义断裂线/局部放大图边界"，在提示下选择已有曲线来定义视图边界。用户可以使用"链"按钮进行成链操作。

知识点拨： 要使用"断裂线/局部放大图"方式定义视图边界，应该在执行"视图边界"命令之前，先创建与视图关联的断裂线。创建与视图关联的断裂线的典型方法是在工程图中选择要定义边界的视图并右击，从弹出的快捷菜单中选择"展开（扩展）"命令，进入视图成员扩展工作状态。利用相关的曲线工具命令（如"艺术样条"工具命令）在希望产生视图边界的位置创建合适的视图断裂线，接着再次从右键快捷菜单中选择"展开（扩展）"命令，返回到工程制图状态中。也可以使用"活动草图视图"命令并使用相应的草图工具来绘制所需的边界曲线。然后便可以执行"视图边界"命令并使用"断裂线/局部放大图"方式来定义视图边界了。使用"断裂线/局部放大图"方式定义视图边界的典型示例如图 9-91 所示。

扩展定义的边界曲线

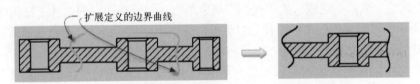

图 9-91 使用"断裂线/局部放大图"方式定义视图边界

3."锚点"按钮

使用此按钮，在视图中设置锚点。锚点是指将视图边界固定在视图中指定对象的相关联的点上，可使视图边界跟着指定点的位置变化而适当变化。读者需要了解到的是，如果没有指定锚点，那么当模型发生更改时，视图边界中的对象部分可能发生位置变化，这样视图边界中所显示的内容便有可能不是所希望的内容。

4."链"按钮和"取消选择上一个"按钮

当选择"断裂线/局部放大图"方式选项时，激活这两个按钮。单击"链"按钮，弹出"成链"对话框，在提示下选择链的起始曲线和结束曲线，完成成链操作。

"取消选择上一个"按钮用于取消前一次所选择的曲线。

5."边界点"按钮

此按钮可通过指定边界点更改视图边界。

6."包含的点"按钮和"包含的对象"按钮

当选择"由对象定义边界"方式选项时，激活这两个按钮。"包含的点"按钮用于选择视图边界要包含的点；"包含的对象"按钮用于选择视图边界要包含的对象。

7."重置"按钮

此按钮用于重置视图边界，需要重新选择要定义边界的视图。

8."父项上的标签"下拉列表框

当在图纸页上选择局部放大图时激活该下拉列表框，如图 9-92 所示。该下拉列表框用于设置局部放大视图的父视图以何种方式显示边界（含标签）。

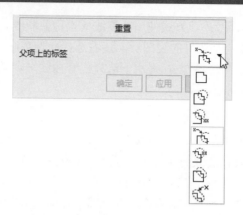

图 9-92 "父项上的标签"下拉列表框

9.5.4 隐藏视图中的组件与显示视图中的组件

对于一些装配工程图，有时需要隐藏视图中的某些组件。此时可以在"制图"应用模块下，从功能区的"主页"选项卡的"视图"组中单击"隐藏视图中的组件"按钮，弹出如图 9-93a 所示的"隐藏视图中的组件"对话框，选择要隐藏的组件，再选择所需视图，然后单击"应用"按钮或"确定"按钮，即可将指定视图中的选定组件隐藏。

如果要将指定视图中选定隐藏组件重新显示出来，可以在功能区的"主页"选项卡的"视图"组中单击"显示视图中的组件"按钮，弹出"显示视图中的组件"对话框，选择要在其中显示隐藏组件的视图，接着利用"要显示的组件"选项组来选定要显示的隐藏组件，如图 9-93b 所示，然后单击"应用"按钮或"确定"按钮。

a)

b)

图 9-93 相应的对话框

a)"隐藏视图中的组件"对话框 b)"显示视图中的组件"对话框

9.5.5 更新视图

在"制图"应用模块下，在功能区的"主页"选项卡的"视图"组中单击"更新视图"按钮🖳，打开如图 9-94 所示的"更新视图"对话框。选择要更新的视图，单击"应用"按钮，即可更新选定视图中的隐藏线、轮廓线、视图边界等，以反映对模型的更改。

使用"更新视图"对话框，用户可以选择所有过时视图进行更新操作，也可以对选择所有过时视图设置自动更新。

9.5.6 视图相关编辑

由于视图的相关性，当用户修改某个视图的显示后，其他相关的视图也会随之发生相应的变化。系统允许用户编辑视图间的相关性，从而可以编辑视图中对象的显示，同时又不影响其他视图中同一对象的显示。这便需要用户掌握"视图相关编辑"工具命令。

在功能区的"主页"选项卡的"视图"组中单击"视图相关编辑"按钮🖳，打开如图 9-95 所示的"视图相关编辑"对话框。NX 系统提示选择要编辑的视图。选择要编辑的视图后，便激活了对话框中的相关功能按钮，如"添加编辑""删除编辑"和"转换相关性"下的相关按钮。"添加编辑""删除编辑"和"转换相关性"这 3 部分的编辑功能见表 9-1。

图 9-94 "更新视图"对话框

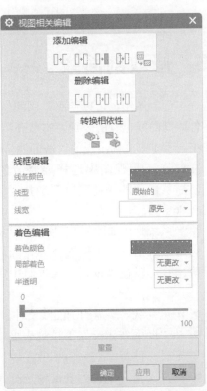

图 9-95 "视图相关编辑"对话框

表 9-1　视图相关编辑的编辑功能

功能分类	按钮图标	名称	功能或使用说明	备注
添加编辑		擦除对象	单击该按钮，用户可以从选取的视图中擦除几何对象（如曲线、边和样条等），确定后这些对象不显示在视图中	擦除对象并不等于删除对象，擦除操作仅仅是将所选取的对象隐藏起来，不显示在视图中；如果该对象已经标注了尺寸，则不能被擦除
		编辑完全对象	用于编辑视图或工程图中所选整个对象的显示方式，编辑内容包括线条颜色、线型和线宽	单击该按钮后，"线框编辑"选项组中的选项将被激活
		编辑着色对象	用于设置要着色的对象	单击该按钮，选择要着色的对象，并在"着色编辑"选项组中设置着色颜色、局部着色和透明度等
		编辑对象段	允许用户编辑对象段的线条颜色、线型和线宽	单击该按钮，设置线框编辑选项，然后单击"应用"按钮
		编辑剖视图背景	允许用户保留或删除剖视图背景	
删除编辑		删除选定的擦除	使选择的擦除对象再次显示在视图中	单击该按钮，需要选择擦除对象来删除
		删除选定的编辑	用于删除所选视图先前进行的某些编辑操作，使先前编辑的对象恢复到原来的显示状态	
		删除所有编辑	用于删除用户所做的所有修改	所有对象全部回到原来的显示状态
转换相关性		模型转换到视图	将模型关联的模型对象转换到一个单一视图中，成为视图关联对象	单击该按钮，弹出"类选择"对话框，提示选择模型对象以将其转换成视图相关项
		视图转换到模型	将视图关联的视图对象转换到模型中，成为模型关联对象	单击该按钮，弹出"类选择"对话框，提示选择视图相关对象以将其转换成模型对象

9.6　修改剖面线

在工程制图中，可以使用不同的剖面线来表示不同的材质。在一个装配体的剖视图中，各零件的剖面线也有所区别。本节介绍修改剖面线的快捷操作方法。注意：这里所述的剖面线并不同于本书之前出现的"截面线"，之前涉及的"截面线"是指剖切线。

1 在工程视图中选择要修改的剖面线并右击，然后从出现的快捷菜单中选择"编辑"命令，如图 9-96 所示。

2 系统弹出如图 9-97 所示的"剖面线"对话框。利用该对话框，可以选择要排除的注释，设置边距值，并可以在"设置"选项组中进行以下设置操作。

- 浏览并载入所需的剖面线文件。
- 从"断面线定义"下拉列表框中选择断面线定义文件。
- 在"图样"下拉列表框中选择其中一种剖面线类型。
- 在"距离"文本框中输入剖面线的相邻间距值。

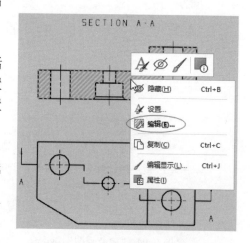

图 9-96　右击要修改的剖面线

- 在"角度"文本框中输入剖面线的角度值。
- 单击"颜色"按钮,打开如图 9-98 所示的"颜色"对话框,从中指定一种颜色作为剖面线的颜色。

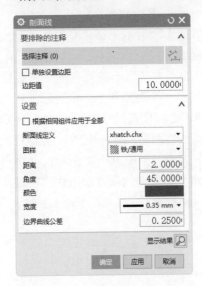

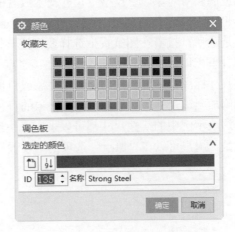

图 9-97 "剖面线"对话框　　　　　　　　图 9-98 "颜色"对话框

- 在"宽度"下拉列表框中设定当前剖面线的线宽。
- 在"边界曲线公差"文本框中输入边界曲线的公差或接受其默认值。
- 在"剖面线"对话框中单击"应用"按钮或"确定"按钮。

9.7 图样标注

创建视图后,还需要对视图进行标注。标注是表示图样尺寸和公差等信息的重要方法,是工程视图的一个有机组成部分。广义的图样标注包括尺寸标注、插入中心线、文本注释、几何公差标注、基准特征符号注写、标注表面结构要求和表格注释等。

9.7.1 尺寸标注

尺寸是工程制图的一个重要元素,它用于标识对象的形状大小和方位。在 NX "制图"应用模块下对视图进行尺寸标注,其实就是引用对象关联的三维模型的真实尺寸。如果修改了三维模型的驱动尺寸,那么其相关视图中的对应尺寸也会相应地自动更新,以保证三维模型与工程视图的一致性。

用于尺寸标注的工具按钮位于功能区的"主页"选项卡的"尺寸"组中,包括"快速"按钮、"线性"按钮、"径向"按钮、"角度"按钮、"倒斜角尺寸"按钮、"厚度尺寸"按钮、"弧长"按钮、"周长"按钮和"坐标"按钮,其对应的菜单命令位于"菜单"|"插入"|"尺寸"级联菜单中。下面介绍这些用于尺寸标注的工具命令。

1. "快速"按钮

使用此按钮,可以以"自动判断""水平""竖直""点到点""垂直""圆柱式""角度""径向"和"直径"等测量方法创建所需的各类尺寸，通常将测量方法设置为"自动判断"，这样便可以根据选定对象和光标的位置自动判断尺寸类型来创建一个尺寸。

在功能区的"主页"选项卡的"尺寸"组中单击"快速"按钮 ⚡，弹出如图 9-99 所示的"快速尺寸"对话框。可从"测量"选项组的"方法"下拉列表框中选择"自动判断""水平""竖直""点到点""垂直""圆柱式""斜角（角度)""径向"或"直径"选项，并选择相应的参考对象，以及指定尺寸文本放置的原点位置等。

例如，从"快速尺寸"对话框的"测量"选项组的"方法"下拉列表框中选择"圆柱式"选项后，接着在图纸页上选择要标注该快速尺寸的第一个对象和第二个对象，然后移动光标并单击以指定尺寸文本放置位置（原点位置)，创建的圆柱式尺寸如图 9-100 所示。圆柱式尺寸标注实际上测量的是两个对象或点位置之间的线性距离尺寸，但 NX 会将直径符号自动附加至该尺寸，用于表示截面对象的直径（距离）大小。如图 9-101 所示的几个典型示例，这些示例中的线性尺寸都可以采用"快速尺寸"命令的相关测量方法来快速创建。要注意的是，用户可以在"原点"选项组中设置尺寸原点自动放置。

图 9-99 "快速尺寸"对话框

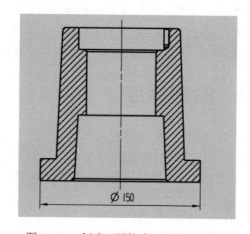

图 9-100 创建"圆柱式"测量方式的尺寸

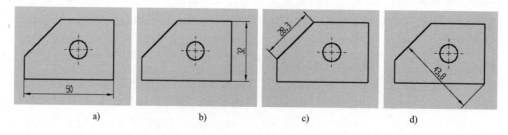

图 9-101 使用"快速尺寸"命令创建的几个线性尺寸示例

a)"水平"测量方法 b)"竖直"测量方法 c)"点到点"测量方法 d)"垂直"测量方法

2. "线性"按钮

可以在两个对象或点对象之间创建线性尺寸，其可用的测量方法包括"自动判断""水平""竖直""点到点""垂直""圆柱式"和"孔标注"。创建线性尺寸的操作方法和创建快速尺寸的操作方法类似。在"尺寸"组中单击"线性"按钮，弹出如图 9-102 所示的"线性尺寸"对话框。从"测量"选项组的"方法"下拉列表框中选择一种线性测量方法，在"驱动"选项组中指定驱动方法，选择要测量线性尺寸的参考对象并指定尺寸文本放置位置，也可以设置自动放置尺寸。对于"水平""竖直""点到点"和"垂直"类型的线性尺寸，还可以根据需要设置是否生成链尺寸或基线尺寸，这需要在"尺寸集"选项组中进行设置。在一般场合通常将"尺寸集"选项组中的"方法"选项设置为"无"，即不生成链尺寸和基线尺寸。使用"快速"按钮创建的一些尺寸也可以使用"线性"按钮来创建，两者的操作方法是一样的，在此不作重复介绍。

如图 9-103 所示的孔标注尺寸是通过"线性"工具命令完成创建的。其方法是：单击"线性"按钮打开"线性尺寸"对话框，从"测量"选项组的"方法"下拉列表框中选择"孔标注"选项，接着选择要标注的孔对象，并指定尺寸放置位置即可。

图 9-102 "线性尺寸"对话框

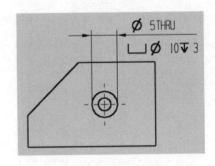

图 9-103 使用"线性尺寸"完成的孔标注

在这里介绍一下线性链尺寸和线性基线尺寸的创建知识。线性链尺寸是指以端到端方式放置的多个线性尺寸，这些尺寸从前一个尺寸的延伸线连续延伸以形成一组成链尺寸；线性基线尺寸是指根据公共基线测量的一系列线性尺寸。以创建如图 9-104 所示的一组水平线性链尺寸为例，单击"线性"按钮打开"线性尺寸"对话框，在"测量"选项组的"方法"下拉列表框中选择"水平"选项，在"尺寸集"选项组的"方法"下拉列表框中选择"链"选项，接着分别选择第一个对象（如端点 *A*）和第二个对象（端点 *B*），并手动放置尺寸。放置第一个线性尺寸后"线性尺寸"对话框不再提供"测量"选项组，接着依次选择其他"第二个对象"（如位置点 *C*、*D*、*E* 和 *F*），从而完成创建一组成链的线性尺寸，然后单击"关

闭"按钮。

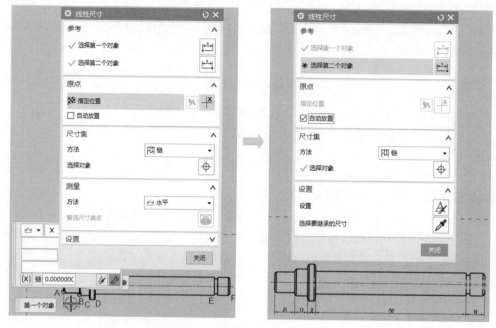

图 9-104　创建线性链尺寸的典型示例

3. "径向"按钮

该按钮用于创建圆形对象（圆弧或圆）的半径或直径尺寸，如图 9-105 所示。在"尺寸"组中单击"径向尺寸"按钮，弹出如图 9-106 所示的"径向尺寸（半径尺寸）"对话框，可从"测量"选项组的"方法"下拉列表框中选择"自动判断""径向""直径"或"孔标注"，接着根据不同的测量方法进行相应的操作。对于采用"径向"测量方法而言，还可以为大圆弧创建带折线的半径，此时除了选择要标注径向尺寸的参考对象之外，还需要选择偏置中心点和折叠位置。使用"径向尺寸"工具命令同样可以创建孔标注。

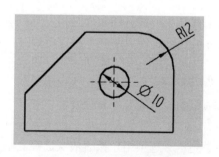

图 9-105　创建半径尺寸和直径尺寸　　　　　　图 9-106　"径向尺寸"对话框

4."角度"按钮

该按钮用于在两条不平行的直线之间创建角度尺寸。在"尺寸"组中单击"角度尺寸"按钮，弹出"角度尺寸"对话框。在"参考"选项组中指定"选择模式"，通常默认"选择模式"为"对象"，然后分别选择形成夹角的第一个对象和第二个对象来创建其角度尺寸，示例如图9-107所示。可以通过单击"设置"按钮设置文本放置方位形式为"水平文本"。

5."倒斜角尺寸"按钮

该按钮用于在倒斜角曲线上创建倒斜角尺寸。在"尺寸"组中单击"倒斜角尺寸"按钮，弹出"倒斜角尺寸"对话框。可在"设置"选项组中单击"设置"按钮，利用弹出的"倒斜角尺寸设置"对话框设置所需的倒斜角格式和指引线格式等，然后返回"倒斜角尺寸"对话框，选择倒斜角对象和参考对象等来创建倒斜角尺寸，示例如图9-108所示。

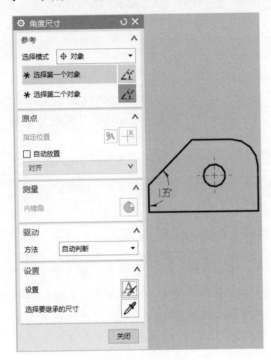

图9-107　创建角度尺寸

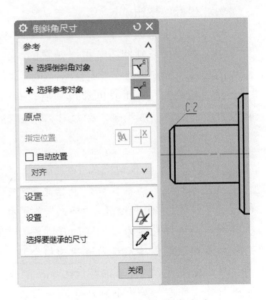

图9-108　创建倒斜角尺寸

6."厚度尺寸"按钮

该按钮用于创建一个厚度尺寸，以测量两条曲线之间的距离。在"尺寸"组中单击"厚度尺寸"按钮，弹出如图9-109所示的"厚度尺寸"对话框。选择要标注厚度尺寸的第一个对象和第二个对象，然后自动放置或手动放置厚度尺寸。

7."弧长"按钮

该按钮用于创建一个弧长尺寸来测量圆弧周长。在"尺寸"组中单击"弧长尺寸"按钮，弹出如图9-110所示的"弧长尺寸"对话框。选择要标注弧长尺寸的对象，然后自动放置或手动放置弧长尺寸即可。

图 9-109 "厚度尺寸"对话框

图 9-110 "弧长尺寸"对话框

8. "周长"按钮

该按钮用于创建周长尺寸以控制选定直线和圆弧的集体长度。

9. "坐标"按钮

该按钮用于创建一个坐标尺寸，测量从公共点沿一条坐标基线到某一位置的距离。坐标尺寸由文本和一条延伸线（可以是直的，也可以有一段折线）组成，它描述了从被称为坐标原点的公共点到对象上某个位置沿坐标基线的距离。

使用相关的尺寸工具创建尺寸后，有时还需要根据设计要求为尺寸文本添加前缀或为尺寸设置公差等。要编辑某一个尺寸，可以对该尺寸使用右键快捷命令。

知识点拨：在创建尺寸的过程中，可以通过单击相应尺寸对话框中的"设置"按钮更改尺寸标注的当前样式，包括文字对正方式、公差类型、尺寸线格式、文本样式（内容包括"单位""方向和位置""格式""附加文本""尺寸文本"和"公差文本"等方面）和层叠样式等，这样也能为要创建的尺寸添加前缀、公差文本等。但为了确保大多数尺寸的样式一致，不建议在创建尺寸的过程为极个别的尺寸更改样式（除非默认的尺寸样式不是所要求的，从而需要更改），而推荐使用统一样式创建相应的尺寸，待完成创建尺寸后再对个别尺寸进行编辑处理，如为个别尺寸添加前缀、设置公差信息等。

下面介绍一个尺寸标注范例，内容涉及创建尺寸和编辑选定尺寸，如为选定尺寸添加前缀和公差内容。在学习该范例的过程中，读者一定要深刻体会屏显编辑栏的可编辑内容。

1 打开本书配套的范例源文件"BJCC.prt"，该文件已有的两个视图如图 9-111 所示。

2 在功能区的"主页"选项卡的"尺寸"组中单击"快速"按钮，弹出"快速尺寸"对话框。

3 从"测量"选项组的"方法"下拉列表框中选择"自动判断"选项，从"驱动"选项组的"方法"下拉列表框中也选择"自动判断"选项，在"原点"选项组中取消选中"自动放置"复选框。

4 分别选择要标注尺寸的两个对象或一个圆对象并指定相应的放置原点位置来生成若干快速尺寸，如图 9-112 所示。

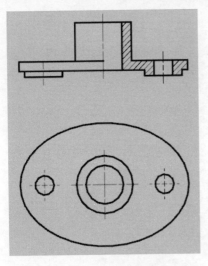

图 9-111　已有的两个视图

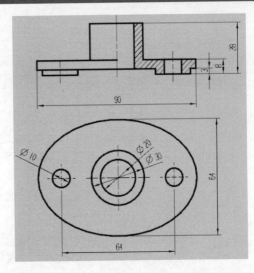

图 9-112　以"自动判断"测量方式创建一系列尺寸

　　⑤　在"快速尺寸"对话框的"测量"选项组的"方法"下拉列表框中选择"圆柱式"
选项，接着分别选择如图 9-113 所示的两个对象，指定放置尺寸的原点位置，生成一个表示
圆柱形结构的直径尺寸。

　　⑥　在"快速尺寸"对话框中单击"关闭"按钮。

　　⑦　选择"Ø20"尺寸，单击鼠标右键，从弹出的快捷菜单中选择"编辑附加文本"命
令，如图 9-114 所示。系统弹出"附加文本"对话框。在"控制"选项组的"文本位置"下
拉列表框中选择"之前"选项，在"文本输入"选项组的文本框中输入"2"，展开"符号"
子选项组，在"制图"类别列表中单击"插入数量"按钮**Ⅹ**，此时文本框显示为
"2<#A>"，如图 9-115 所示。然后单击"附加文本"对话框的"关闭"按钮。

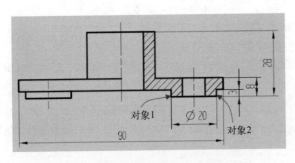

图 9-113　标注一个"圆柱式"选项直径尺寸

图 9-114　对选定尺寸执行右键命令操作

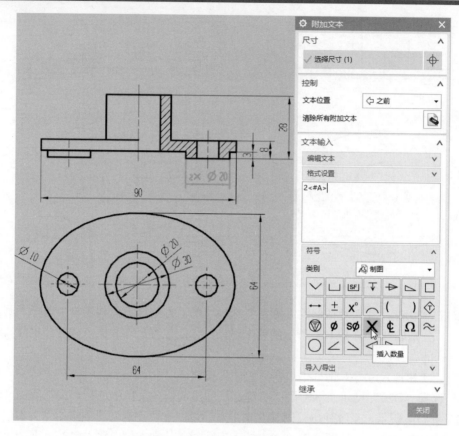

图 9-115　编辑显示直径尺寸的一个方式

8 选择"Ø10"尺寸,单击鼠标右键,从弹出的快捷菜单中选择"编辑"命令,弹出"径向尺寸"对话框和屏显编辑栏。在屏显编辑栏中执行以下操作。

● 在屏显编辑栏中单击"箭头向外直径"按钮⬡⁸,调整箭头显示形式。

● 在"公差类型"下拉列表框中选择"等双向公差"±X,并在相应的"公差"文本框中输入公差值"0.08",如图 9-116 所示。

● 在屏显编辑栏中单击"编辑附加文本"按钮⒜,弹出"附加文本"对话框,从"控件"选项组的"文本位置"下拉列表框中选择"之前"选项,在"文本输入"选项组的文本框中先输入"2",接着在"符号"子选项组的"类别"下拉列表框中默认选择"制图"。在"制图"列表中单击"插入数量"按钮Ⅹ,此时发现文本框的"2"字后面多了"<#A>"字符(代表着数量符号),如图 9-117 所示,单击"关闭"按钮。也允许用户直接在屏显编辑栏的前缀文本框中输入前缀文本字符。

9 编辑好该直径尺寸后,在"径向尺寸"对话框中单击"关闭"按钮,编辑效果如图 9-118 所示。

10 在下方的视图中选择尺寸"64"并右击,从弹出的快捷菜单中选择"编辑"命令,弹出"线性尺寸"对话框和屏显编辑框。为该尺寸添加一个尺寸公差,编辑结果如图 9-119 所示。

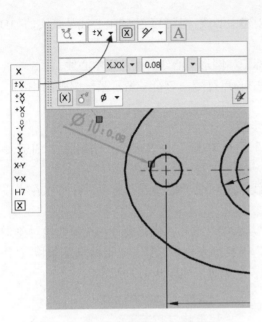

图 9-116　更改公差选项并设置公差值

图 9-117　编辑附加文本

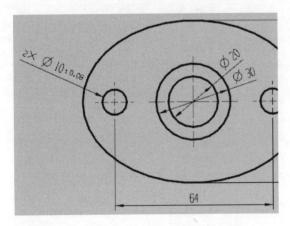

图 9-118　为选定直径尺寸添加公差和前缀

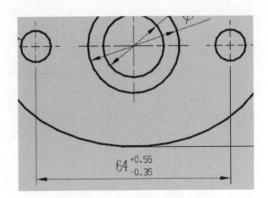

图 9-119　为尺寸添加尺寸公差

9.7.2　插入中心线

在一些工程图设计中，可能需要为某些图形对象添加中心线。在功能区的"主页"选项卡的"注释"组中提供了以下用于插入中心线的工具命令。

● "中心标记"按钮⊕：创建中心标记。

● "螺栓圆中心线"按钮◌：创建完整或不完整螺栓圆中心线，螺栓圆会附带中心标记。

- "圆形中心线"按钮○：创建完整或不完整的圆形中心线。
- "对称中心线"按钮╫-╫：创建对称中心线。
- "2D 中心线"按钮▣：创建 2D 中心线。
- "3D 中心线"按钮：基于面或曲线创建中心线，其中产生的中心线是真实的 3D 中心线。
- "自动中心线"按钮：自动创建中心标记、圆形中心线和圆柱形中心线。
- "偏置中心点符号"按钮：创建偏置中心点符号，该符号表示某一圆弧的中心，该中心处于偏离其真正中心的某一位置。

下面以创建 2D 中心线为例介绍操作方法和步骤。

1 在功能区的"主页"选项卡的"注释"组中单击"2D 中心线"按钮▣，打开如图 9-120 所示的"2D 中心线"。

2 在"类型"下拉列表框中选择"从曲线"选项或"根据点"选项，并可以在"设置"选项组中设置相关的尺寸参数和样式。

3 如果从"类型"下拉列表框中选择了"从曲线"选项，则需要分别选择曲线对象来定义中心线的第 1 侧和第 2 侧；如果从"类型"下拉列表框中选择了"根据点"，则需要分别选择点 1 和点 2 来定义中心线，并可以设置偏置选项等，如图 9-121 所示。

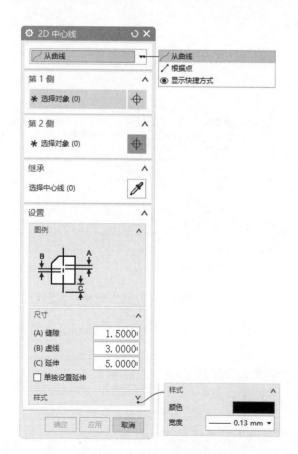

图 9-120 "2D 中心线"对话框

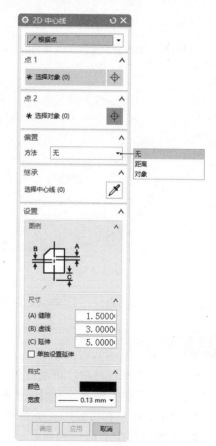

图 9-121 选择"根据点"选项时

4 单击"应用"按钮或"确定"按钮，完成创建一条 2D 中心线。

创建 2D 中心线的示例如图 9-122 所示。

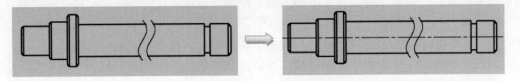

图 9-122 创建 2D 中心线的示例

9.7.3 文本注释

在功能区的"主页"选项卡的"注释"组中单击"注释"按钮 A，打开如图 9-123 所示的"注释"对话框。

用户可以先在"注释"对话框的"设置"选项组中单击"设置"按钮，打开如图 9-124 所示的"注释设置"对话框来设置文字样式等；在"注释"对话框的"设置"选项组中还可以指定是否竖直文本，以及设置文本斜体角度和粗体宽度等。

图 9-123 "注释"对话框

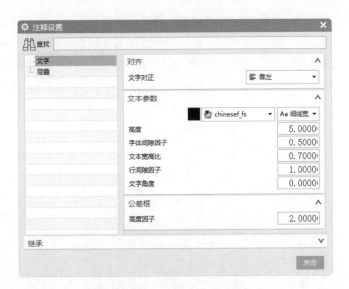

图 9-124 "注释设置"对话框

在"注释"对话框的"文本输入"选项组的文本框中输入新注释文本，如果需要编辑文本，可以展开"编辑文本"子选项组进行相关的编辑操作。确认要输入的注释文本后，在图纸页上指定原点位置即可将注释文本插入到该位置。指定原点时，用户可以单击"原点工具"按钮，打开如图9-125所示的"原点工具"对话框，使用该对话框来定义原点。此外，用户可以为原点设置对齐选项等。

如果要创建的注释文本带有指引线，则需要在"注释"对话框中展开"指引线"选项组，单击"选择终止对象"按钮，设置指引线类型（指引线类型可以为"普通""全圆符号""标志""基准"或"以圆点终止"），指定是否创建折弯等，如图9-126所示，然后根据系统提示指定点或指定其他参照来完成带指引线的注释文本。

图9-125 "原点工具"对话框

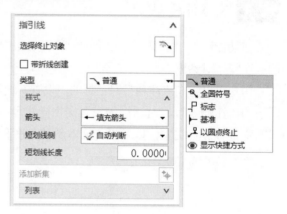

图9-126 定义指引线

9.7.4 标注几何公差和基准特征符号

在"制图"应用模块下，单击功能区"主页"选项卡的"注释"组中的"特征控制框"按钮，可以创建单行、多行或复合的特征控制框，即可以创建几何公差标注。使用"注释"组中的"基准特征符号"按钮，可以创建基准特征符号。很多几何公差（如形状和位置公差）的注写需要与基准特征符号注写联系在一起。

扫码观看视频

下面以一个范例介绍如何创建基准特征符号和如何注写几何公差。

1. 创建基准特征符号

① 在"快速访问"工具栏中单击"打开"按钮，从本书配套的"CH9"文件夹里浏览到"JZ_XWGC.prt"来打开，已有的视图如图9-127所示。此时，用户可以在上边框条中单击"菜单"按钮 ≡ 菜单(M) ▾，选择"工具"|"制图标准"命令，打开"加载制图标准"对话框，从"要加载的标准"选项组的"标准"下拉列表框中选择"ISO"标准（这里以选择"ISO"为例），用户也可以设置采用最新的"GB（出厂设置）"标准（如果有加载的话），单击"确定"按钮。

② 在功能区的"主页"选项卡的"注释"组中单击"基准特征符号"按钮，打开"基准特征符号"对话框，如图9-128所示。

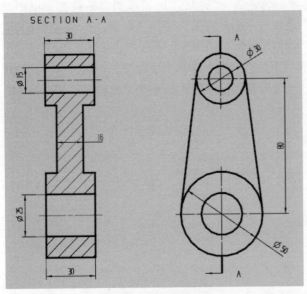

图 9-127　已有的视图

图 9-128　"基准特征符号"对话框

③ 在"指引线"选项组的"类型"下拉列表框中确保选择"基准"选项,在"样式"子选项组的"箭头"下拉列表框中选择"填充基准"选项,从"短画线侧"下拉列表框中选择"自动判断"选项,设定短画线长度值为"0",在"基准标识符"选项组的"字母"文本框中输入字母"A"。在"指引线"选项组中单击"选择终止对象"按钮 ,在如图 9-129a 所示的大致位置处选择所需的表示孔直径的一个尺寸,使用鼠标指针移动基准特征符号以获得合适长度的指引线(图 9-129b),在欲放置符号的地方单击,从而最终得到如图 9-129c 所示的基准特征符号注写结果。

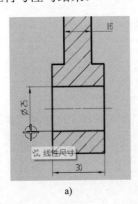

a)

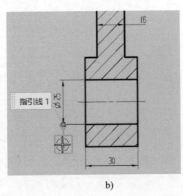

b)

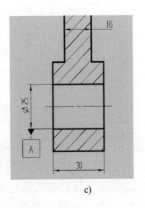

c)

图 9-129　注写带指引线的基准特征符号

a) 选择终止对象　b) 使用鼠标指针　c) 注写结果

4 在"基准特征符号"对话框中单击"关闭"按钮。

2. 注写几何公差

1 在功能区"主页"选项卡的"注释"组中单击"特征控制框"按钮，打开如图9-130所示的"特征控制框"对话框。

2 在"指引线"选项组的"类型"下拉列表框中选择"普通"选项，展开"样式"子选项组，从"箭头"下拉列表框中选择"填充箭头"，从"短画线侧"下拉列表框中选择"自动判断"（可供选择的"短画线侧"选项有"自动判断""左""右"），在"短画线长度"文本框中指定短画线长度为"5"，在"竖直附着"下拉列表框中选择"中间"选项。

3 展开"框"选项组，从"特性"下拉列表框中选择"平行度"选项，从"框样式"下拉列表框中选择"单框"选项，并在"公差"子选项组中设置公差值和第一基准参考等，如图9-131所示。

图9-130 "特征控制框"对话框

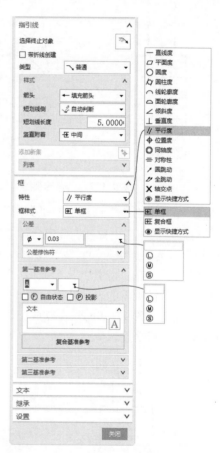

图9-131 在"框"选项组中设置相关选项及参数

4 在"指引线"选项组中单击"选择终止对象"按钮，此时NX提示选择对象以创建指引线。在要创建指引线的对象（本例为一个孔的直径尺寸）上单击一点，移动鼠标在合适位置处单击，从而放置该特征控制框。如图9-132所示。

5 在"特征控制框"对话框中单击"关闭"按钮，完成注写几何公差的视图图纸，如图9-133所示。

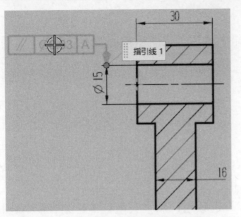

图 9-132　指定指引线及放置特征控制框

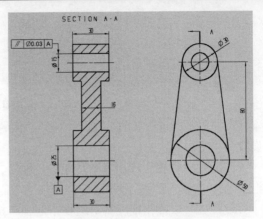

图 9-133　完成注写几何公差

9.7.5　标注表面粗糙度

可以创建一个表面粗糙度符号来指定表面参数，如表面粗糙度、处理或涂层、模式、加工余量和波纹。

在功能区的"主页"选项卡的"注释"组中单击"表面粗糙度符号"按钮√，打开如图 9-134 所示的"表面粗糙度"对话框。可以根据设计要求，在"属性"选项组的"除料"下拉列表框中选择所需的一种子符号选项，如选择"修饰符，需要除料"选项，此时需要分别设置多个参数，如图 9-135 所示。

图 9-134　"表面粗糙度"对话框

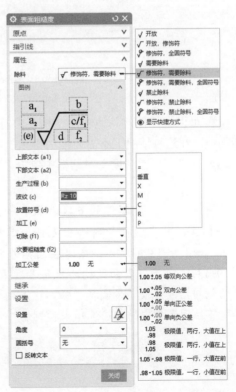

图 9-135　"修饰符，需要除料"选项设置示例

注写表面结构要求符号的典型示例如下。

1️⃣ 在功能区的"主页"选项卡的"注释"组中单击"表面粗糙度符号"按钮√，打开"表面粗糙度"对话框。

2️⃣ 在"表面粗糙度"对话框的"属性"选项组中，从"除料"下拉列表框中选择"修饰符，需要除料"，在"切除（f1）"文本框中输入"Ra 6.3"，而"上部文本（a1）""下部文本（a2）""生产过程（b）""波纹（c）""放置符号（d）""加工（e）""次要粗糙度（f2）"均设置为"空白"状态。

3️⃣ 在"设置"选项组中，在"角度"文本框中输入角度"0"，从"圆括号"下拉列表框中选择"无"选项，取消选中"反转文本"复选框。

4️⃣ 在"表面粗糙度"对话框中展开"指引线"选项组，从"类型"下拉列表框中选择"普通"选项，并设置相应的样式选项，单击"选择终止对象"按钮🔲，在"选择条"工具栏上选中"点在曲线上"按钮✓，在视图中选择对象以创建指引线，使用鼠标指针指定原点放置符号，如图 9-136 所示。

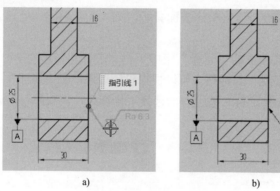

图 9-136　创建表面结构要求符号示例

a) 指定原点放置符号　b) 创建符号结果

5️⃣ 可以继续创建其他表面结构要求符号（表面粗糙度符号）。有些位置处的符号不需要指引线，在这种情况下不需要使用"指引线"选项组。

6️⃣ 在"表面粗糙度"对话框中单击"关闭"按钮。

📖 知识点拨：当零件的多数表面有相同的表面结构要求时，可以在图样的标题栏附近统一标注，并在圆括号内给出无任何其他标注的基本图形符号（以表示图上已标注的内容），如图 9-137a 所示；或者在圆括号内给出图中已标出的几个不同的表面结构要求，如图 9-137b 所示。表面结构要求符号（表面粗糙度符号）可以带左圆括号弧、右圆括号弧、两侧圆括号弧或不带圆括号弧，这是由"表面粗糙度"对话框的"设置"选项组的"圆括号"下拉列表框中的相应选项来控制的。

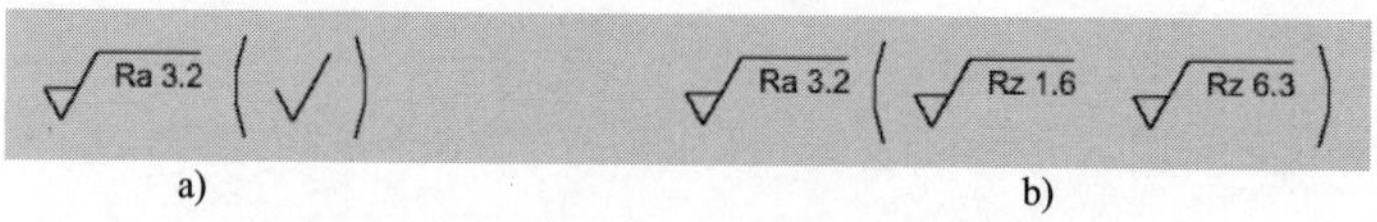

√ Ra 3.2 (√)　　　　　√ Ra 3.2 (√ Rz 1.6　√ Rz 6.3)

a)　　　　　　　　　　　　b)

图 9-137　表示其余表面结构要求的注法

9.7.6 表格注释

在进行工程图设计时，有时需要插入表格。NX 提供了如图 9-138 所示的"表"组工具集。

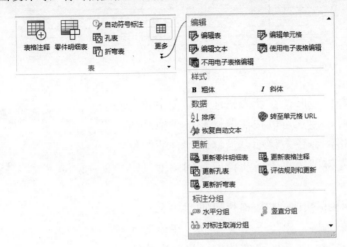

图 9-138 功能区的"主页"选项卡的"表"组

在"表"组中单击"表格注释"按钮，系统弹出如图 9-139 所示的"表格注释"对话框，在该对话框中的"表大小"选项组中可以设置新表格的列数、行数和列宽。如果在"设置"选项组中单击"设置"按钮，则打开如图 9-140 所示的"表格注释设置"对话框，从中定义文字、单元格、截面和表格注释等方面的内容，通常可以接受默认的表格样式。

图 9-139 "表格注释"对话框

图 9-140 "表格注释设置"对话框

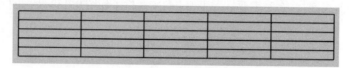

设置好表大小和表格样式后，在图纸上指定原点以生成表格，如图 9-141 所示。用户可以根据实际情况对单元格进行编辑操作等。

图 9-141　生成表格

选中表格注释区域时，在新表格注释的左上角有一个移动手柄图标，用户可以按住鼠标左键来拖动该移动手柄，使表格注释随之移动，当移动到合适的位置后，释放鼠标左键即可将表格注释放置到图纸页中合适的位置。

用户可以使用鼠标快速调整表格行和列的大小。

双击选定的单元格，出现一个文本框，在该文本框中输入注释文本，确认后即可在该单元格中完成注释文本输入。要编辑表格注释文本，可以先选择要编辑的表格注释文本，接着在功能区"主页"选项卡的"表"组中单击"更多"|"编辑文本"按钮，系统弹出如图 9-142 所示的"文本"对话框，从中进行相关的编辑操作。

图 9-142　"文本"对话框

如果要合并单元格，可以先在表格注释中选择一个单元格，按住鼠标左键不放并移动，移动范围包括用户要合并的单元格，以此选择要合并的单元格后，单击鼠标右键（右击）并从快捷菜单中选择"合并单元格"命令，从而完成指定单元格的合并。取消合并单元格的操作也类似。

通过对插入的表格注释进行相关的编辑处理，如调整行和列的尺寸、合并相关单元格、增加或删除行或列、填写单元格等，可以建立一个符合要求的标题栏。

9.8　零件工程图综合设计实例

本节介绍一个零件工程图综合设计实例，让读者通过实例学习，掌握工程图设计的基本流程、思路、操作方法及技巧等。

该实例的基本流程、思路简述为以下两个方面。

1）分析该零件的结构特征，在"建模"应用模块中建立该零件的三维模型，如图 9-143 所示。

扫码观看视频

图 9-143 建立的零件三维模型

2）切换至"制图"应用模块，根据建立的三维模型创建其相应的工程视图。需要什么样的工程视图和多少工程视图，则需要综合考虑模型的结构特点等。

下面介绍具体的设计过程。

9.8.1 建立零件的三维模型

步骤1 新建一个模型文件。

❶ 按〈Ctrl+N〉快捷键，弹出"新建"对话框。

❷ 在"模型"选项卡的"模板"列表中选择名称为"模型"的模板，注意其单位为"毫米"，在"新文件名"选项组的"名称"文本框中输入"BC_9_ZHFL.prt"，并指定要保存到的文件夹（即指定保存路径）。

❸ 在"新建"对话框中单击"确定"按钮，进入"建模"应用模块。

步骤2 创建拉伸实体特征。

❶ 在功能区的"主页"选项卡的"特征"组中单击"拉伸"按钮 🖿，打开"拉伸"对话框。

❷ 在图形窗口中选择 XY 平面作为草图平面，进入草图模式。

❸ 绘制的草图如图 9-144 所示。

❹ 绘制好后单击"完成草图"按钮 🏁。此时，选定方向矢量选项为"面/平面法向" ⚐，正方向指向 Z 轴正方向。

❺ 在"拉伸"对话框中分别设置开始距离值为"0"，结束距离值为"12"，"体类型"为"实体"，设置"拔模"和"偏置"均为"无"，其预览效果如图 9-145 所示。

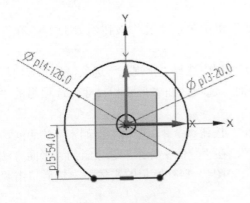

图 9-144 绘制草图

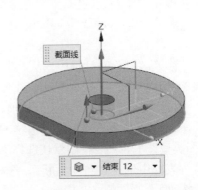

图 9-145 拉伸动态预览

6 在"拉伸"对话框中单击"应用"按钮。

步骤3 创建拉伸特征。

1 在"拉伸"对话框中，"截面线"选项组中的"曲线"按钮处于被选中的状态。此时可以选择模型的最上表面（顶面）作为草绘平面，单击"确定"按钮，进入草绘模式。

2 绘制如图 9-146 所示的两个圆，单击"完成草图"按钮。

3 在"拉伸"对话框中分别设置开始距离值为"0"，结束距离值为"30"，"体类型"为"实体"，从"布尔"下拉列表框中选择"合并（求和）"选项，如图 9-147 所示。

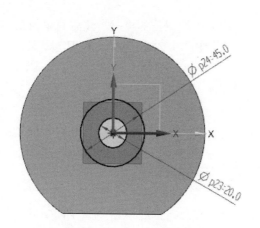

图 9-146　绘制两个同心的圆

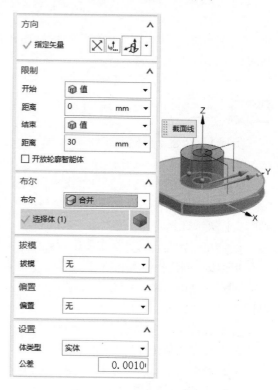

图 9-147　拉伸参数及选项设置

4 在"拉伸"对话框中单击"确定"按钮。

步骤4 创建沉头孔。

1 在功能区的"主页"选项卡的"特征"组中单击"孔"按钮，打开"孔"对话框。

2 在"孔"对话框中，从"类型"下拉列表框中选择"常规孔"选项，从"方向"选项组的"孔方向"下拉列表框中选择"垂直于面"选项，在"形状和尺寸"选项组的"成形"下拉列表框中选择"沉头"选项。

3 在"位置"选项组中单击"绘制剖面"按钮，打开"创建草图"对话框。从"草图类型"下拉列表框中默认选择"在平面上"，在"草图坐标系"选项组的"平面方法"下拉列表框中选择"自动判断"，选择实体模型如图 9-148 所示的实体面，然后单击"确定"按钮。

4 指定一个草图点的参考位置如图 9-149 所示，单击"完成草图"按钮。

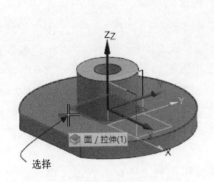

图 9-148　指定草图平面

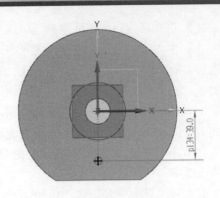

图 9-149　点参考位置示意

⑤ 在"形状和尺寸"选项组中，将沉头直径设置为"16"、沉头深度为"5"、孔直径为"8"，并从"深度限制"下拉列表框中选择"贯通体"。

⑥ 单击"孔"对话框中的"确定"按钮。创建的沉头孔如图 9-150 所示。

步骤 5　创建圆形阵列特征。

① 在功能区的"主页"选项卡的"特征"组中单击"阵列特征"按钮 ⊞，打开如图 9-151 所示的"阵列特征"对话框。

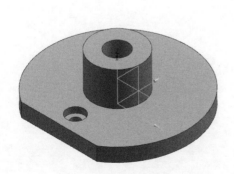

图 9-150　创建一个沉头孔

图 9-151　"阵列特征"对话框

2️⃣ 在图形窗口或部件导航器中选择"沉头孔"特征作为要形成阵列的特征。

3️⃣ 在"阵列定义"选项组的"布局"下拉列表框中选择"圆形"选项，在"旋转轴"子选项组的"指定矢量"下拉列表框中选择"ZC 轴"图标选项 ᶻᶜ↑，单击"点构造器"按钮 ⊞ 打开"点"对话框，指定为"自动判断的点"，并设置该点的绝对坐标为"X=0、Y=0、Z=0"，从"偏置选项"下拉列表框中选择"无"，单击"确定"按钮。在"斜角方向（角度方向）"子选项组的"间距"下拉列表框中选择"数量和间隔"选项，将"数量"值设为"4"，"节距角"值为"90"，在"辐射"子选项组中取消选中"创建同心成员"复选框，如图 9-152 所示。

4️⃣ 在"阵列方法"选项组的"方法"下拉列表框中选择"变化"选项，在"设置"选项组的"输出"下拉列表框中选择"阵列特征"选项。

5️⃣ 在"阵列特征"对话框中单击"确定"按钮，结果如图 9-153 所示（隐藏了基准坐标系）。

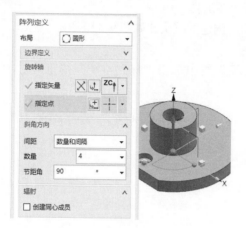

图 9-152　阵列定义

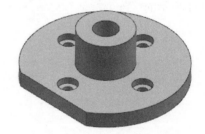

图 9-153　完成圆形阵列特征

步骤 6　倒斜角操作。

1️⃣ 在功能区的"主页"选项卡的"特征"组中单击"倒斜角"按钮 ◈，打开"倒斜角"对话框。

2️⃣ 在"偏置"选项组的"横截面"下拉列表框中选择"对称"选项，设置距离为"2.5mm"；在"设置"选项组的"偏置方法"下拉列表框中选择"沿面偏置边"。

3️⃣ 选择要倒斜角的两条边，如图 9-154 所示。

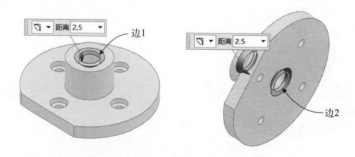

图 9-154　选择要倒斜角的两条边

4　在"倒斜角"对话框中单击"确定"按钮。

9.8.2　建立工程视图

步骤1　切换至"制图"应用模块，并设置制图标准等。

1　在 NX"建模"应用模块的功能区中打开"文件"选项卡，从"文件"选项卡的"启动"选项组或"所有应用模块"级联菜单中选择"制图"命令，以快速切换至"制图"应用模块。

2　在上边框条中单击"菜单"按钮 三 菜单(M) ▾，选择"工具"|"制图标准"命令，弹出"加载制图标准"对话框。

3　在"从以下级别加载"下拉列表框中选择"出厂设置"选项，从"要加载的标准"选项组的"标准"下拉列表框中选择"GB"标准，如图 9-155 所示。

4　在"加载制图标准"对话框中单击"确定"按钮。

5　在上边框条中单击"菜单"按钮 三 菜单(M) ▾，选择"首选项"|"制图"命令，弹出"制图首选项"对话框，在左窗格中选择"图纸视图"节点下的"工作流程"类别，在右窗格内容设置区的"边界"选项组中取消选中"显示"复选框，如图 9-156 所示，然后单击"确定"按钮。

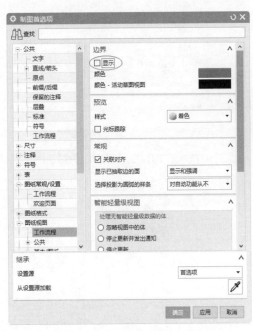

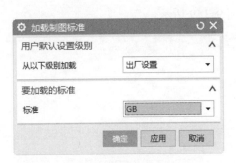

图 9-155　"加载制图标准"对话框　　　　图 9-156　"制图首选项"对话框

步骤2　新建图纸页并插入基本视图。

1　在功能区的"主页"选项卡中单击"新建图纸页"按钮，NX 弹出"工作表（图纸页）"对话框。

2　在"大小"选项组中选择"标准尺寸"单选项，从"大小"下拉列表框中选择"A3-297x420"，"比例"设为"1:1"，图纸页名称默认为"Sheet 1"，页号为"1"，版本为"A"，"单位"为"毫米"，投影方式设置为 （第一角投影），选中"始终启动视图创建"

复选框，选择"基本视图命令"单选项，如图9-157所示。

③ 在"工作表（图纸页）"对话框中单击"确定"按钮，NX弹出"基本视图"对话框。

④ 在"基本视图"对话框中，从"要使用的模型视图"下拉列表框中选择"俯视图"，其他相关设置如图9-158所示。

图9-157 "工作表（图纸页）"对话框

图9-158 "基本视图"对话框

⑤ 在图纸页中指定放置基本视图的位置，如图9-159所示。

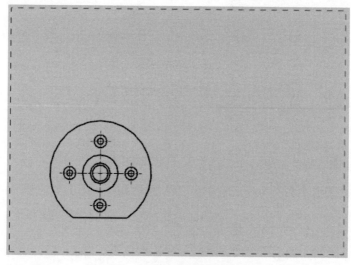

图9-159 指定放置基本视图的位置

⑥ NX 系统自动弹出"投影视图"对话框，此时直接单击"投影视图"对话框中的"关闭"按钮。

步骤3 创建半剖视图。

① 在功能区的"主页"选项卡的"视图"组中单击"剖视图"按钮，打开"剖视图"对话框。

② 从"截面线"选项组的"定义"下拉列表框中选择"动态"选项，从"方法"下拉列表框中选择"半剖"选项。

③ 在"父视图"选项组中单击"选择视图"按钮，在图纸页上选择基本视图作为父视图。

④ 在"截面线"选项组单击"指定位置"按钮，使用鼠标指定点作为剖切线段位置（即定义段的新位置，以及定义折弯位置），如图 9-160 所示。

⑤ 在"视图原点"选项组的"方向"下拉列表框中选择"正交的"选项，在"放置"子选项组的"方法"下拉列表框中选择"竖直"选项，从"对齐"下拉列表框中选择"对齐至视图"选项，在图纸页上指定放置半剖视图的位置，效果如图 9-161 所示。然后关闭"剖视图"对话框。

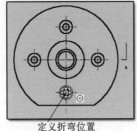

图 9-160　定义剖切线段的新位置和折弯位置

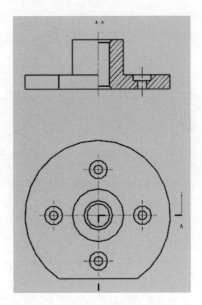

图 9-161　指示图纸页上剖视图的中心

步骤4 创建投影视图。

① 在功能区的"主页"选项卡的"视图"组中单击"投影视图"按钮，打开"投影视图"对话框。

② 在"父视图"选项组中单击"选择视图"按钮，选择半剖视图作为父视图。

③ 指定放置视图的位置，如图 9-162 所示。

④ 放置好该投影视图，然后单击"投影视图"对话框中的"关闭"按钮。

此时的工程图显示效果如图 9-163 所示。

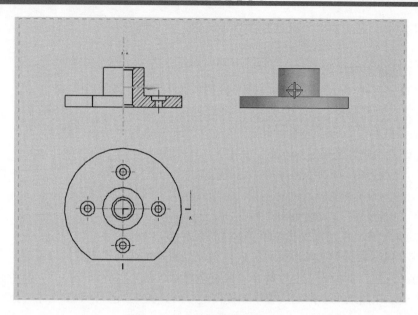

图 9-162　指定放置视图的位置

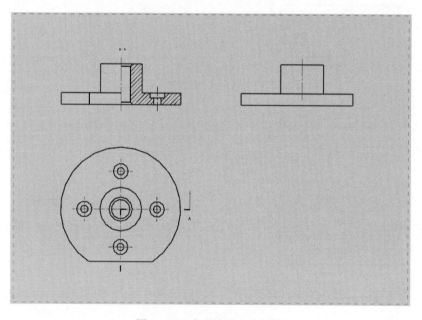

图 9-163　完成放置 3 个视图

步骤 5　以插入基本视图的方式建立一个正等测图。

1　在功能区的"主页"选项卡的"视图"组中单击"基本视图"按钮，打开"基本视图"对话框。

2　在"基本视图"对话框中展开"模型视图"选项组，从"要使用的模型视图"下拉列表框中选择"正等测图"选项，比例默认为"1:1"。

3　指定放置视图的位置，然后关闭"基本视图"对话框。添加第 4 个视图后的效果如图 9-164 所示。

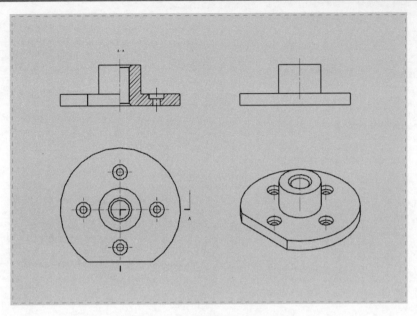

图 9-164　指定放置视图的位置

步骤 6　删除 4 处十字形组合中心线，并创建螺栓圆中心线。

 在创建的第一个视图（基本视图）中选择 4 个沉头孔的十字形组合中心线并单击鼠标右键，如图 9-165 所示，从弹出的快捷菜单中选择"删除"命令。

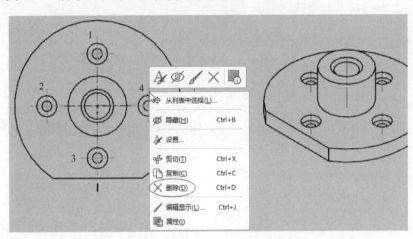

图 9-165　选择要删除的 4 处十字形组合中心线

 在功能区的"主页"选项卡的"注释"组中单击"螺栓圆中心线"按钮，弹出如图 9-166 所示的"螺栓圆中心线"对话框。

 在"类型"选项组的下拉列表框中选择"通过 3 个或多个点"选项。在"放置"选项组中选中"整圆"复选框，在"设置"选项组中对照图例分别设置"（A）缝隙"值为"1.5"，"（B）虚线"值为"3"，"（C）延伸值"为"5"。

 在俯视图中分别选择 4 个沉头孔对象以定义螺栓圆中心线的位置，如图 9-167 所示。

图 9-166 "螺栓圆中心线"对话框

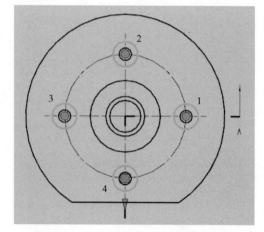

图 9-167 选择多个点以定义螺栓圆中心线

5️⃣ 在"螺栓圆中心线"对话框中单击"确定"按钮。

步骤 7 标注尺寸和相关注释。

1️⃣ 在功能区的"主页"选项卡的"尺寸"组中单击"径向"按钮 🖉，弹出"径向尺寸"对话框，在"原点"选项组中取消选中"自动放置"复选框，从"测量"选项组的"方法"下拉列表框中选择"直径"选项，分别选择圆对象并指定放置位置来标注相应的直径尺寸。如图 9-168 所示（共 3 个直径尺寸）。

2️⃣ 在"径向尺寸"对话框的"测量"选项组的"方法"下拉列表框中选择"孔标注"选项，在俯视图中选择要标注尺寸的一个孔特征对象，接着指定尺寸原点位置，如图 9-169 所示，然后单击"关闭"按钮，关闭"径向尺寸"对话框。

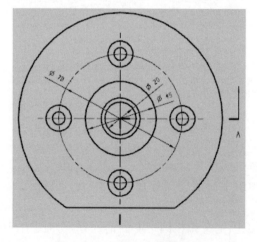

图 9-168 标注 3 个直径尺寸

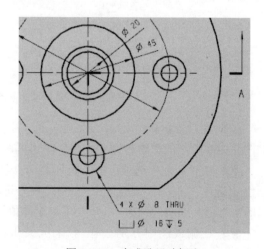

图 9-169 完成孔尺寸标注

3 在功能区的"主页"选项卡的"尺寸"组中单击"倒斜角尺寸"按钮，弹出"倒斜角尺寸"对话框。在"设置"选项组中单击"设置"按钮，弹出"倒斜角尺寸设置"对话框。在左窗格的类别列表中选择"倒斜角"类别，在"倒斜角格式"选项组的"样式"下拉列表框中选择"符号"选项，在"间距"文本框中输入符号和尺寸值之间的间距为"0.5"，如图 9-170a 所示；在类别列表中选择"前缀/后缀"类别，在"倒斜角尺寸"选项组的"位置"下拉列表框中选择"之前"选项，在"文本"文本框中输入符号文本"C"，如图 9-170b 所示。单击"关闭"按钮关闭"倒斜角尺寸设置"对话框，返回到"倒斜角尺寸"对话框。

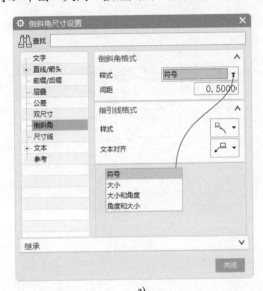

a)　　　　　　　　　　　　　　　　　　　　b)

图 9-170　使用"倒斜角尺寸设置"对话框

a) 设置倒斜角格式等　b) 设置倒斜角尺寸的文字和文本

4 选择要标注倒斜角尺寸的倒斜角对象并指定尺寸放置位置，完成创建的第一个倒斜角尺寸如图 9-171 所示。使用同样的方法，创建第二个倒斜角尺寸。完成两个倒斜角尺寸的视图如图 9-172 所示。

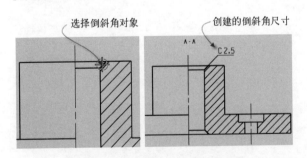
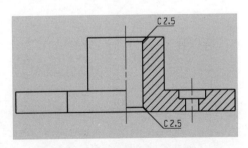

图 9-171　创建第一个倒斜角尺寸　　　　　　图 9-172　创建好第二个倒斜角尺寸

5 在功能区的"主页"选项卡的"尺寸"组中单击"快速"按钮，创建其他满足设计要求的尺寸，并可调整相关尺寸、注释的放置位置。另外，可以通过右键快捷命令编辑剖切标识字母的字高等。此时基本完成尺寸标注的工程图如图 9-173 所示。

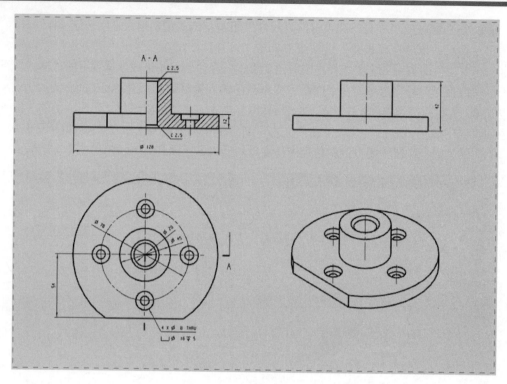

图 9-173 基本完成尺寸标注

步骤 8 设置尺寸公差。

在图纸页上选择要设置尺寸公差的尺寸"Φ20"并右击,如图 9-174 所示,从出现的快捷菜单中选择"编辑"命令,弹出"径向尺寸"对话框和屏显编辑栏。

在屏显编辑栏的"公差类型"下拉列表框中选择 （双向公差），在相应的文本框中设置上公差为"0.125",下公差为"-0.275",注意公差小数位数为"3",如图 9-175 所示。

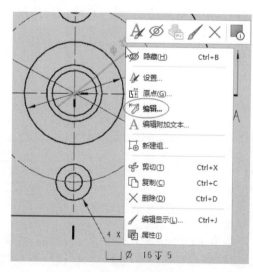

图 9-174 右击要编辑的尺寸

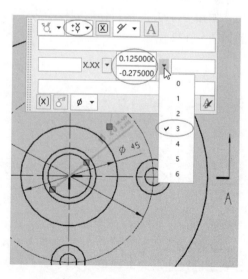

图 9-175 设置双向公差及其参数

③ 在"径向尺寸"对话框中单击"关闭"按钮，完成该尺寸的尺寸公差设置与编辑。可以适当调整该尺寸的放置位置以使图面美观，效果如图 9-176 所示。

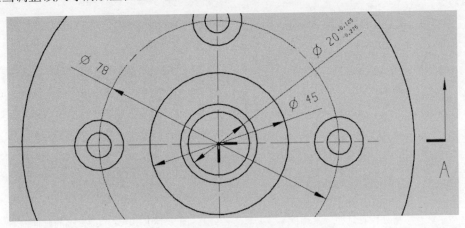

图 9-176　为指定尺寸设置尺寸公差

步骤9 将一条 3D 中心线的一端适当延伸。

① 选择如图 9-177 所示的一条 3D 中心线并右击，从弹出的快捷菜单中选择"编辑"命令，系统弹出如图 9-178 所示的"3D 中心线"对话框。

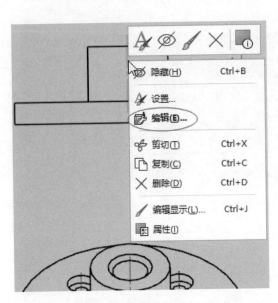

图 9-177　右击要编辑的 3D 中心线

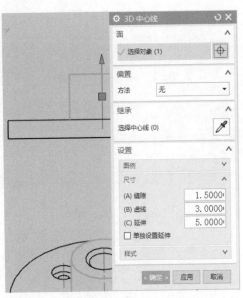

图 9-178　"3D 中心线"对话框

② 在"设置"选项组的"尺寸"子选项组中选中"单独设置延伸"复选框，如图 9-179 所示。此时选定的 3D 中心线两端都各显示有一个"延伸箭头"。

③ 单击选中该 3D 中心线的下方"延伸箭头"，将"C2"延伸值更改为"15"，如图 9-180 所示。

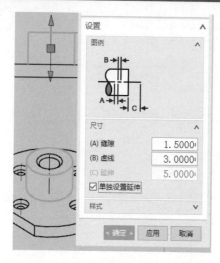

图 9-179　选择"单独设置延伸"复选框

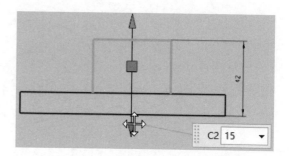

图 9-180　更改"C2"端的延伸值

🔢 在"3D 中心线"对话框中单击"确定"按钮。

至此，基本完成的该零件模型的工程视图如图 9-181 所示（为了看清楚尺寸，特意在图中将尺寸文本的字高由 3.5 更改为 5）。最后单击"保存"按钮📁，将此设计结果保存。有兴趣的读者，可以在该范例视图中继续练习标注基准特征符号和几何公差，以及标注表面结构要求等，具体设计要求参数自行确定。

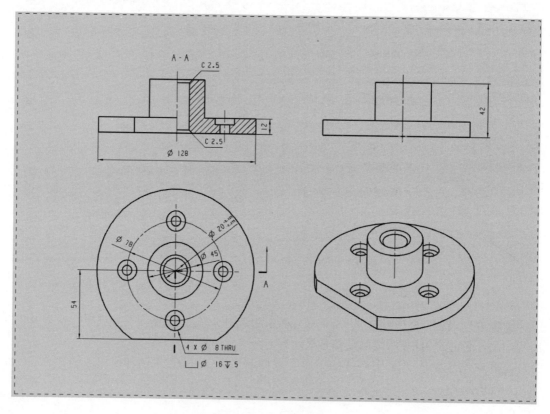

图 9-181　实例完成效果

9.9 本章小结与经验点拨

在 NX 中，可以通过三维模型来生成符合要求的工程视图。建立好三维模型后，启用"制图"应用模块，可以在"建模"应用模块的功能区中打开"文件"选项卡，接着选择"制图"命令，或者选择"所有应用模块"|"制图"命令。

本章首先介绍了 NX 工程制图的入门知识，接着介绍了制图标准与相关首选项设置、图纸页的基本管理操作、插入各类视图、编辑视图、修改剖面线、图样标注，然后介绍了零件工程图综合设计实例。其中，图纸页的基本管理操作主要包括新建图纸页、打开（切换）图纸页、删除图纸页和编辑图纸页；插入的各类视图可以为基本视图、投影视图、局部放大图、剖视图（指简单/阶梯剖视图）、半剖视图、旋转剖视图、折叠剖视图、展开的点到点剖视图、展开的点和角度剖视图、定向剖视图、断开视图、局部剖视图和标准视图等；图样标注的主要知识点包括尺寸标注、插入中心线、文本注释、标注几何公差和基准特征符号、标注表面结构要求（表面粗糙度）、表格注释等。

工程制图需要遵循一定的制图标准，因此在制图之前要认真考虑制图标准的选用和设置问题。即在创建具体的工程视图之前，需要用户确定制图标准，这将影响着工程视图的规范性和质量。另外，可以定制适合自己的制图工作流程。

对于初学者而言，还可以使用"视图创建向导"工具命令来根据提示在图纸页上添加一个或多个视图。在功能区的"主页"选项卡的"视图"组中单击"视图创建向导"按钮，弹出"视图创建向导"对话框，利用该对话框的 4 个顺序页一步一步地完成视图创建。这 4 个顺序页依次为"部件"页、"选项"页、"方向"页和"布局"页，分别如图 9-182、图 9-183、图 9-184 和图 9-185 所示。

图 9-182 "视图创建向导"对话框的"部件"页

图 9-183 "视图创建向导"对话框的"选项"页

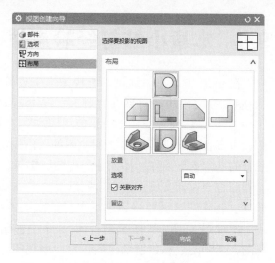

图 9-184 "视图创建向导"对话框的"方向"页　　图 9-185 "视图创建向导"对话框的"布局"页

9.10　思考与练习

1）在 NX 中，如何设置默认使用的制图标准？

2）如何新建和打开图纸页？

3）如何插入基本视图和投影视图？

4）在创建局部放大图时，需要注意哪些操作细节？请总结。

5）可以为模型建立哪些与剖切相关的视图？

6）如何修改剖面线？

7）总结尺寸标注的一般操作方法与步骤。

8）如何插入表面结构要求符号（表面粗糙度符号）？

9）上机练习：创建一种较为简单的零件模型，然后为该零件建立合适的工程视图。

10）上机练习：打开配套的上机练习文件"BC_9_EX10.prt"，其三维模型如图 9-186 所示，请为该三维模型建立表达清晰的工程视图。

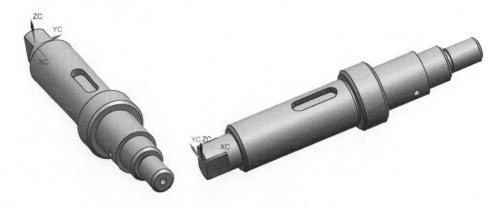

图 9-186　源三维模型

第 10 章 同步建模技术与 GC 工具箱应用

本章导读：

　　在 NX 中，还有很多值得称赞的功能，例如，本章要介绍的同步建模技术和 GC 工具箱。其中，使用同步建模技术修改模型，可以无需考虑模型的原点、关联性或特征历史记录，因此同步建模技术是模型修改的一大利器。而 GC 工具箱是一个强大的本地化工具，可以更好地满足中国用户对于 GB 的要求，可以帮助用户提高产品设计效率和提高标准化程度。

　　本章主要介绍同步建模技术和 GC 工具箱应用两个方面的实用知识。

10.1 同步建模基础

　　本节介绍的同步建模基础知识包括同步建模技术概述和同步建模工具命令。

　　NX 中的同步建模技术是值得称赞的，该建模技术可以与先前的建模技术（如参数化、基于历史记录建模、特征建模等）共存，可以实时检查产品模型当前的几何条件，并且将它们与设计人员添加的参数和几何约束合并在一起，以便评估、构建新的几何模型及编辑模型，无需重复全部历史记录。实践证明，使用同步建模技术来修改模型是非常实用的，不管这些模型是从其他 CAD 系统输入的模型，还是非关联的、无特征的模型，或者是包含特征的本地原生 NX 模型。比较能体现同步建模技术优势的设计场景之一是在导入的非参数模型上进行设计工作。

　　使用同步建模命令，可以直接在已有的非参数模型上对相关的解析面（如平面、柱面、锥面、球面、环形面等）进行编辑操作。例如，修改面、调整细节特征、删除面、重用面（复制面、镜像面、剪切面、阵列面和粘贴面等）、组合面、优化面、替换圆角，以及通过添加尺寸移动面等，这样可以非常方便地更改模型，其设计效率比重新建模要高出很多。

　　在不少设计场合，与同步建模工具命令一起配合使用的是"无参模型"，所谓的"无参模型"是指移除了建模参数的模型。无参数模型一般是外来的模型，或者是在 NX 中，通过"移除参数"命令（对应的菜单命令为"菜单"|"编辑"|"特征"|"移除参数"命令）可从参数实体或片体移除所有参数，从而形成一个非关联的体。

　　下面简要地介绍同步建模工具命令的功能用途。

　　在 NX 的"建模"应用模块中，同步建模工具位于功能区"主页"选项卡的"同步建模"组中，如图 10-1 所示。

图 10-1 "同步建模"组

同步建模主要工具命令一览表见表 10-1。同步建模相关工具命令的操作都比较简单，鉴于篇幅，本书不一一详细介绍，而在 10.2 节重点介绍一个使用同步建模功能修改模型的综合范例。该范例涉及主要同步建模工具的典型操作方法、步骤及技巧等。希望读者在认真学习该综合范例之后，对其他同步建模工具的应用能够举一反三，学以致用。

表 10-1   同步建模主要工具命令一览表

序号	命令	按钮	功能描述
1	移动面		移动一组面并调整要适应的相邻面
2	拉出面		从模型中抽取面以添加材料，或将面抽取到模型中以减去材料
3	偏置区域		使一组面偏离当前位置，调节相邻圆角面以适应
4	调整面大小		更改圆柱面或球形面的直径，调整相邻圆角面以适应
5	替换面		将一组面替换为另一组面
6	调整圆角大小		编辑圆角面的半径，而不考虑它的特征历史记录
7	调整倒斜角大小		更改倒斜角面的大小，而不考虑它的特征历史记录；它必须先识别为倒斜角
8	标记为凹口圆角		将面识别为凹口圆角，以在使用同步建模命令时将它重新倒圆
9	圆角重新排序		将凸度相反的两个交互圆角的顺序从 "B 超过 A" 改为 "A 超过 B"
10	标记为倒斜角		将面标识为倒斜角，以便在使用同步建模命令时对它进行更新
11	删除面		删除体的面并延伸剩余面以封闭空区域。例如，从实体中删除一个或一组面，并调整要适应的其他面
12	复制面		复制一组面
13	剪切面		复制一组面并从模型中删除它们
14	粘贴面		将复制、剪切的面集粘贴到目标体中，通过增加或减少片体来修改体
15	镜像面		复制一组面并跨平面进行镜像
16	阵列面		使用阵列边界、实例方位、旋转和删除等各种选项将一组面复制到多个阵列或布局（线性、圆形、多边形等），然后将它们添加到体

（续）

序号	命令	按钮	功能描述
17	设为共面		修改一个平的面，以与另一个面共面
18	设为共轴		修改一个圆柱或圆锥，以与另一个圆柱或圆锥共轴
19	设为相切		修改面，使之与另一个面相切
20	设为对称		将一个面修改为与另一个面关于对称平面对称
21	设为平行		修改平的面，使之与另一个面平行
22	设为垂直		修改一个平的面，使之与另一个面垂直
23	设为偏置		修改某个面，使之从另一个面偏置
24	线性尺寸		通过将线性尺寸添加至模型并修改其值来移动一组面
25	角度尺寸		通过向模型添加角度尺寸接着更改其值来移动一组面
26	径向尺寸		通过添加半径尺寸接着修改其值来移动一组圆柱或球形面，或者具有圆周边的面
27	组合面		将多个面收集为一个组
28	编辑横截面		与一个面集和一个平面相交，然后通过修改截面曲线来修改模型
29	优化面		通过简化曲面类型、合并、提高边精度及识别圆角来优化面
30	替换圆角		将类似于圆角的面替换成滚球倒圆
31	移动边		从当前位置移动一组边，并调整相邻面以适应
32	偏置边		从当前位置偏置一组边，并调整相邻面以适应

10.2　同步建模综合范例

　　NX 的同步建模技术具有较高的设计效率，并增强了遗留数据的重用性，具有方便、灵活地操控非参数化几何体的出众能力。在外来模型的修改工作上使用同步建模技术是很实用的，尤其在产品开模前的细节处理上使用同步建模技术是非常有用的。使用同步建模技术修改模型，通常不需要考虑模型的来源、相关性或特征历史。

扫码观看视频

　　本节介绍一个使用相关同步建模工具命令来修改外来数据模型的综合范例。在该范例中主要使用了"移动面""拉出面""偏置区域""调整圆角大小""删除面"和"线性尺寸"等同步建模工具命令。该范例完成的模型效果如图 10-2 所示。

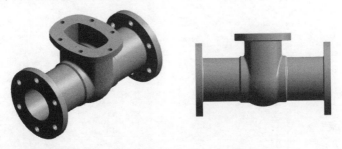

图 10-2　范例完成的模型效果

该范例具体的操作步骤如下。

步骤1　打开素材文件并切换到历史记录模式。

按〈Ctrl+O〉快捷键，弹出"打开"对话框，选择配套的"BC_FL_TBJM.prt"素材文件，单击"OK"按钮。该素材文件中已经导入外来数据模型，其原始模型如图10-3所示。

在上边框条中单击"菜单"按钮 ☰ 菜单(M) ▾ ，选择"插入"|"同步建模"|"历史记录模式"命令，系统弹出"建模模式"对话框来警示用户，如图10-4所示。单击"是"按钮，从而切换到历史记录建模模式。此时部件导航器显示如图10-5所示。

图10-3 原始模型

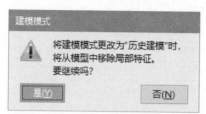

图10-4 "建模模式"对话框

图10-5 历史纪录模式

知识点拨：也可以采用另外的方法切换到历史纪录模式，即在部件导航器中右击"历史纪录模式"，从弹出的快捷菜单中选择"历史纪录模式"命令（图10-6），然后在弹出的"建模模式"对话框中单击"是"按钮，切换到历史纪录建模模式。

步骤2 移动面。

在功能区的"主页"选项卡的"同步建模"组中单击"移动面"按钮 ，系统弹出如图10-7所示的"移动面"对话框。

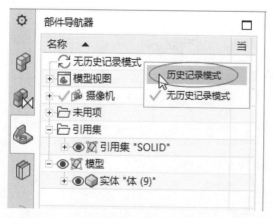

图10-6 切换至历史纪录模式的另一种方法

图10-7 "移动面"对话框

2 在"面"选项组中单击"选择面"按钮 （使其激活），在"选择条"工具栏的"面规则"下拉列表框中选择"筋板面"选项，在图形窗口中单击如图 10-8 所示的实体面，以选中该位置处的筋板面作为要移动的面。

3 在"变换"选项组的"运动"下拉列表框中选择"距离"选项，从"指定矢量"下拉列表框中选择"面/平面法向"图标选项 ，接着选择如图 10-9 所示的一个端面以完成定义距离方向矢量。

图 10-8 选择要移动的面

选择此面以使矢量指向该面法向

图 10-9 选择面以取其法向作为方向矢量

4 在"距离"文本框中输入"100"，在"设置"选项组中分别设置"移动行为""溢出行为"和"阶梯面"处理方式，如图 10-10 所示。

5 在"移动面"对话框中单击"确定"按钮，移动面的结果如图 10-11 所示。

图 10-10 设置移动距离及其他

图 10-11 移动面的结果

步骤 3 拉出面。

1 按〈End〉键以正等测图显示模型。在功能区的"主页"选项卡的"同步建模"组中单击"更多"|"拉出面"按钮 ，弹出"拉出面"对话框。

2 在"面"选项组中单击"选择面"按钮 使其激活，在图形窗口中选择如图 10-12

所示的面作为要拉出的面。

在"变换"选项组的"运动"下拉列表框中选择"距离",从"指定矢量"下拉列表框中选择"面/平面法向" ，并确保选中同样的拉出面以定义矢量方向,在"距离"文本框中将拉出距离设置为"10",如图10-13所示。

图10-12　选择要拉出的面

图10-13　设置拉出面的变换参数

在"拉出面"对话框中单击"确定"按钮。

步骤4　使用"偏置区域"工具命令修改模型。

在功能区的"主页"选项卡的"同步建模"组中单击"偏置区域"按钮 ，系统弹出"偏置区域"对话框。

选择要偏置的面。在"选择条"工具栏的"面规则"下拉列表框中选择"单个面"选项,在图形窗口中选择如图10-14所示的一个圆柱面,注意其偏置方向朝向所选曲面外侧。

在"偏置"选项组的"距离"文本框中输入"1",如图10-15所示。

选择要偏置的面

图10-14　选择要偏置的圆柱面

图10-15　设置偏置距离

4 在"偏置区域"对话框中单击"确定"按钮。

步骤5 调整圆角大小。

1 在功能区的"主页"选项卡"同步建模"组中单击"更多"|"调整圆角大小"按钮 🔧，弹出"调整圆角大小"对话框。

2 在"选择条"工具栏的"面规则"下拉列表框中默认选择"相连圆角面"选项，接着在图形窗口中选择如图 10-16 所示的要调整大小的圆角面。选择好要调整大小的圆角面后，从对话框中可以看到这些圆角面的半径为 3.175mm。

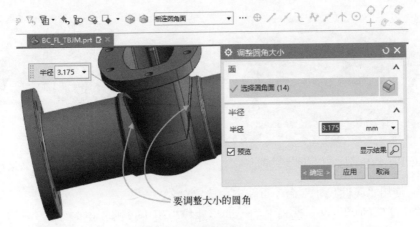

图 10-16 选择要调整大小的圆角

3 在"半径"选项组的"半径"文本框中设置新的圆角半径值为 6mm，如图 10-17 所示。

4 单击"确定"按钮。

步骤6 删除面。

1 在功能区的"主页"选项卡的"同步建模"组中单击"删除面"按钮 🔧，弹出如图 10-18 所示的"删除面"对话框。

图 10-17 调整圆角大小

图 10-18 "删除面"对话框

② 从"类型"选项组的"类型"下拉列表框中选择"面"选项。

③ 选择要删除的面。从"选择条"工具栏的"面规则"下拉列表框中选择"筋板面"选项，在图形窗口中单击如图 10-19 所示的筋板面的一处合适表面，从而选中整个筋板面。

④ 在"设置"选项组中确保选中"修复"复选框。

⑤ 单击"确定"按钮，从而将所选的面删除掉，结果如图 10-20 所示。

图 10-19 选择筋板面作为要删除的面

图 10-20 删除筋板面后的效果

步骤7 使用"线性尺寸"命令重新定位选定对象。

① 在功能区的"主页"选项卡的"同步建模"组中单击"更多"|"线性尺寸"按钮，弹出"线性尺寸"对话框。

② 使"原点"选项组中的"选择原始对象"按钮处于激活状态，以正等测图显示模型，在图形窗口中单击如图 10-21 所示的一条圆边。

③ 激活"测量"选项组中的"选择测量对象"按钮，在图形窗口中单击如图 10-22 所示的一条圆边。

图 10-21 选择原始对象（定义原点）

图 10-22 选择测量对象

④ 在"方位"选项组的"方向"下拉列表框中选择"OrientXpress"，在"OrientXpress"子选项组的"方向"下拉列表框中选择"Y 轴"，在"平面"下拉列表框中选择"X-Y 平面"，在"参考"下拉列表框中选择"绝对-工作部件"选项，然后在图形窗口中移动鼠标指针定义尺寸预览并单击以指定尺寸放置位置，如图 10-23 所示。

图 10-23 定位方位和尺寸放置位置

 在"线性尺寸"对话框中展开"要移动的面"选项组，确保"选择面"按钮 为激活状态，从"选择条"工具栏的"面规则"下拉列表框中选择"筋板面"选项，单击如图 10-24 所示的实体面以定义整个要移动的面。也可以使用其他面规则选项来辅助选择，如以"单个面"方法来选择。

 在"距离"选项组的"距离"文本框中输入"434.95"，如图 10-25 所示。

图 10-24 选择要移动的面

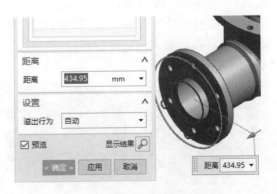

图 10-25 修改线性尺寸

⑦ 在"线性尺寸"对话框中单击"确定"按钮。

步骤 8 保存文件。

按〈Ctrl+S〉快捷键快速保存文件。

10.3 GC 工具箱概述

NX GC 工具箱为用户提供了一系列基于本地化操作的实用工具，该工具箱是基于 GB 的要求来开发的，可以有效地帮助用户提升模型质量，提高设计效率。GC 工具箱的内容覆盖了 GC 数据规范、齿轮建模、弹簧设计、加工准备、注释工具、制图工具、部件文件加密等方面。NX 软件系统会在不同的应用模块中提供不同的 GC 工具箱内容。

GC 工具箱主要的应用优势有：提供基于 GB 的标准化的 NX 工作环境，大幅缩减客制化时间；提供基于 GB 的标准化的 NX 制图环境，以及提供实用的制图、尺寸和注释等工具，提高模型和图样的规范化水准；提供用于处理数据规范的模型质量检查工具、属性工具、标准化工具和其他工具，保证公司、团队的所有模型、图样和装配均符合规范化的设计要求，利于数据共享和正确读取；提供 GB 标准件的查询和调用环境，提高标准件的重用率；提供标准化、专业的标准齿轮、弹簧建模工具，以帮助用户快速创建标准齿轮和弹簧模型。

下面主要介绍齿轮建模、弹簧设计这几个方面的内容。

10.4 齿轮建模

在 NX 的"建模"应用模块中，GC 工具箱提供了实用的齿轮建模工具，以帮助用户通过输入齿轮参数来快速创建圆柱齿轮和锥齿轮等。

10.4.1 圆柱齿轮

圆柱齿轮是很常见的一类齿轮，通常可以将圆柱齿轮分为直齿和斜齿两种（从齿轮齿向对于轴向方向来划分）。如图 10-26 所示，左边一个是直齿圆柱齿轮，右边一个是斜齿圆柱齿轮。从齿轮啮合形式来划分，又可以将圆柱齿轮分为外啮合齿轮和内啮合齿轮。

扫码观看视频

在"建模"应用模块中，在功能区的"主页"选项卡的"齿轮建模-GC 工具箱"组中单击"柱齿轮建模"按钮 ，或者单击"菜单"按钮 三 菜单(M) ▾ 并选择"GC 工具箱"|"齿轮建模"|"柱齿轮"命令，打开如图 10-27 所示的"渐开线圆柱齿轮建模"对话框。使用该对话框可以执行有关齿轮操作有："创建齿轮""修改齿轮参数""齿轮啮合""移动齿轮""删除齿轮"和"信息"。

图 10-26 圆柱齿轮示例

图 10-27 "渐开线圆柱齿轮建模"对话框

- "创建齿轮"：进入"创建齿轮"模式，可以根据设定的齿轮参数生成相应的圆柱齿轮。
- "修改齿轮参数"：通过修改参数来模块化修改齿轮。
- "齿轮啮合"：可设置两个齿轮的啮合配合。
- "移动齿轮"：用于对齿轮进行移动操作。
- "删除齿轮"：删除已经创建的或存在的齿轮。
- "信息"：获取齿轮的相关参数信息。

不管是直齿圆柱齿轮还是斜齿圆柱齿轮，不管是外啮合齿轮还是内啮合齿轮，它们的创建的方法都是一样的。下面通过具体的范例，介绍如何创建齿轮、修改齿轮和获取齿轮详细信息。该范例以创建直齿的标准圆柱齿轮为例，其原始的齿轮参数为：模数 m=2.5，齿数为30，齿形角为 20°，厚度为 28mm，啮合形式为外啮合。该范例具体的操作如下。

1. 创建齿轮

1️⃣ 按〈Ctrl+N〉快捷键，弹出"新建"对话框，从"模型"选项卡的"模板"选项组中，设置单位为"毫米"，从模板列表中选择名称为"模型"的公制模板，指定新文件名和文件夹路径，单击"确定"按钮。

2️⃣ 在上边框条中单击"菜单"按钮 ☰ 菜单(M) ▾，选择"GC 工具箱"|"齿轮建模"|"圆柱齿轮"命令，弹出"渐开线圆柱齿轮建模"对话框。

3️⃣ 在"齿轮操作方式"选项组中选择"创建齿轮"单选项，单击"确定"按钮，弹出"渐开线圆柱齿轮类型"对话框。

4️⃣ 在"渐开线圆柱齿轮类型"对话框的第一组中选择"直齿轮"单选项，在第二组中选择"外啮合齿轮"单选项，在第三组（"加工"选项组）中选择"滚齿"单选项，如图 10-28所示，然后单击"确定"按钮。

5️⃣ 系统弹出"渐开线圆柱齿轮参数"对话框，在"标准齿轮"选项卡中设置如图 10-29所示的齿轮参数，单击"确定"按钮。

图 10-28　"渐开线圆柱齿轮类型"对话框

图 10-29　设置齿轮参数

知识点拨：齿轮建模精度分"低""中点"和"高"3 种，本例将齿轮建模精度设置为"中点"类别。如果在"渐开线圆柱齿轮参数"对话框中单击"默认值"按钮，则 NX 自动根据默认的齿轮参数设置当前齿轮的参数值。

6 系统弹出"矢量"对话框，从"类型"下拉列表框中选择"ZC 轴"选项，如图 10-30 所示，然后单击"确定"按钮。

7 系统弹出"点"对话框，在该对话框中进行如图 10-31 所示的相关设置。

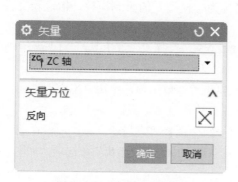

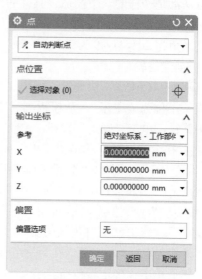

图 10-30 "矢量"对话框 　　　　　　图 10-31 "点"对话框

8 单击"确定"按钮，生成如图 10-32 所示的直齿圆柱齿轮。

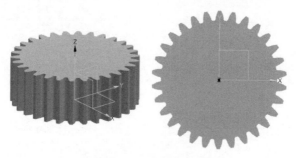

图 10-32 直齿圆柱齿轮

2. 修改齿轮参数

1 在上边框条中单击"菜单"按钮 ☰ 菜单(M)▼，选择"GC 工具箱"|"齿轮建模"|"柱齿轮"命令，弹出"渐开线圆柱齿轮建模"对话框。

2 选择"修改齿轮参数"单选项，如图 10-33 所示，单击"确定"按钮。

3 在弹出的"选择齿轮进行操作"对话框中选择需要修改参数的齿轮。本例选择"a_gear(general gear)"齿轮，如图 10-34 所示，然后单击"确定"按钮，弹出"渐开线圆柱齿轮类型"对话框。

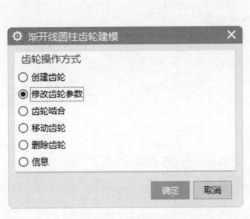

图 10-33　将齿轮操作方式设为"修改齿轮参数"　　　　图 10-34　"选择齿轮进行操作"对话框

4 在第一组中选择"斜齿轮"单选项，在第二组中选择"外啮合齿轮"单选项，在第三组（"加工"选项组）中选择"滚齿"单选项，如图 10-35 所示。然后单击"确定"按钮，弹出"渐开线圆柱齿轮参数"对话框。

5 将齿轮的宽度（齿宽）更改为 20mm，设置螺旋方向为"左手（Left-hand）"，螺旋角度为 15.6°，如图 10-36 所示。

图 10-35　修改渐开线圆柱齿轮类型　　　　图 10-36　修改齿轮参数

6 在"渐开线圆柱齿轮参数"对话框中单击"确定"按钮，结果如图 10-37 所示。

3．获取齿轮详细信息

①　在上边框条中单击"菜单"按钮 三 菜单(M)▼，选择"GC 工具箱"|"齿轮建模"|"柱齿轮"命令，弹出"渐开线圆柱齿轮建模"对话框。

②　在"齿轮操作方式"选项组中选择"信息"单选项，如图 10-38 所示，单击"确定"按钮。

图 10-37　编辑参数后的斜齿轮模型

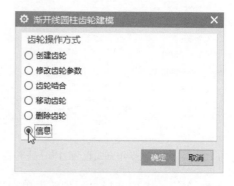

图 10-38　指定齿轮操作方式为"信息"

③　系统弹出如图 10-39 所示的"选择齿轮进行操作"对话框，从中选择要操作的齿轮，单击"确定"按钮，系统弹出如图 10-40 所示的"信息"窗口，上面列出了所选齿轮的相关参数。

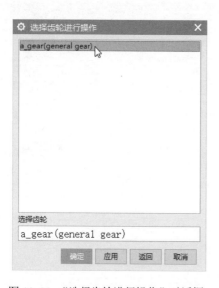

图 10-39　"选择齿轮进行操作"对话框

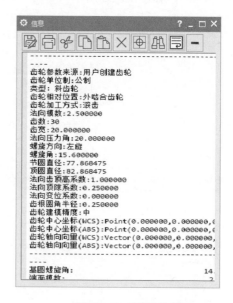

图 10-40　"信息"窗口

10.4.2　锥齿轮

锥齿轮是指分度曲面为圆锥面的齿轮，常见的锥齿轮有直齿锥齿轮和斜齿锥齿轮，如图 10-41 所示。与圆柱齿轮相比，锥齿轮的制造和装配都要相对复杂些，锥齿轮传动振动和噪声也相对较大。锥齿轮多应用在速度较低的传动中。

扫码观看视频

锥齿轮的创建和其他操作，都和圆柱齿轮的类似。下面以创建一个斜齿锥齿轮为例介绍操作方法。

1 在功能区的"主页"选项卡的"齿轮建模-G 工具箱"组中单击"锥齿轮建模"按钮 ，或者在上边框条中单击"菜单"按钮 三 菜单(M) ▾ 并选择"GC 工具箱"|"齿轮建模"|"锥齿轮"命令，弹出如图10-42所示的"锥齿轮建模"对话框。

图 10-41 锥齿轮

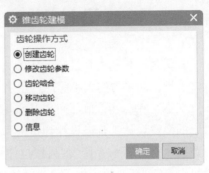

图 10-42 "锥齿轮建模"对话框

2 选择"创建齿轮"单选项，单击"确定"按钮，弹出"圆锥齿轮类型"对话框。

3 在"圆锥齿轮类型"对话框的第一组中选择"斜齿轮"单选项，在第二组（"齿高形式"选项组）中选择"等顶隙收缩齿"单选项，如图 10-43 所示，然后单击"确定"按钮。

4 在弹出的"圆锥齿轮参数"对话框中指定齿轮建模精度和相关的锥齿轮参数，如图10-44所示，单击"确定"按钮。

图 10-44 "圆锥齿轮参数"对话框

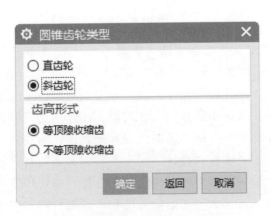

图 10-43 "圆锥齿轮类型"对话框

⑤ 利用弹出来的"矢量"对话框指定矢量，例如，从"类型"下拉列表框中选择"ZC轴"选项，单击"确定"按钮。

⑥ 利用弹出来的"点"对话框指定一点，例如，指定该点为"X=0、Y=0、Z=0"，单击"确定"按钮。完成创建的斜齿锥齿轮如图 10-45 所示。

10.5 弹簧设计

弹簧是一种利用弹性来工作的典型机械零件，用以控制机件的运动、缓和冲击或震动、贮蓄能量、测量力的大小等，广泛用于机器、仪表中。

在 NX 中，用户除了可以从重用库的弹簧模板库中调用弹簧之外，还可以使用 GC 工具箱中的弹簧设计工具来设计弹簧模型。在"建模"应用模块中，GC 工具箱的弹簧设计工具命令有"圆柱压缩弹簧""圆柱拉伸弹簧""蝶簧"和"删除弹簧"。另外，在"制图"应用模块中，GC 工具箱提供了"弹簧简化视图"工具命令。

10.5.1 圆柱压缩弹簧

圆柱压缩弹簧是一种承受轴向压力的螺旋弹簧，自然状态时其圈与圈之间有一定的间隙，如图 10-46 所示。当受到外载荷时圆柱压缩弹簧收缩变形，储存变形能。

扫码观看视频

图 10-45　完成创建的斜齿锥齿轮

图 10-46　圆柱压缩弹簧

在"建模"应用模块中，在功能区的"主页"选项卡的"弹簧工具-GC 工具箱"组中单击"圆柱压缩弹簧"按钮 ▤，或者在上边框条中单击"菜单"按钮 ☰ 菜单(M) ▾ 并选择"GC 工具箱"|"弹簧设计"|"圆柱压缩弹簧"命令，系统弹出如图 10-47 所示的"圆柱压缩弹簧"对话框的"类型"页面，从中指定弹簧设计的模式，包括选择模式类型和创建方式（创建方式可以为"在工作部件中"或"新部件"）。弹簧设计的模式类型分为"设计向导"和"输入参数"两种。如果选择"设计向导"类型，那么需要分别经过"初始条件""弹簧材料与许用应力""输入参数"和"显示结果"几个操作环节；如果选择"输入参数"类型，如图 10-48 所示，那么"初始条件"和"弹簧材料与许用应力"操作环节省略。

图10-47　"圆柱压缩弹簧"对话框的"类型"页面 　　图10-48　选择"输入参数"模式类型时

下面以"设计向导"模式为例介绍如何创建一个圆柱压缩弹簧。

1 按〈Ctrl+N〉快捷键，弹出"新建"对话框，从"模型"选项卡的"模板"选项组中，设置单位为"毫米"，从模板列表中选择名称为"模型"的公制模板，指定新文件名和文件夹路径，单击"确定"按钮。

2 在功能区的"主页"选项卡的"弹簧工具-GC 工具箱"组中单击"圆柱压缩弹簧"按钮，系统弹出"圆柱压缩弹簧"对话框。

3 在"圆柱压缩弹簧"对话框的"类型"页面中，选择"设计向导"和"在工作部件中"单选项，接受默认的弹簧名称，并进行位置定义，如图10-49所示。单击"下一步"按钮，进入"初始条件"页面。

4 在"初始条件"页面中设置如图10-50所示的初始条件内容，其中弹簧端部结构为"并紧磨平"。设置好初始条件后单击"下一步"按钮，进入下一页面。

图10-49　在"类型"页面中设置 　　　　　图10-50　指定弹簧的初始条件

5 在"弹簧材料与许用应力"页面中输入初步假设的弹簧丝直径，指定弹簧材料和载荷类型，单击"估算许用应力范围"按钮以得到估算的许用应力范围，如图10-51所示。单击"下一步"按钮，进入"输入参数"页面。

6 在"输入参数"页面中输入圆柱压缩弹簧的具体参数，如图10-52所示。其中，弹簧端部结构可以为"并紧磨平""并紧不磨平"或"不并紧"。本例选择"并紧磨平"。完成输入参数后，单击"下一步"按钮进入"显示结果"页面，该页面显示输入内容与设计验算结果，如图10-53所示。

图 10-51 设置弹簧材料等以估算许用应力范围

图 10-52 输入弹簧参数

7 单击"完成"按钮，生成如图10-54所示的圆柱压缩弹簧。

图 10-53 显示结果

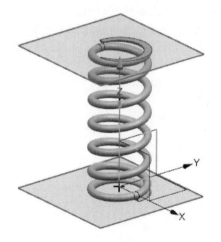

图 10-54 完成创建的圆柱压缩弹簧

10.5.2 圆柱拉伸弹簧

圆柱拉伸弹簧是一种承受轴向拉力的螺旋弹簧，一般都用圆截面材料制造。在不承受负荷时，圆柱拉伸弹簧的圈与圈之间一般是并紧的，没有间隙。

圆柱拉伸弹簧的端部结构可以为"圆钩环""半圆钩环"和"圆钩环压中心"形式，如图10-55所示。

扫码观看视频

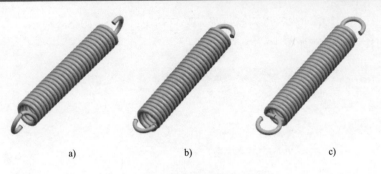

a)   b)   c)

图 10-55　圆柱拉伸弹簧典型图例

a) 端部结构为"圆钩环"　b) 端部结构为"半圆钩环"　c) 端部结构为"圆钩环压中心"

　　圆柱拉伸弹簧的创建操作和圆柱压缩弹簧的创建操作类似，两者的设计模式类型都同样分为"设计向导"和"输入参数"两种，下面以"输入参数"设计模式为例，介绍创建圆柱拉伸弹簧的一个典型操作范例。

　　1 按〈Ctrl+N〉快捷键，弹出"新建"对话框，从"模型"选项卡的"模板"选项组中，设置单位为"毫米"，从模板列表中选择名称为"模型"的公制模板，指定新文件名和文件夹路径，单击"确定"按钮。

　　2 在功能区的"主页"选项卡的"弹簧工具-GC 工具箱"组中单击"圆柱拉伸弹簧"按钮，或者在上边框条中单击"菜单"按钮 三 菜单(M) ▾ 并选择"GC 工具箱"|"弹簧设计"|"圆柱拉伸弹簧"命令，系统弹出"圆柱拉伸弹簧"对话框。

　　3 在"类型"页面中选择设计模式等，即在"选择类型"子选项组中选择"输入参数"单选项，在"创建方式"子选项组中选择"在工作部件中"单选项，接受默认的弹簧名称，指定轴矢量和位置（将位置点设置在作为原点处），如图 10-56 所示。然后单击"下一步"按钮。

　　4 输入弹簧参数如图 10-57 所示，单击"下一步"按钮。注意端部结构除了为"圆钩环"之外，还可以是"半圆钩环"或"圆钩环压中心"。

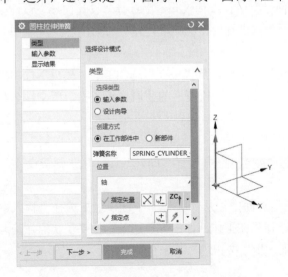

图 10-56　选择设计模式和定义轴位置

图 10-57　输入弹簧参数

此时，"圆柱拉伸弹簧"对话框显示验算结果，如图 10-58 所示，单击"完成"按钮，生成的圆柱拉伸弹簧如图 10-59 所示。

图 10-58　显示验算结果

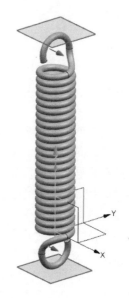

图 10-59　完成的圆柱拉伸弹簧

10.5.3　蝶形弹簧

蝶形弹簧（简称为"蝶簧"）是用金属板料或锻压坯料做成的锥形截面的垫圈式弹簧，其外廓呈蝶状，如图 10-60 所示（该蝶形弹簧由两片叠加而成）。

蝶形弹簧也有"输入参数"和"设计向导"两种设计模式，当选择"设计向导"设计模式时，需要比"输入参数"设计模式多进行一项设置操作，即设置弹簧的工作条件。

创建蝶形弹簧的操作范例如下。

1 按〈Ctrl+N〉快捷键，弹出"新建"对话框，从"模型"选项卡的"模板"选项组中，设置单位为"毫米"，从模板列表中选择名称为"模型"的公制模板，指定新文件名和文件夹路径，单击"确定"按钮。

2 在功能区的"主页"选项卡的"弹簧工具-GC 工具箱"组中单击"蝶簧"按钮，或者在上边框条中单击"菜单"按钮 三 菜单(M) ▾ 并选择"GC 工具箱"|"弹簧设计"|"蝶簧"命令，弹出"蝶簧"对话框。

3 在"蝶簧"对话框的"选择类型"页面中，从"类型"子选项组中选择"输入参数"单选项，从"创建方式"子选项组中选择"在工作部件中"单选项，接受默认的弹簧名称和位置参数，如图 10-61 所示。单击"下一步"按钮进入下一个页面。

图 10-60 蝶形弹簧 　　　　　　　图 10-61 "蝶簧"对话框的"选择类型"页面

4 在"输入参数"页面中输入如图 10-62 所示的蝶簧参数，然后单击"下一步"按钮，进入"设置方向"页面。

5 在"设置方向"页面的"蝶簧片数"文本框中输入"6"并按〈Enter〉键确认，在"蝶簧堆叠方式"选项组中单击"递增组合"按钮 ，如图 10-63 所示。注意各片的方向设置，然后单击"下一步"按钮，进入"显示结果"页面。

图 10-62 输入蝶簧参数 　　　　　　　图 10-63 设置蝶簧方向

6 "蝶簧"对话框的"显示结果"页面如图 10-64 所示，单击"完成"按钮，创建的 6 个蝶簧片如图 10-65 所示，6 个蝶簧片按照设定的堆叠方式堆叠在一起形成一个蝶簧部件。

图 10-64 "蝶簧"对话框的"显示结果"页面

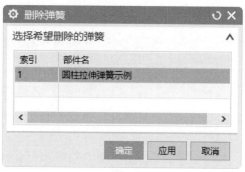

图 10-65 完成蝶簧部件

10.5.4 删除弹簧

使用 GC 工具箱的弹簧工具创建弹簧模型时，NX 系统会自动生成表达式和特征组，以后如果采用常规的手动删除可能会删除不彻底，这样在重新创建弹簧时容易出现意外失败的情况。为了能够彻底删除弹簧模型，可以使用 GC 工具箱专门提供的"删除弹簧"命令。

在"建模"应用模块下，在功能区的"主页"选项卡的"弹簧工具-GC 工具箱"组中单击"删除弹簧"按钮 ✎，或者单击"菜单"按钮 ☰ 菜单(M) ▾ 并选择"GC 工具箱"|"弹簧设计"|"删除弹簧"命令，打开如图 10-66 所示的"删除弹簧"对话框，从列表中选择希望删除的弹簧，然后单击"应用"按钮或"确定"按钮，即可将选定的弹簧完全删除掉。

图 10-66 "删除弹簧"对话框

10.5.5 弹簧简化视图

完成弹簧模型设计之后，可以建立弹簧简化视图。其方法是进入"制图"应用模块后，在功能区的"主页"选项卡的"制图工具-GC 工具箱"组中单击"弹簧简化画法"按钮 ▦，或者单击"菜单"按钮 ☰ 菜单(M) ▾ 并选择"GC 工具箱"|"弹簧"|"弹簧简化视图"命令，便可根据弹簧三维模型的参数在设定图纸上自动生成采用简化画法的弹簧工程图，NX 会对简化后的视图进行部分关键尺寸的自动标注。如果弹簧模型是通过"设计向导"设计模式来创建的，那么在该弹簧的简化视图中将有工作载荷符号或标识。

扫码观看视频

下面介绍建立弹簧简化视图的一个范例。

1️⃣ 打开"BC_TH_JHST.prt"配套素材文件，该文件已经创建好如图 10-67 所示的圆柱压缩弹簧模型。

在功能区中单击"文件"选项卡标签，从打开的"文件"选项卡的"启动"选项组中选择"制图"命令，切换至"制图"应用模块，如图10-68所示。可以从"文件"选项卡中选择"所有应用模块"|"制图"命令。

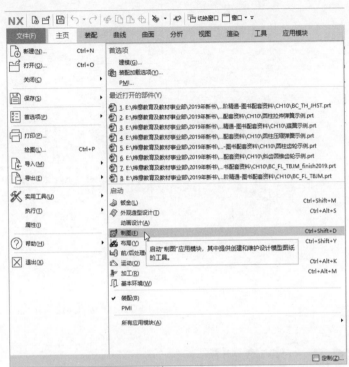

图10-67　已有弹簧模型　　　　　　　　　图10-68　选择"制图"应用模块

在功能区的"主页"选项卡的"制图工具-GC工具箱"组中单击"弹簧简化画法"按钮 （图10-69），弹出如图10-70所示的"弹簧简化画法"对话框。

从列表中选择部件名，在"创建选项（Create Option）"下选择"在工作部件中"单选项，从"图纸页"下拉列表框中选择"A4-无视图"选项。

图10-69　选择"弹簧简化视图"命令

图10-70　"弹簧简化画法"对话框

单击"确定"按钮，NX 自动在设定的图纸页上生成弹簧简化视图。此时可以通过部件导航器的模型历史纪录结果将相关的基准坐标系、基准平面和基准轴隐藏，最后得到的弹簧简化视图如图 10-71 所示。

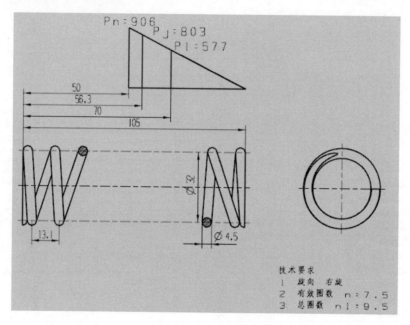

图 10-71　建立的弹簧简化视图

10.6　齿轮制图

与齿轮制图相关的知识点包括"齿轮简化视图"和"齿轮参数"两个。下面结合典型范例进行介绍。

10.6.1　齿轮简化视图

在 NX 中建立好标准齿轮的三维模型后，可以先切换至"制图"模块在指定的图纸页上生成所需要的工程视图，然后使用 GC 工具箱提供的"齿轮简化视图"命令，使选定的齿轮工程视图按照标准进行简化。请认真学习以下范例，注意"齿轮简化视图"操作的一般流程和操作技巧等。

扫码观看视频

打开"BC_YZCLLJ.prt"配套素材文件，该文件已经创建好如图 10-72 所示的标准圆柱齿轮零件。

在功能区中切换至"应用模块"选项卡，从"设计"组中单击"制图"按钮，从而切换至"制图"应用模块。单击"新建图纸页"按钮，弹出"图纸页"对话框，从中进行如图 10-73 所示的设置，单击"确定"按钮。

单击"基本视图"按钮，在当前图纸页上创建基于现有模型的一个基本视图，并在此基本视图中删除 6 个圆孔的中心线，然后为它们添加螺栓圆中心线，初步完成效果如图 10-74 所示；单击"剖视图"按钮，创建一个全剖视图，如图 10-75 所示。

图 10-73　利用"图纸页"对话框操作

图 10-72　标准圆柱齿轮零件

图 10-74　创建并编辑基本视图

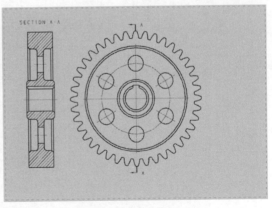

图 10-75　创建全剖视图

④ 在功能区的"主页"选项卡的"制图工具-GC 工具箱"组中单击"齿轮简化"按钮，弹出如图 10-76 所示的"齿轮简化"对话框。

⑤ 从"设置"选项组中选择"创建"类型选项，在齿轮列表框中选择"gear_1"，接着在图纸页上选择要简化的基本视图和全剖视图，并在"设置"选项组中选中"C"复选框，将"C"值设置为"5mm"，如图 10-77 所示。

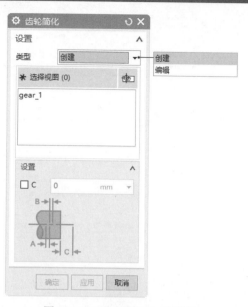

图 10-76 "齿轮简化"对话框

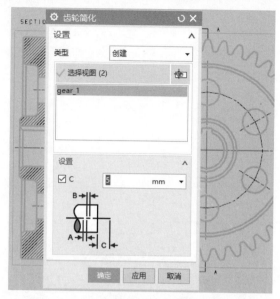

图 10-77 进行选择相关选项和视图等操作

⑥ 单击"齿轮简化"对话框中的"确定"按钮。简化视图后可适当调整一下两个视图的放置位置，效果如图 10-78 所示。

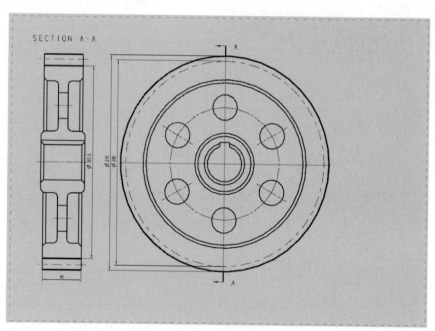

图 10-78 简化视图后

⑦ 在功能区的"主页"选项卡的"注释"组中单击"剖面线"按钮▨，弹出"剖面线"对话框，从"边界"选项组的"选择模式"下拉列表框中选择"区域中的点"选项，并在"设置"选项组中对剖面线参数进行相关设置。在最左边的视图中分别单击区域 1、区域 2、区域 3 和区域 4 的一个内部点，如图 10-79 所示。然后单击"剖面线"对话框的"确定"按钮，完成在指定区域内绘制所需的剖面线，效果如图 10-80 所示。

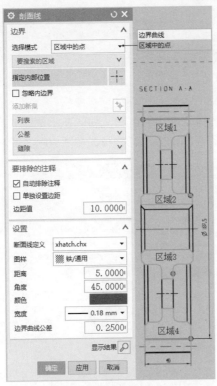

图 10-79 "剖面线"对话框

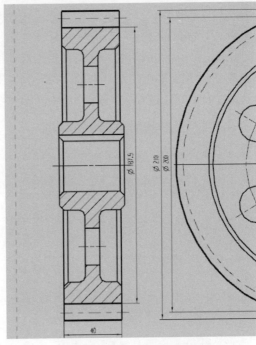

图 10-80 完成绘制剖面线

⑤ 使用相关的尺寸工具命令标注相应的尺寸，完成效果如图 10-81 所示。

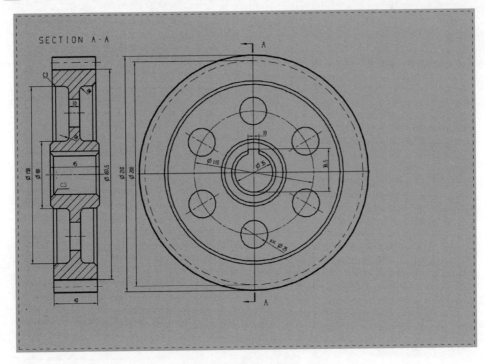

图 10-81 标注其他尺寸

10.6.2 齿轮参数

在齿轮工程图中，一般还要求绘制一个齿轮参数表。

1 在功能区的"主页"选项卡的"制图工具-GC工具箱"组中单击"齿轮参数"按钮，弹出如图10-82所示的"齿轮参数"对话框，

2 在"齿轮参数"对话框的"齿轮列表"中选择要操作的齿轮，如（在上例完成文档中）选择"gear_1"，接着从"模板"下拉列表框中选择"Template1"模板，如图10-83所示。

图 10-82 "齿轮参数"对话框

图 10-83 选择齿轮和模板

3 在图纸页中指定一个合适的放置点以放置齿轮参数表，单击"齿轮参数"对话框的"确定"按钮。可以用鼠标拖拽表格边框线的方式调整齿轮参数各列宽窄。完成效果如图10-84所示。

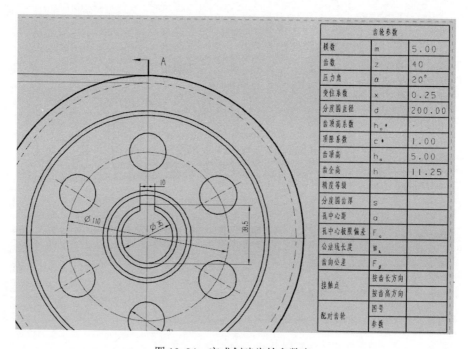

图 10-84 完成创建齿轮参数表

10.7 本章小结与经验点拨

本章主要介绍了同步建模技术和 GC 工具箱的应用知识。

同步建模技术可以与先前的建模技术（如参数化、基于历史记录建模、特征建模等）共存，无须考虑现有模型或特征是参数化的还是非参数化的，使用同步建模技术修改、编辑现有模型，是非常方便而实用的。

GC 工具箱可以满足一些中国用户对于 GB 的要求，并提供了关于齿轮和弹簧等专业化、标准化的建模工具，以及相应的简化出图工具等。在实际工作中，GC 工具箱已经证明了其优越性，在很大程度上提高了产品设计效率和数据规范性。使用 GC 工具箱的齿轮建模工具创建相应的齿轮，以及使用 GC 工具箱的弹簧设计工具生成所需的弹簧，都是一件很轻松的事情，因为只需输入齿轮或弹簧的相关技术参数便可快速生成齿轮或弹簧实体模型。如果要从部件文件中删除齿轮，可以使用齿轮操作方式之一的"删除齿轮"选项，可以完全删除齿轮数据。弹簧的删除基本类似，也有专门的"删除弹簧"工具命令。本章介绍了弹簧简化视图的生成操作，对于标准齿轮，同样可以在"制图"应用模块中执行 GC 工具箱中的"齿轮简化画法"命令，使齿轮视图转化为符合标准要求的齿轮简化视图，这需要读者认真去钻研、总结。

10.8 思考与练习

1）如何理解同步建模的概念及其用途？

2）NX 的两种建模模式分别是什么？如何切换建模模式？

3）使用 GC 工具箱有哪些优势？

4）什么是圆柱压缩弹簧和圆柱拉伸弹簧？如何创建它们？

5）GC 工具箱的齿轮工具提供了哪几类操作方式？

6）如何删除弹簧模型？

7）上机操作：设计直齿渐开线圆柱齿轮。已知齿轮的参数为：模数 m=2.5，齿数 Z=14，齿形角为 20°，齿轮厚度 B=25mm，齿轮的其他细节结构自行设计。

8）上机操作：设计一个斜齿渐开线圆柱齿轮。已知齿轮的参数为：法面模数 m_1=2.5，齿数 Z=81，齿形角为 20°，螺旋角为 15.95°，齿轮厚度 B=70mm，螺旋线方向为左旋，变位系数为 0，齿轮的其他细节结构自行设计。

9）上机操作：设计一个端部并紧不磨平的圆柱压缩弹簧，并切换至"制图"应用模块中创建其简化视图。

10）上机操作：设计一个具有半圆钩环的圆柱拉伸弹簧，最后为它创建采用简化画法的工程图。